JN209839

基礎

機械設計工学

兼田楨宏
山本雄二 共著

Basics of Mechanical Design Engineering

第4版

本書籍は、理工学社から発行されていた『基礎 機械設計工学（第 3 版）』を改訂し、第 4 版としてオーム社から発行するものです。オーム社からの発行にあたっては、理工学社の版数を継承して書籍に記載しています。

はじめに

本書は，機械工学を専攻する学生の教科書あるいは参考書として，とくに基本的知識の理解に主眼をおいて執筆したものである．すなわち，初心者に対して機械設計工学の基本的な考えかたを正しく理解させ，その知識を実際問題に応用する能力を養わせるためにはどのようにすればよいかという著者らの今日までの教育経験を踏まえた討議を経て完成されたものである．

機械設計は，人間社会からの要求事項を満足させる機械システムをいろいろな制約条件のもとで実現するための人間の創造的活動であると考えられる．しかし，機械に要求される機能を正しく実現するために必要なプロセスは極めて多岐にわたり，各プロセスが必要とする学問領域は極めて広く，かつ互いが密接に関係している．そのため，機械設計を定義することは簡単ではなく，その体系化もほとんどできないのが現状である．また，実際の設計にあたっては，経験・体験に基づく技術的および技能的知識が大きな役割を果たしており，それらの知識を修得するための実地体験教育が必要であると考えられている．

機械設計工学とは，上記の実地体験教育期間や，試行錯誤的な設計による時間，労力の浪費を少なくし，能率的に機械設計を行う方法，あるいは機械設計プロセスを研究する学問分野である．つまり，機械設計工学は単に科学技術分野に留まらず，広く社会科学全般を包括した広大な学際領域の学問であり，その本質を系統的に記述することは，著者らの能力を超えている．よって，本書では，機械設計工学の本質的問題に深入りすることはあえて避けた．

さて，機械の構造は多岐にわたっているが，機械は，その種類・機能に関係なく，ねじ，歯車，軸，軸受などのように，それ自体が共通した機能を果たす部品から構成されている．これらの基本的部品を機械要素と呼び，機械設計においては，この機械要素に関する知識が不可欠である．

これらの機械要素の強度設計あるいは剛性設計などの基礎が材料力学であるが，

材料力学で修得した考えかたを具体的な機械要素に対してどのように適用するかが理解できず苦悩する学生は少なくない．ましてや，多くの部材から構成される機械構造物の強度設計も基本的には単純な機械要素と類似の考えかたで達成できるとはなかなか理解してもらえない．したがって，本書では，このような基本的な知識の実際問題への適用法が容易に会得できるように配慮した．

本書の内容は，筆者らが九州大学工学部および九州工業大学工学部で行っている講義内容を吟味して取捨選択したものであるが，設計においては，いわゆる正解はなく，各人が最良と考えられる解を見出すことが必要になる．そのためには，前述したように，基本的な考えかたの理解が最も大切と考えられるので，基礎知識の理解に重点をおき，内容の理解をたすけるために最も適切と考えられる実際に即した例題を用意した．実際に手を動かして解答されることを希望する．なお，第1編では，機械設計の方法論，および設計に関する基礎知識について記述し，第2編では，機械の基本構成要素である機械要素を題材にして，それらの設計に関する基本事項の解説を通して機械を設計する際に必要となる基礎概念の習熟ができるように配慮した．すなわち，機械システムの中でのそれらの機能や選択基準などをまず説明し，主としてそれらの機能達成および機能停止の観点から基礎講義科目で得られた知識の適用方法について論述した．なお，本書では，あえて充分な設計データを提供することは避けた．したがって，実際の機械要素設計に際して必要になると考えられる詳細についての記述は省略した．実際の設計にあたっては，各種ハンドブック，便覧，カタログなどを参照していただきたい．

終わりに，本書の執筆に際し，九州大学工学部 西谷 弘信 教授，村上 敬宜 教授，九州工業大学工学部 寺崎 俊夫 教授，松田 健次 助教授から有効かつ貴重な議論，ご助言を頂戴し，図面の作成には九州大学工学部 橋本 正明 氏，九州工業大学工学部 西川 宏志 氏の協力を得た．ここに記して厚く感謝申し上げる．また，内外の多くの著書，文献を参考にさせていただいた．そのいくつかを巻末に記し，心から感謝の意を表する．さらに，本書の刊行にあたり終始お世話を頂いた理工学社編集部 天明 友之 氏に心からお礼申し上げる次第である．

1995年3月

著　者

第 4 版について

機械工学を専攻する学生や実社会で活躍中の技術者に対して，機械を設計・製作するために必要となる基礎知識を正しく理解させ，それを実際問題に応用するための手法を会得させせることを目的とした本書の初版が 1995 年に理工学社から発行されてから 24 年が経過した．その間，1999 年に刊行した第 2 版においては，それまでの講義経験を踏まえて内容の修正・追加を行い，また重版の途中には，規格の改正に応じて記述の変更なども実施してきた．初学者が記述内容を自分のものとして十分に習得・理解するためには実際に即した例題が必要不可欠と考え，各章に適切な例題を配したが，2009 年刊行の第 3 版では，記述内容の更なる理解徹底を図るために例題の一層の充実を図った．

科学技術の進展は新たなる機械装置の開発や製品精度の向上を要求するため，必然的に設計の概念・手法の変更をもたらし，本書の内容の修正や事項の追加も必要となる．今回の第 4 版では，第 3 版における校正の不備や高精度表面測定機器の出現にともなう新たな表面粗さ規格の制定に対応する内容の追加を行った．また，近年，機械装置に高分子材料の使用が増大していることを考慮し，その特性の基本事項を追加した．

終わりに，第 3 版の内容に関して貴重なコメントを頂戴した九州工業大学 松田健次 教授に心より感謝を申し上げる．さらに，第 4 版の刊行にあたりご尽力を賜ったオーム社書籍編集局の皆様に厚くお礼を申し上げる．

2019 年 7 月

著　者

目次

第１編　機械設計の基礎

1 章　機械設計の方法論

2 章　強度設計の基礎

3章 生産設計との関連事項

第2編 機械要素各論

4章 締結

5章 軸系

6章 軸受

7章　密封装置

8章 伝動装置

9章 クラッチおよびブレーキ

10章 ばねおよび防振ゴム

第1編

機械設計の基礎

1

機械設計の方法論

1·1 機械工学と機械設計

機械は，人間に有用な機能を果たすために製作されたものであり，部材を組み合わせた構造物，その部材を駆動するための伝動機構，および動力源から構成されている．機械がその機能を発揮するためには，機械構成要素の位置や力のみならず，人間の視覚・聴覚・触覚・嗅覚などに相当する情報を取り込むセンサ，これらの情報を記憶・分析・判断する情報処理能力を併せもつ制御系を装備すべきである．すなわち，機械は一つのシステムを構成している．

機械設計は，人間社会からの要求事項を満足させる機械システムを実現するための人間の創造的活動である．具体的には，システム構成要素の形状・寸法，材料および製作・組立方法を決定することであるが，人間は，その製造された機械を用いて生活していることを忘れてはならない．この意味において，機械設計は，人間社会とは切り離すことはできず，人間活動のすべてに機械工学が関与しているといっても過言ではない．

機械工学は“工学”の範ちゅうの一つであるが，“工学”の本質は，基礎科学を工業生産に応用して人間と社会の幸福と福祉の増進を図ることにある．したがって，人間社会の平和を乱す創造物は機械と呼ばないことを認識することが大切である．

この観点からすれば，技術者が自分自身の知的欲求を満足させるがために実施する人類にとって弊害となる創造活動は，本物の工学とはいえない．

過去の多くの設計活動を例に出すまでもなく，現時点で実施中の設計活動が，将来をも通じて本物の設計工学の範ちゅうに入るか否かを判断することは非常に難しい．実現すべき機械なのか，実現すべきでない機械なのかの最終的な判断は，設計者自身に任されており，設計課題を設定し，具現化する設計者の能力と設計哲学に依存せざるを得ない．

地球に人類が誕生して以来，人間は，物質的にも精神的にもよりよい生活を求めて努力してきた．その結果として，産業革命以後，現在に至るまでの機械文明の発達はめざましく，地球における人類の生存そのものを脅かすようにまでなってきている．そこで，今までにも増して快適な人間社会を地球規模で実現するための技術革新をも含めた社会システムの再構築が求められている．機械に対しても，今まで以上に，省資源，省エネルギー，無公害化，高機能，高性能，長寿命，自動化などが要求されている．すなわち，今後の機械設計活動においては，地球環境保全や資源枯渇等への影響を把握し，環境改善等に向けた科学的・客観的根拠を与えねばならず，原料調達から設計・製造，流通，使用，リサイクル，そして最終的な廃棄処分という製品のライフサイクル全体を通じて，製品に投入される資源やエネルギーまたは排出物の影響を定量的に推定・評価すること（**ライフサイクルアセスメント**，life cycle assessment；LCA）が必要不可欠となる．

つまり，今後の機械産業は，単なるハード主体ではなく，ソフトを加味した二次産業として生まれ変わらなければならず，設計技術者の役割は今まで以上に重要になると考えられる．

1·2 機械設計の手順

機械を設計する場合の設計手順は，① 既存のものを設計する場合，② 原型を改良して設計する場合，③ まったく新しいものを企画して設計する場合とによってかなり相違するが，③ の場合の一般的な設計手順を次に示す[1)]．

1） **設計課題の確立**（設計目標の明確化と実現可能性の調査研究）
   a） 需要分析・予測（必要性の把握と評価）
   b） 技術予測（科学技術的実現可能性の検討）
   c） 製品企画（機能，設計，製造，輸送，使用，廃棄などの評価と検討）
2） **概念設計**（設計案の創出）
   a） 設計構想の確立（基本となる原理，構造，機能，性能などの決定）
   b） 機能設計（機構，構造などの明確化）
   c） 開発設計（技術上の問題点の解決）
3） **基本設計**（設計案の具象化）

a） 構造解析，性能解析など．

b） 安全性，信頼性，品質などの検討．

4） **詳細設計**（形状・寸法，材質，加工方法などの決定）

5） **生産設計**（生産工程最適化のための設計）

a） 工程設計（加工法，加工機械，加工順序などの決定）

b） 作業設計（加工手順，治工具の選定・設計，加工条件などの決定）

c） 人間設計（安全性，作業性，快適性など人間工学の考慮[2)]）

6） **評価**（設計案の正しさの確認，LCA）

a） 製品の技術的評価（機能，性能，生産性，信頼性，耐久性，組立性，操作性，輸送可能性，能力増強の余地，保全性など）．

b） 製品の経済的評価（開発費，製造費，運転費，保全費，利益など）．

c） 製品の人間的評価〔安全性，振動・騒音・臭気など環境への影響，廃棄対策，再利用（リサイクル），芸術性，価値観など〕．

上記の項目のうち，設計において考慮すべき最も基本的かつ不可欠なことは，安全に対する配慮である．すなわち，機器，部品などの破損や故障，予期せぬ外乱があったときに機械が安全側に作動する**フェイルセイフ**（fail safe），誤操作によっても重大な事故を起こさない**フールプルーフ**（fool proof）を考慮した設計を行うことである．また，信頼性を高度に要求される部分，あるいは信頼性が劣ると考えられる部分には，故障時に代替しうる構成要素を付加した**冗長性**（redundancy）をもった設計をなすべきである．

基本設計においては，伝達動力，伝達効率などに対する最高値または最高効率を目標とし，生産設計では，最低価格での課題の実現と製造時間の最短化を目標とする．また，詳細設計は，上記2者を結合するものであり，生産設計の考慮の下に性能を実現するための構造を決定する重要な段階といえる．しかしながら，これらの基本概念は，概念設計の段階で達成されていることが望ましい．

これらの設計プロセスにおいては，評価の項で記述した，① 技術的条件，② 経済的条件，③ 人間的条件が重要視される．しかし，これらの条件は互いに矛盾することが多く，それぞれの立場に応じた制約が存在する．たとえば，問題解決のための制約としては，設計者の知識，能力，人員，時間，研究開発設備，計算設備などがあり，その解自体のもつ制約としては，環境，利用可能な材料・装置，工作可能性などがあげられる．また，設計が多種多様な思想をもつ人間の創造的活動である以上，一つの設計課題に対しては多くの解答案が存在することになる．

つまり，機械設計は，目的とする必要機能をもつ具体的構造を多くの制約（許容）条件下で，既存の，あるいは開発された技術を駆使して製造し，その評価を行うことである．すなわち，設計においては，**分析 → 総合 → 評価**のプロセスを繰り返し実施することによって最適な妥協案を作成することが重要となる．つまり，設計は総合組立の技術である．

したがって，設計技術者は，自然法則，基礎科学，工業技術などに精通するにとどまらず，機械の稼働する地域社会の気候風土や社会生活の実態，人びとの思想，感性をも知ることが大切であり，語学，歴史，社会，経済，法学，政治，心理学，芸術など人間の精神活動に関する知識の理解も設計課題の確立・達成，ならびにその評価のために必要とされる．なお，J. R. ディクソン（J. R. Dixon）は，工学設計に従事する技術者像として図 **1·1** をあげているので参考にされたい．

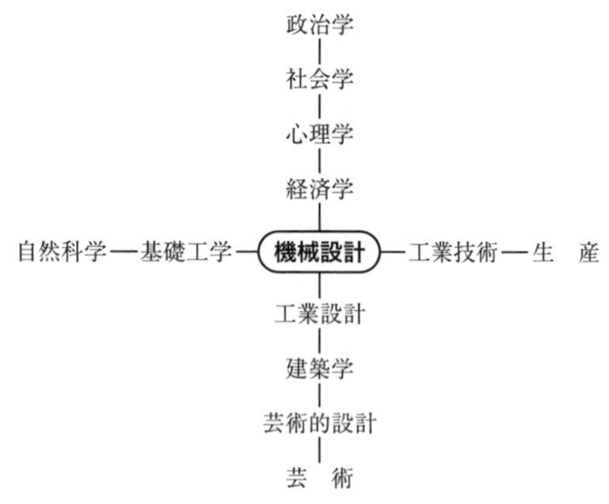

図 1·1　設計技術者像 [3)]

近年，機械設計は，コンピュータを利用した設計生産活動，すなわち，CAD（computer aided design），CAM（computer aided manufacturing），CAE（computer aided engineering）などが主体となっており，データベース構築とその利用，有限要素法（FEM；finite element method），境界要素法（BEM；boundary element method）など各種の計算手段を有効利用することによって効率の高い設計作業が可能になってきている．

ここで，忘れてはならないことは，設計は人間の創造活動であり，コンピュータはその一手段であることである．

現在，最適設計を行うための一般的かつ体系的方法論に関しては，多くの試み，提案がなされているが，現段階ではまだ充分に普遍性のあるものはない．通常の設計活動は，過去の経験，類推，試行錯誤，規格，ハンドブックなどを利用して行われることが多い．

2

強度設計の基礎

機械は，各種の部材を組み合わせることによって製作されており，それらの機械構成部材（機械要素）は，本来期待されていた機能を果たすことが必要である．しかし，構成部材には，それらに作用する各種の力（荷重）や使用環境により，**破壊**(fracture)，**疲れ**（fatigue)，**破断**（rupture，breakage)，**座屈**（buckling)，**降伏**(yielding)，**変形**（deformation)，**腐食**（corrosion)，**摩耗**（wear）などの現象が現れ，それらの機能が維持できなくなる場合がある．これを機械の**破損**（failure)という．この破損によって機械の機能が停止するので，破損は，基本設計において検討されるべき最重要課題の一つである．なお，機械の破損事故の 80 ～ 90%は，直接または間接的な疲れに起因すると考えられており，それらの発生起点の大半は形状変化部（応力集中部）である[1)].

通常の強度設計においては，耐用寿命中に破損を起こさない設計，すなわち破損を許容しない**安全寿命設計**（safe life design）が行われている．しかしながら，材料強度評価の研究の進歩にともない，機械部品の破損の予測精度が向上したため，航空機の設計などでは，検査を前提として損傷が発生しても次回の検査時期までにそれが致命的にならないように設計する**損傷許容設計**（damage tolerance design）が採用されている．

一般に破損は，部材にかかる外力が部材の抵抗力を上回ったときに発生すると考えられるので，破損防止には材料強度の正しい評価と外力の正確な見積り（応力評価）が不可欠である．そこで，以下に，これらの評価に関する事項について述べる．

2·1 荷重の形式

ふつう，材料が破損する場合の評価基準としては応力（stress）が用いられる．

すなわち，理論的に求めることのできる応力を材料の限界強さと比較することによって材料の強度評価を定量的に行うことができる．

ところで，材料力学や弾性力学などにおいては，荷重は既知として，その荷重に基づいて応力やひずみ（strain）などを計算するのが一般的である．しかし，機械の設計においては，荷重は見積られるものであり，その正確な見積りのうえに材料の選定，寸法の決定がなされることを忘れてはならない．

荷重は，空間的あるいは時間的に，次のように分類される．

① **空間的**

1) 引張り（tension）

2) 圧縮（compression）

3) 曲げ（bending）

4) ねじり（torsion）

5) せん断（shear）

② **時間的**

1) 静的荷重（static load）

2) 動的荷重（dynamic load）

- **a)** 変動荷重（variable load）
- **b)** 繰返し荷重（repeated load）
  - ・両振り荷重（alternating load）　・片振り荷重（pulsating load）
- **c)** 衝撃荷重（impact load）

なお，機械の部材に加わる実際の荷重（実働荷重）は，使用中に複雑に変化する変動荷重であるが，動的荷重に対する評価は，ふつう，正弦波のような一定振幅の繰返し荷重を用いて実施されることが多い．

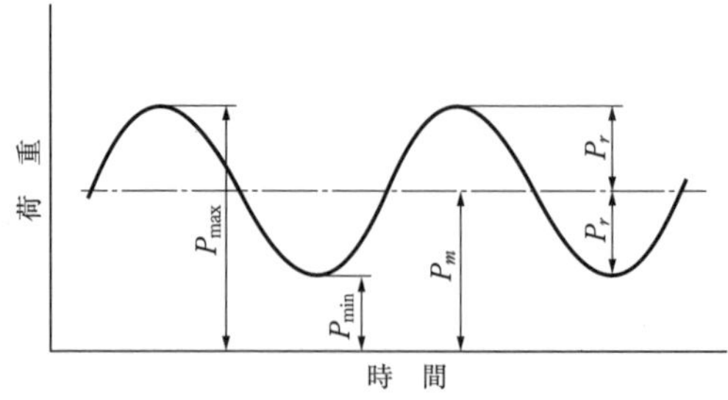

P_{max}：最大荷重，P_{min}：最小荷重

$P_m = \frac{1}{2}(P_{max} + P_{min})$：平均荷重

$P_r = \frac{1}{2}(P_{max} - P_{min})$：荷重振幅

$P_r \neq 0$，$P_m = 0$：両振り荷重

$P_{min} = 0$ または $P_{max} = 0$：片振り荷重

$P_r = 0$，$P_m \neq 0$：静荷重

図 2·1　繰返し荷重

2・2 破損の形態

2・2・1 静的破損

図 **2・2** は，炭素鋼，アルミ合金，鋳鉄を引張り試験した場合に得られる公称応力（荷重を初めの断面積で割った値）と公称ひずみ（伸びを初めの評点距離で割った値）との関係を示したものである．

これを応力－ひずみ線図という．図からわかるように，炭素鋼では**降伏点**（yield point）が明りょうに現れ，降伏点以上の応力では塑性変形を起こし，**引張り強さ**（tensile strength）を超える応力で破断する．しかし，アルミ合金のように降伏点が明りょうでない材料の場合には，永久ひずみが 0.2％になる公称応力を降伏点に対応させている．これを**耐力**（proof stress）と呼ぶ．

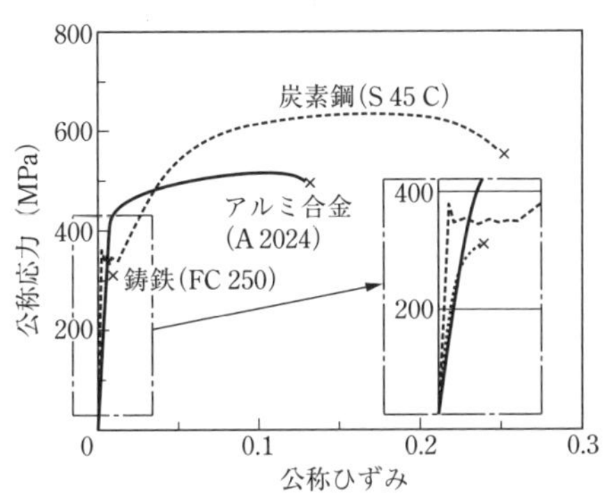

図 2・2 応力－ひずみ線図

通常，大きい永久変形をして破断するものを**延性材料**（ductile material），非常に小さな変形で破断するものを**脆性材料**（brittle material）という．永久変形の発生は機械の機能の低下をもたらすため，静荷重を受ける延性材料の設計基準応力は降伏点または耐力にとるのがふつうである．鋳鉄のような脆性材料では，降伏点と引張り強さとを区別することは困難であり，実際上もほとんど永久変形を起こすことなく破断するので，引張り強さが設計における基準応力となる*．

材料強度の目安には，塑性変形に対する抵抗の尺度である**押込み硬さ**（indentation hardness）がしばしば用いられる．押込み硬さとしては，球圧子を押し込むブリネル硬さと，対面角 136° の四角すい圧子を押し込むビッカース硬さが一般に使用されているが，これらの押込み硬さの大きさは，加工硬化の生じない材料に対しては

---

* 延性材料でも，低温雰囲気や衝撃荷重が加わる場合には，脆性材料的挙動をすることに注意すべきである．衝撃的外力が加わると，弾性波の伝ぱや干渉によって予想外の高い応力を生ずることがあり，また，その荷重速度の高さが応力集中部やき裂先端での応力速度を著しく高めるため，材料の脆性的挙動が顕著に現れる [2)]．

降伏応力の約3倍になる[3]．これは，押込み圧子の圧痕部の圧力分布が静水圧に近くなるので，降伏応力（塑性変形開始応力）の約3倍までの荷重を支持できるためである．また，加工硬化する材料の場合には，その加工硬化に応じたより高い荷重を支持することができる．

一般に，押込み硬さ試験時の塑性ひずみは約8%であり，これは，鉄鋼材料の引張り強さに対応する塑性ひずみにほぼ等しいので，ブリネルあるいはビッカース硬さは引張り強さの約3倍となる[3] この関係を用いれば，非破壊硬さ試験によって鉄鋼材料の引張り強さの見当がつけられるので，便利である．

なお，通常，材料の圧縮強度を与える数値を資料集から得ることは困難であり，材料の引張り強度と圧縮強度との間の一般的関係式も存在しない．これは，圧縮強度が，用いる試験片の形状に大きく支配されるため，強度試験結果に一般性が乏しいことに起因すると考えられる．しかし，木材などのように，圧縮強度のほうが引張り強度よりも低い材料も存在するものの，通常の機械材料の圧縮強度は引張り強度よりも高いために，圧縮強度として引張り強度を採用しても安全上問題となることはほとんどない．

永久変形や破壊が発生しなくても，設計者が許容する以上の弾性変形が部材に生じる場合には，その部材は破損したとみなされる．

荷重に対する耐変形性を**剛性**（rigidity）というが，これを支配する材料定数が弾性係数である．たとえば，断面積 A，長さ L，縦弾性係数（ヤング率）E の棒を荷重 W で引っ張ったときの伸びを ΔL とすれば，弾性変形範囲では，フックの法則より $W=(EA/L)\Delta L$ の関係が成立する．式中の（EA/L）は，ばね定数として知られており，引張り・圧縮荷重条件下での剛性を支配する．なお，縦弾性係数 E は，たとえば，鉄鋼材料では熱処理などで硬さを変えてもほとんど変化しない．したがって，剛性の改善を行うためには，材料をまったく別の種類にするか，あるいは寸法を変えることによって対処しなければならない．

以上，強さ（strength）と剛性が破損の基準として用いられることを述べた．

ところで，同一強度をもつが，剛性の相違する断面積の等しい2種類の部材に衝撃力がそれぞれ加わったとする．剛性の低い部材では，破損するまでの延びが大きいので，剛性の高い部材よりも破損に至るまでに大きいエネルギーを吸収することになる．つまり，剛性の低い材料は，一時的に大きな応力が作用するのを，大きい弾性変形による大きいひずみエネルギーの蓄積によって防ぐことができる．したがって，低い剛性をもつ部材は，エネルギー吸収能力，衝撃による破壊防止能力は高いが，前述したように，大きい変形を生じるため，構造材としての使用は制限される．

ここに，材料のエネルギー吸収能力は，ある断面積の材料を破断するのに必要なエネルギーで表し，これをその材料の**靭性**（toughness）と呼び，単位は（J/m^2）である．

すなわち，機械構造材の選択，あるいは機械構造物の設計に際しては，強度，剛性，靭性間の妥協を図ることが必要となる．

なお，靭性の相対的評価には，衝撃試験の結果が用いられることが多い．また，金属材料の靭性は，一般的に，引張り強さの増加とともに低下することが知られている．

金属は金属原子が金属結合により相互に結び付けられている．すなわち，金属は結晶内を自由に運動する自由電子の海の中に金属原子の陽イオンが浮かんでいる状態と考えられ，この状態で電子と陽イオンとの間に働く静電気的引力が金属結合の主要な力となる．一方，高分子材料や樹脂材料は炭素・水素原子が主成分で，主として炭素原子が骨格となり，共有結合で長くつながった分子鎖から構成されている．したがって，高分子材料や樹脂材料の機械的特性は，金属材料とは異なって粘弾性的であり，温度，時間依存性が大きく，周囲の温度，荷重の種類や負荷速度などに大きく影響される（**10·2** 防振ゴム 参照）．一般に，ひずみ速度が大きくなると降伏応力，引張り強さは増大し，伸びは減少する．

樹脂材料には，**熱硬化性樹脂**と**熱可塑性樹脂**の 2 種類が存在する．熱硬化性とは加熱により硬化する性質であり，硬化は，加熱により樹脂を構成する分子間の架橋結合が進展し，網目構造が強固に構築されるために生じ，再度加熱しても可塑性を示さない．したがって，表面硬度が高く，機械的強度や耐熱性が優れているが，耐衝撃性は低い．また，スクラップや廃棄製品の再成形（リサイクル）が難しい．

熱可塑性とは，加熱すると塑性変形しやすくなり，冷却すると可逆的に硬化する性質である．熱可塑性樹脂は成形工程で化学変化や分子量の変化を原則的に起こさないため，成形性がよく，大量生産に向いており，スクラップの再成形（リサイクル）が可能である．

熱可塑性樹脂には，分子鎖が規則正しく配列された結晶領域の比率が高い**結晶性樹脂**と，その比率が極めて低いか結晶領域が存在しない非結晶性（無定形）樹脂がある．結晶性樹脂には，**ガラス転移点**と**融点**が存在するが，後者の非結晶性樹脂には，融点は存在せず，ガラス転移点のみが存在する．融点とは，加熱によって，結晶性固体の結晶構造が熱運動により分解して液体に変わる融解の起こる温度である．樹脂成形品を製造するうえでこのガラス転移点や融点の知識は極めて大切である．

ガラス転移（glass transition）とは，低温では剛性率が大きく流動性がない物体が，その物質固有のある温度範囲のところで急激に剛性と粘度が低下し，流動性が増す現象で，それに対応する温度がガラス転移点である．ガラス転移領域では内部エネルギー，エントロピーなどは変化せず，比熱，膨張率，圧縮率などが不連続的に変わる．ガラス転移点よりも低温の非晶質状態を**ガラス状態**といい，ガラス転移点よりも高温の非晶質状態を**ゴム状態**という．ゴム状態とは固体がゴム弾性（**エントロピー弾性**）をもっている状態である．なお，転移温度以下では縦弾性係数が1 GPa程度であるが，転移温度を超えると急激に軟化して縦弾性係数は1 MPa程度に低下する[4)]．また，ガラス転移は熱平衡としての相転移でなく，準安定な非平衡状態であり，加熱速度や昇圧速度によりガラス転移温度やガラス転移後の比熱などの物性値が異なる．

［参考］ エントロピー弾性（ゴム弾性）[5,6)]

温度を絶対温度 T に保ったまま物体を可逆的に引き伸ばす場合を考える．長さ L，断面積 A に働く力を P として，長さが ΔL 伸びたとすれば，物体になされる仕事は $P\Delta L$ である．この際，物体に吸収される熱量を ΔQ，弾性変形にともなう内部エネルギーの増加分を ΔU，エントロピー変化を ΔS とすれば

熱力学第一法則　$\Delta U = \Delta Q + P\Delta L$

熱力学第二法則　$\Delta S = \Delta Q / T$

より　$\Delta U = T\Delta S + P\Delta L$

等温条件下で仕事として取出し可能な内部エネルギーであるHelmholtzの自由エネルギー F は

$$F = U - TS, \quad \Delta F = P\Delta L$$

なので

$$P = \left(\frac{\partial F}{\partial L}\right)_T = \left(\frac{\partial U}{\partial L}\right)_T - T\left(\frac{\partial S}{\partial L}\right)_T \tag{2·1}$$

金属などの一般の固体では，一般に式(**2·1**)の右辺第二項が小さいので

$$P = \left(\frac{\partial U}{\partial L}\right)_T \tag{2·2}$$

となる．この式は，外力で引張られるとき（$P,\ L > 0$）に原子，分子などの距離

の変化によってエネルギーが蓄えられ（$\partial U/\partial L > 0$），外力がなくなれば元の形に返るといった内部エネルギーの変化を表す．この形で示される金属などの弾性を**エネルギー弾性**という．

一方，ゴムや線状高分子からなる無定形高分子物質などでは，式(**2·1**)の右辺第一項が無視でき

$$P = -T\left(\frac{\partial S}{\partial L}\right)_T \tag{2·3}$$

となる．Tは正であるので，この式はゴムの弾性が伸長によるエントロピー（乱雑さ，無秩序の度合い）の減少（$\partial S/\partial L < 0$）に由来することを示しており，**エントロピー弾性**または**ゴム弾性**と呼ばれる．

エントロピーの減少は，該当する系から熱が放出されることを意味するので，ゴムを急激に引き伸ばせば発熱することになる．また，一定荷重のもとでは，金属などとは逆にゴムを熱すれば収縮し，冷却すると伸長する．すなわち，温度を上げるとき長さを一定に保つためには外力を増さねばならない．なお，式(**2·3**)は，応力が温度に比例することを示しており，この関係は230 K以上で成立することが実証されている．

ゴム弾性はゴムを構成する高分子鎖の挙動に起因する．高分子鎖は安定な状態でも，ある程度自由に動き回ることができ，全体的には丸まった形状をしている．引張り外力が加わると高分子鎖は無理矢理一定の方向に引き伸ばされるが，高分子鎖は自由に動き回ろうとし，伸張変形に対して抵抗する．その抵抗力が弾性力となる．外力を除くとそれぞれの高分子鎖はまた自由に動き回り，結果として，再び丸まった状態に落ち着くことになり，ゴムは元の形に戻る．このように，ゴム弾性は高分子鎖の伸び縮みによって起こる．ゴムの縦弾性係数は常温では1 MPa程度で，金属などのふつうの固体（たとえば鉄鋼の縦弾性係数206 GPa）に比べて10^{-5}ほども小さく，破断限界の伸びは数百%にもなる．

ここで，弾性変形にともなう体積変化を考える．いま，直径d，長さLの丸棒（体積V）の引張り変形後の体積は

$$V + \Delta V = (\pi/4)(d + \Delta d)^2(L + \Delta L)$$

横ひずみ$\Delta d/d$を縦ひずみ$\Delta L/L$で除し，-1を掛けたものがポアソン比νであるので，$\Delta L/L = \varepsilon$とすれば，$\Delta d/d = -\nu\varepsilon$である．したがって

$$\begin{aligned} V + \Delta V &= (\pi/4)d^2(1 - \nu\varepsilon)^2 L(1 + \varepsilon) \\ &= (\pi/4)d^2 L\{1 + \varepsilon(1 - 2\nu) + \varepsilon^2(\nu^2 - 2\nu) + \varepsilon^3\nu^2\} \end{aligned} \tag{2·4}$$

一般に機械部品で問題となるひずみεは$\varepsilon \ll 1$であり，εの二次以上の微小量ε^2，ε^3はεに対して無視できるので，体積変化は$\Delta V = (\pi/4) d^2 L\varepsilon(1-2\nu)$となる．したがって，$\nu = 0.5$の材料では弾性変形により体積は変化しない．一般の金属や樹脂では$\nu < 0.5$であるので，引張り変形（$\varepsilon > 0$）で体積は増加し，圧縮変形（$\varepsilon < 0$）で体積は減少する．しかし，ゴムのνは0.46～0.49と0.5に近い値を有するので，荷重負荷による体積変化は極めて小さい．

2·2·2　動的破損

繰返し荷重や変動荷重を受ける部材は，静荷重の場合に比べてはるかに低い荷重で破壊する．この現象を**疲れ**という．一般の機械においては，部材が受ける荷重は変動する場合が多く，疲れ強さを知ることは極めて重要である．

疲れは，部材にき裂が発生し，それが伝ぱする結果起こるものと考えられている．

疲れ破壊の防止のためには，応力やひずみの集中箇所をつくらないようにすることはもちろん，部材の製造過程や熱処理過程において，疲れ破壊の起点となりうる介在物や軟質部分を部材内から極力排除することが大切である．

疲れ強さは，一般に材料が一定の平均応力のもとで振幅Sの応力が繰り返し負荷された場合に，その応力振幅のもとで材料が破壊するまでの応力の総繰返し数Nをプロットした**S–N曲線**（Wöhler曲線）と呼ばれる線図より求めることができる．応力振幅Sが小さいほど破壊までの繰返し数は増加するため，S–N曲線は右下がりの曲線となるが，鉄鋼材料などでは，図**2·3**に示すS 50 Cのように，曲線が水平になる．これは，無限回の繰返しに対しても破壊しない応力が現れるものと考えられている．このように，曲線が水平となり，破壊しなくなる最大の応力を**疲れ限度**（fatigue limit）と呼び，曲線が水平になる点の繰返し数を限界繰返し数という．また，限界繰返し数以下におけるS–N曲線上の応力をその繰返し数における時間強さという＊(次ページ参照)．なお，鉄鋼材料では，曲線が水平になり始める繰返し数は10^6～10^7程度である．図**2·3**に示す7：3黄銅のように，明りょうな疲れ限度が見出されない材料も存在するが，この

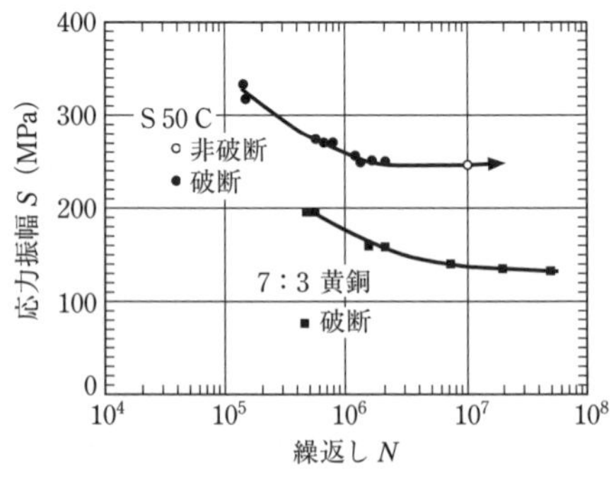

図2·3　S–N曲線[7)]

場合には，繰返し数が 10^7 回に相当する応力を便宜上疲れ限度とすることが多い．

疲れ限度は，き裂が発生する限界の応力ではなく，発生したき裂が伝ぱを停止する限界の応力と考えられている．

なお，高強度材では，介在物などの微小欠陥が疲れ強さに影響を及ぼすため，疲れ強さのばらつきが大きくなることが知られている[8]．

疲れ限度は平均応力によって変化する．この疲れ限度に及ぼす平均応力の影響は，図**2·4**に示す疲れ限度線図または耐久線図によって示すことができる[9]．

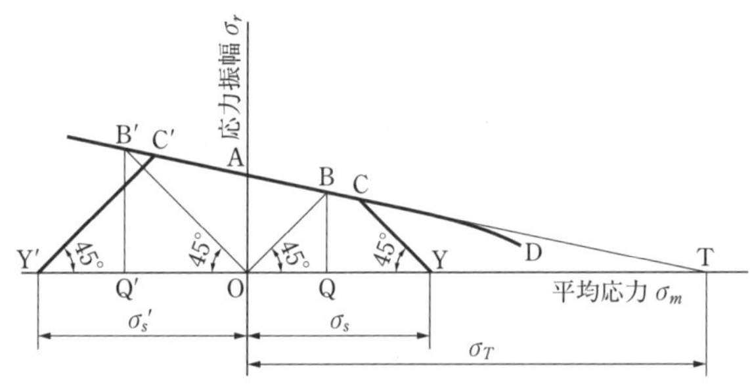

図2·4 疲れ限度線図（引張り・圧縮の場合）

疲れ限度線図の作成は材料強度の評価に不可欠であるが，その完成は容易ではない．経験的に，疲れ限度線図は，両振り疲れ限度 σ_W と真破断応力 σ_T とを結ぶ直線で推定できるといわれており，安全側を採用して，σ_W と引張り強さ σ_B とを結ぶ直線〔グッドマン線（Goodman line）〕を疲れ限度線図とみなすことがある．ただし，降伏応力 σ_S から引いた左上がりの 45° の線は，最大応力が降伏点に達する

* 疲れ限度の引張り強さに対する比，σ_{w0}/σ_B を疲れ限度比（endurance ratio）という．鋼の疲れ限度比は，構成する組織の特性によって異なり，0.3～0.6 の範囲にあるが，平均的にはほぼ 0.4～0.5 程度となる[10]．また，純金属平滑材の回転曲げによる両振りの疲れ限度 σ_{w0} は，結晶構造に強く依存し，引張り強さ σ_B に対しては次の関係がある．

$$\text{体心立方格子：}\frac{\sigma_{w0}}{\sigma_B} = 0.5 \sim 0.8$$

$$\text{面心立方格子，稠密六方格子：}\frac{\sigma_{w0}}{\sigma_B} = 0.3 \sim 0.4$$

このように，疲れ強さは引張り強さや硬さに比例して増大するが，伸び，絞り，衝撃値とはあまり関係はないといわれている[11]．なお，鉄鋼材料に対しては，前述の関係のほかに次の関係式もよく利用されている．

$$\sigma_{w0} \fallingdotseq (0.16 \pm 0.01)\text{HV}\quad(\text{HV：ビッカース硬さ})$$

また，強度がある値以上に高くなると，材料中に含まれる介在物などの微小欠陥が起点となって破壊するようになり，疲れ限度は，上式で推定されるよりも低下することが知られている[8]．

限界に対応するため，実際上の使用範囲は，この線の左側となる．すなわち，図形Y′C′CYY′の内部が疲れと降伏変形の両方に対して安全な範囲を与えることになる．

なお，設計では，図**2･5**に示すように，より安全側の評価を与えるσ_wとσ_sとを結ぶ直線〔ゾダーベルグ線（Soderberg line）〕を近似疲れ限度線図として用いる場合がある．

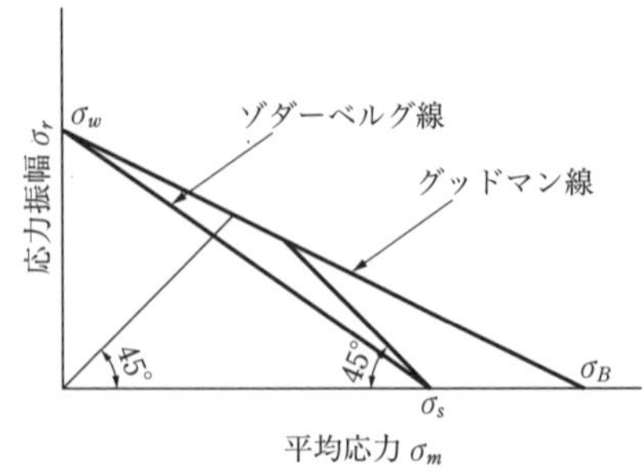

図2･5　近似疲れ限度線図

高分子材料や樹脂材料は金属材料とは異なり，外力に対する変形が時間に依存する粘弾性的な特性を示し，繰返し外力を受けると，ひずみ軟化と呼ばれる剛性率の低下や粘弾性損失にともなう発熱による材料内部の熱蓄積が生じる．厳密な意味での疲れ限度が存在しないことが多いので，繰返し数が10^7回での応力の上限値をもって疲れ限度（10^7回の時間強さ）とする（**JIS K 7118**：硬質プラスチック材料の疲れ試験方法通則）．

樹脂の疲れ限度は，試験条件に依存し，図**2･6**に示すように荷重速度が低下すると疲労寿命は低下する．また，疲れ限度は，一般的に高温になるほど低下し，湿度によっても影響される．その比疲れ限度（疲れ限度/静的破壊強度）は，一般に0.2～0.35である．

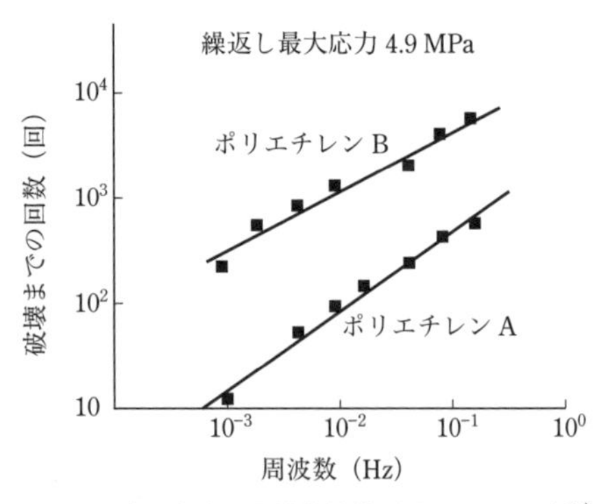

図2･6　疲れ寿命の周波数特性（ポリエチレン）[12]

2･2･3　クリープ

一定応力のもとで，永久ひずみが時間とともに増加する現象をクリープ（creep）という．クリープは，温度および応力に著しく影響され，部材が高温度で長時間使用される場合に起こりやすい．クリープが工業的に問題となってくるのは，温度を絶対温度で表して融点の1/3程度以上になる場合である．たとえば，鉄鋼材料では，350～400°C以上に相当する．

クリープひずみと負荷時間との関係は，一般に，図2·7のような特徴的過程を示す．すなわち，負荷と同時に瞬間ひずみを生じるが，加工硬化が優勢なため，ひずみ速度がしだいに減少する第I期（遷移）クリープ，加工硬化と材料の軟化による加工硬化の回復が平衡してひずみ速度がほぼ一定になる第II期（定常）クリープ，損傷の蓄積，材料のくびれによる真応力の増加，材料の軟化などに起因してひずみ速度が増加し，破断に至る第III期（加速）クリープの3段階である．

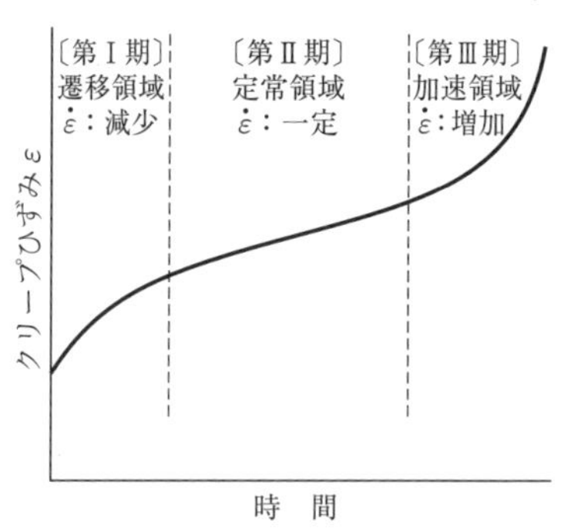

図2·7　クリープひずみと負荷時間との関係

クリープ強さは，通常，所定の負荷時間において所定のひずみまたは破断を生じさせる応力で表される．たとえば，10^4 時間に0.1%のひずみを生じさせる応力，10^5 時間（11.4年）破断強度などがその例である．

樹脂材料は本質的には粘弾性体であり，室温においても荷重下では多かれ少なかれクリープが発生するので，その特性を十分に把握しておくことが肝要であり，使用する場合には変形を拘束するような設計が必要な場合もある．たとえば，四フッ化エチレン樹脂（PTFE樹脂）は室温でもクリープが生じやすく，使用する場合には変形を拘束するような設計にすべきである．たとえば，海水ポンプの高圧プランジャシールとして充填材入りPTFE Vパッキンを採用した場合に，Vパッキンのクリープ変形によりプランジャとVパッキンとの間にはすきまが生じ，良好なシール特性を示さないことが報告されている[13]．

2·2·4　座屈

長い棒や柱に圧縮荷重が加わった場合には，圧縮荷重は小さくても横方向にたわみを生じ，その結果，たわみの量に比例した曲げモーメントが働き，さらにたわみを増加させる現象が，ある荷重で起こる*．この現象を座屈（buckling）といい，これに対応する応力を**座屈応力**と呼ぶ．

たとえば，圧縮荷重を受けている柱〔長さ L，断面積 A，最小断面二次モーメント I，最小断面二次半径 $k=(I/A)^{1/2}$〕の比例限度内で生ずる座屈荷重〔オイラー

*　柱は最も曲がりやすい方向に曲がるが，その方向は最小断面二次モーメントを与える中立軸（慣性主軸）に対して直角である．

(Euler) の座屈荷重〕P_C, および座屈応力 σ_C は

$$P_C = \frac{n\pi^2 EI}{L^2}$$

$$\sigma_C = \frac{P_C}{A} = \frac{n\pi^2 E}{(L/k)^2} = \frac{n\pi^2 E}{\lambda^2} \qquad (2\cdot5)$$

となる．ただし，式(**2·5**)の E は縦弾性係数，n は柱の端末条件で決まる定数であり，両端とも回転支持の場合は $n=1$，両端とも固定支持の場合は $n=4$，一端固定，他端回転支持では $n=2.046$，一端固定，他端自由支持では $n=0.25$ となる*．なお，式中の (L/k) を**細長比** (slenderness ratio) λ といい，$L'=L/\sqrt{n}$，$\lambda' = L'/k$ をそれぞれ座屈長さ，相当細長比と呼ぶ．

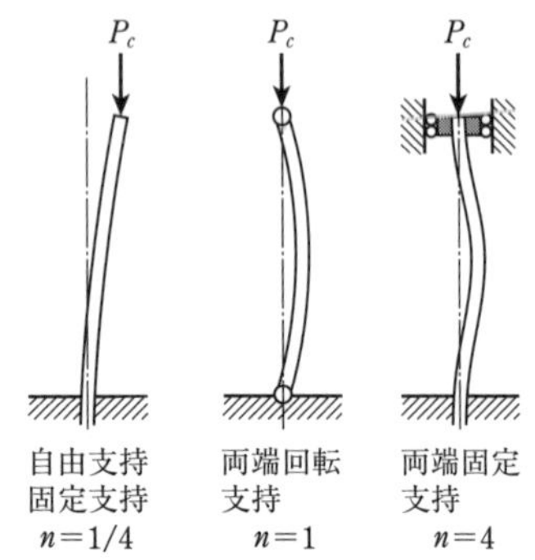

図 2·8　長柱の圧縮荷重による座屈

ところで，座屈荷重は EI/L^2 に比例するので，柱が長いほど座屈荷重は低くなる．しかし，鉄鋼材料の E の値はほとんど同じであるので，同一長さの柱の座屈を防止するためには，I を大きく，すなわち柱の外径を大きくしなければならない．軽量化を図るために中空円筒が使用されることもあるが，円筒の肉厚が薄い場合には，局部座屈が発生し，管壁にはしわが入ることがあるので，注意が必要である．

さて，式(**2·5**)に示した座屈荷重，座屈応力は，部材の寸法，弾性係数およびその支持方法のみで表示されており，材料の強度に関係する因子は含まれていない．これは，材料の弾性限度を超える応力が作用しない限り座屈は弾性変形状態で起こることを意味している．すなわち，圧縮荷重を除去すれば，部材は完全に元の状態に戻り，真直状態を維持することになる．

しかし，相当細長比 λ' がその限界値（限界細長比）λ'_P（鉄鋼材料では，通常，$\lambda'_P \fallingdotseq 100 \sim 110$ にとられる）以下になると，σ_C が材料の比例限度を超えるようになり，非弾性座屈が起こる．すなわち，相当細長比が小さいと，σ_C になる前に降伏応力 σ_S を超えることになる．この場合には，次のジョンソン (Johnson) の実験式が用いられることが多い．

---

* 柱端部の支持には，端部が自由に移動できる自由支持，移動できないが回転可能な回転支持，移動も回転もできない固定支持がある．

$$\sigma_C = \sigma_S - c\lambda'^2 \quad (2 \cdot 6)$$

ただし，c は，$\lambda' = \lambda'_P$ のとき σ_C がオイラーの座屈荷重になるように決められる定数である[14]．$\lambda' = \lambda'_P$ の場合の σ_C に対応するオイラーの座屈応力としては，経験的に $0.5\sigma_S$ が採用されている．このとき，$c = \sigma_S{}^2/(4\pi^2 E)$ となり，座屈応力は以下のように評価される．

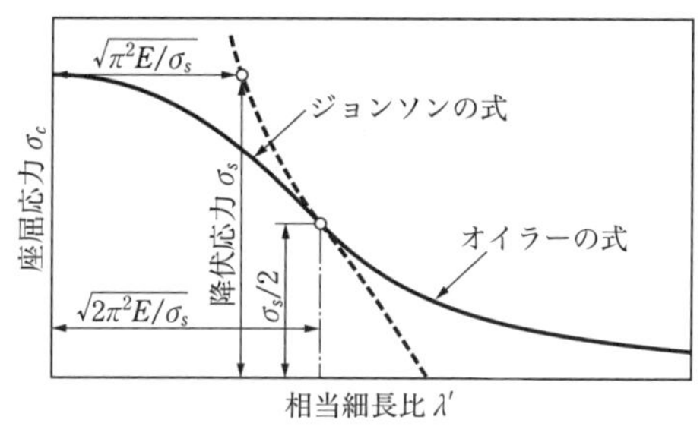

図 2·9　座屈応力

$$\lambda'^2 > \frac{2\pi^2 E}{\sigma_S} \text{のとき，} \sigma_C = \frac{\pi^2 E}{\lambda'^2}$$

$$\lambda'^2 < \frac{2\pi^2 E}{\sigma_S} \text{のとき，} \sigma_C = \sigma_S\left(1 - \frac{\sigma_S \lambda'^2}{4\pi^2 E}\right) \quad (2 \cdot 7)$$

【例題 2·1】　降伏応力 200 MPa をもつ軟鋼長柱の限界細長比 λ'_P を求めよ．また，この長柱断面が円形である場合に，オイラーの式が使用される限界における長さは，両端回転支持の場合には，直径の何倍に相当するか．

【解】　オイラーの式の使用限界では，座屈応力 σ_C が降伏応力 σ_S に等しくなる．よって，式(**2·5**)に $\lambda = \lambda_P$，$\sigma_C = \sigma_S$ を代入すると

$$\lambda'_P = \frac{\lambda}{\sqrt{n}} = \pi\sqrt{\frac{E}{\sigma_S}}$$

鉄鋼材料の縦弾性係数 E は，206 GPa（2.1×10^4 kgf/mm^2）であることを考慮すれば

$$\lambda'_P = \pi\sqrt{\frac{206000}{200}} = 101$$

となる．一般に，鉄鋼材料に対しては，$\lambda' \geq 100$ の場合にオイラーの式が適用可能である．

次に，長柱断面が直径 d の円形であれば，$A = \pi d^2/4$，$I = \pi d^4/64$ であるので，$k = (I/A)^{1/2} = d/4$ となる．したがって，$L/d = (\sqrt{n}/4)/\lambda'_P$ である．両端回転支持の場合には，$n = 1$ であるので，$L/d = \lambda'_P/4 = 25$ となる．

【例題 2·2】　相当細長比 λ' が 110 以上である炭素鋼（S 45 C，比重 7.85，縦弾性

係数 206 GPa，降伏応力 380 MPa）とアルミ合金（A 2024：Al－Cu－Mg 合金，比重 $\gamma = 2.77$，縦弾性係数 70 GPa，耐力 265 MPa）の丸棒がある．いずれも長さが等しく，同じ圧縮荷重に耐えうるように設計されているとして，重量を比較せよ．

【解】 相当細長比 λ' が 110 以上なので座屈が問題となり，許容圧縮荷重は許容座屈荷重となる．以下，炭素鋼に添字 1，アルミ合金に添字 2 を付ける．

まず，炭素鋼とアルミ合金の限界細長比 λ'_P を求める．式(**2·7**)から

炭素鋼　　$\lambda'_{P1} = (2\pi^2 E_1/\sigma_{s1})^{1/2} = (2\pi^2 \times 206 \times 10^9/380 \times 10^6)^{1/2} = 103.4$

アルミ合金　$\lambda'_{P2} = (2\pi^2 E_2/\sigma_{s2})^{1/2} = (2\pi^2 \times 70 \times 10^9/265 \times 10^6)^{1/2} = 72.2$

両材料ともに $\lambda'_P < \lambda'$ であるので，座屈荷重はオイラーの式より求められる(限界細長比 λ'_P は，材料に依存することに注意しなければならない)．

オイラーの座屈荷重 P_C は

$$P_C = \frac{n\pi^2 EI}{L^2}$$

両材料の座屈荷重が等しいためには，n，L は同じであるので

$$E_1 I_1 = E_2 I_2, \quad I_1 = \pi {d_1}^4/64, \quad I_2 = \pi {d_2}^4/64,$$

よって，$d_1/d_2 = (E_2/E_1)^{1/4}$

両材料の体積比は，長さが等しいため，断面積比すなわち直径の自乗比 ${d_1}^2/{d_2}^2$ となるので，比重を ρ とすれば，重量比は

$$\rho_1 {d_1}^2/\rho_2 {d_2}^2 = (\rho_1/\rho_2)(E_2/E_1)^{1/2}$$
$$= (7.85/2.77) \times (70 \times 10^9/206 \times 10^9)^{1/2} = 1.65$$

となり，炭素鋼丸棒のほうがアルミ合金丸棒よりも 1.65 倍重い．

【例題 2·3】 両端を回転支持された H 形鋼 H 100 × 50 × 5 × 7 － 5000（H $H \times B \times t_1 \times t_2 - L$）の座屈応力を求めよ．ただし，材料は一般構造用圧延鋼材 SS 400（引張り強さ 400 MPa 以上，降伏応力 245 MPa）で，主断面二次モーメントは，$I_X = 187$ cm^4，$I_Y = 14.8$ cm^4，断面積 A は 11.85 cm^2 である．

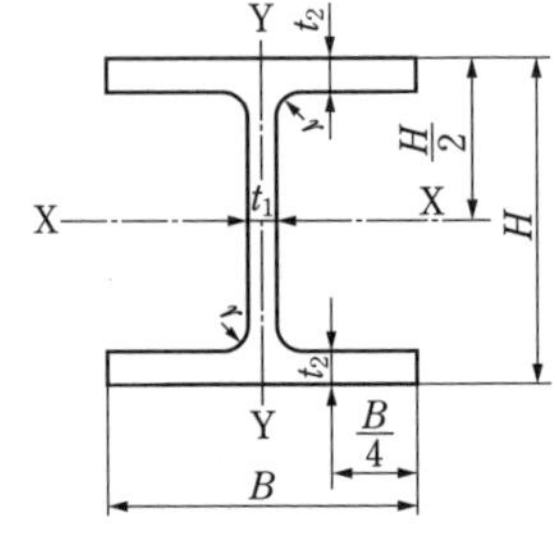

図 2·10　H 形鋼の断面（例題 **2·3** の図）

【解】 最小断面二次モーメントは，$I_Y = 14.8$ cm^4 であるので，座屈が発生すれば $Y－Y$ 軸を中立軸として X 方向に H 形鋼は曲がることになる．

最小断面二次半径 $k_Y = (I_Y/A)^{1/2} = (14.8/11.85)^{1/2}$

$= 1.12 \text{ cm} = 11.2 \text{ mm}$

細長比 $\lambda = L/k_Y = 5000/11.2 = 446 > 100$

したがって，オイラーの式(**2·5**)が適用でき，$n=1$ を考慮すれば，座屈応力 σ_C は以下のようになる．

$$\sigma_C = \frac{\pi^2 E}{(L/k_Y)^2} = \frac{\pi^2 \times 206 \times 10^9}{446^2} = 10.2 \times 10^6 \text{ Pa} = 10.2 \text{ MPa}$$

SS 400 の降伏応力は $\sigma_S = 245$ MPa であるので，圧縮荷重と座屈に関する安全率（**2·5** 節参照）が同じと仮定すれば，座屈に対する許容応力は，降伏に対する許容応力の 1/20 以下（245/10.2 = 24）になる．一般に圧縮荷重を受ける部材の許容荷重は材料の降伏ではなく，座屈によって制限されることが多い．

2·2·5　表面損傷

機械には，固体同士の相対運動部分が必ず存在する．この部分では，摩擦・摩耗が発生して，エネルギー消費，機能の低下などが起こり，焼付きが発生すると機械の停止をも引き起こす．したがって，機械構成要素の相対運動部分に発生する損傷の機構解明，その防止対策の確立は，機械設計上極めて重要であり，それらに関連した学問分野を**トライボロジー**（tribology）という．

摩擦面の損傷，すなわち表面損傷（surface failure）のおもなものは，**摩耗**，**転がり疲れ**，**焼付き**である．摩耗は，摩擦にともない摩擦表面から物質がはぎとられる現象であり，この摩耗によって摩擦面の形状・寸法が変化するので，機械部品の機能低下をもたらす．

摩耗は，その機構により，次のように大別される．

① **凝着摩耗**（adhesive wear）… 摩擦面の真実接触部における微視的な凝着や破壊，あるいは接触疲れに起因する摩耗．

② **アブレシブ摩耗**（abrasive wear）… 摩擦面の一方が硬い場合や，摩擦面間に硬質粒子が介在する場合に生じる切削性の摩耗．

③ **腐食摩耗**（corrosive wear）… 摩擦面と雰囲気中の酸素や潤滑油（とくに反応性の高い成分）との化学反応，および摩擦による機械的作用が複合したメカノケミカル作用による摩耗．

④ **その他** … はめあい部などの微小振幅の往復摩擦条件下で生ずる**フレッチング**（fretting），流体あるいは流体中に混入した粒子による**エロージョン**（erosion），キャビテーションの発生に起因する**侵食**（cavitation erosion）などがある．

転がり接触部では，点接触・線接触状態にあるため，極めて高い接触圧力を繰り返し受けることになる．その結果，表面近くの材料の疲れ破壊が生じ，はく離が発生する．これを転がり疲れ（rolling contact fatigue）という．通常，転がり軸受の軌道や転動面に発生するものを**フレーキング**（flaking），歯車歯面に生じるものを**ピッチング**（pitting），**スポーリング**（spalling）と呼ぶ．

摩擦面の摩擦係数が何らかのきっかけで急に増大し，巨視的な溶着を生じ，場合によっては摩擦面同士が固着してしまうことがある．この現象を焼付き（seizure, scoring, scuffing）という．焼付きの発生条件には，以下に示す臨界膜厚，臨界温度，臨界摩擦損失あるいは臨界摩擦損失密度，熱的不安定などが考えられる[15]．

① 臨界膜厚条件は，油膜厚さと表面粗さの比（膜厚比という），すなわち接触状態の過酷度がある臨界値になったときに焼付くという説である．この条件は，焼付き発生のための必要条件と考えられる．

② 臨界温度条件は，表面温度が，摩擦面材料と潤滑油とによって決まる臨界温度まで上昇したときに焼付きが発生するという説で，現時点での焼付き条件の主流をなしている．臨界温度としては，吸着膜の配向喪失温度，ないしは脱着開始温度(転移温度）がとられる．

③ 臨界摩擦損失，臨界摩擦損失密度条件は，摩擦面での機械的かく乱と熱的かく乱とを考慮した説である．たとえば，荷重 P，平均接触圧力 p，滑り速度 V，摩擦係数 μ としたとき，前者では μPV が，後者では μpV が臨界値になったとき焼付きが発生するとする説である．

④ 熱的不安定条件は，発生した摩擦熱が吸収できなくなり，摩擦面での熱的平衡が破れると焼付きが生ずるという説である．

2·3 応力集中

部材の断面形状が，溝，穴，段違い部などの存在によって急激に変化している部分（切欠きと呼ぶ）には，局部的に高い応力が発生する．これを応力集中（stress concentration）という．

応力集中箇所とその程度を知るには，対象とする部材内の力線の流れ（部材をその外形状の管とみなして，それに流体を流した場合の流れとみてよい）を想定してみるとよい．同一断面積内では均一である力線も，断面積が狭くなる部分では縮小して流れなければならず，縮小壁面近くの力線密度は高くなる．これが応力の集中に対応し，力線密度が高いほど応力の集中程度も高くなる．すなわち，機械破損の大部分は応力集中部分から発生するので，応力の集中は極力防止するか，あるいは，この箇所での応力値を低下させるように設計しなければならない．

なお，応力集中の低下は，力線の流れを滑らかにするように工夫することによって達成できる．たとえば，断面急変部の曲率半径は大きいほうが小さい場合よりも力線の密度は低く，実際上も応力集中の程度は低くなる（図 **2·11**）．

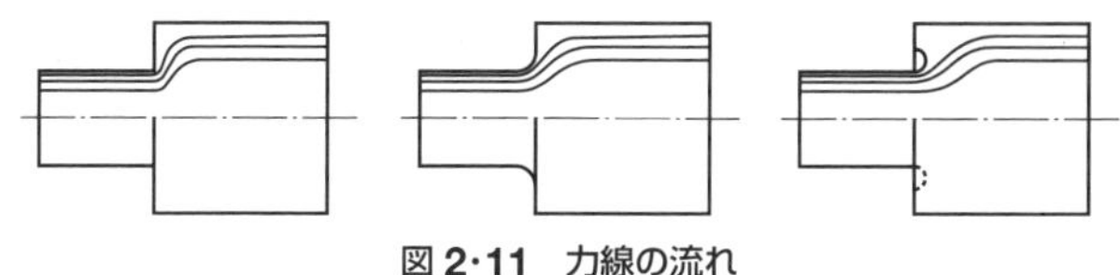

図 2·11　力線の流れ

2·3·1　静荷重の場合

静荷重における応力集中の程度は

$$\alpha = \frac{\sigma_{\max}}{\sigma_n} = \frac{\text{最大応力}}{\text{最小断面部での平均応力}} \tag{2·8}$$

によって評価され，α を**応力集中係数**（stress concentration factor）と呼ぶ．この値は，応力集中部の形状と負荷形式が与えられると，荷重，応力集中部の寸法，材料の弾性係数（材料の種類）にかかわらず定まるので，形状係数とも呼ばれている．

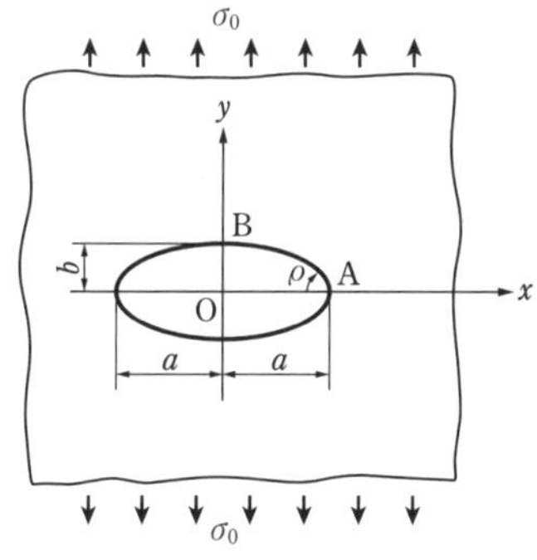

図 2·12　だ円孔をもつ無限板

α の値は，弾性力学を用いて原理的には算出可能である．たとえば，だ円孔をもつ無限板が，図 **2·12** に示すように，y 軸方向に応力 σ_0 で引っ張られるとする．このとき，$x \geqq a$ での x 軸上での σ_y の分布は次式で与えられる[16]．

$$\sigma_y = \sigma_0\left[\frac{1}{\xi^2-1}\left(\xi^2+\frac{a}{a-b}\right)-\frac{1}{(\xi^2-1)^2}\times\left\{\frac{1}{2}\left(\frac{a-b}{a+b}-\frac{a+3b}{a-b}\right)\xi^2 -\frac{(a+b)b}{(a-b)^2}\right\}-\frac{4\xi^2}{(\xi^2-1)^3}\left(\frac{b}{a+b}\xi^2-\frac{b}{a-b}\right)\frac{a}{a-b}\right] \tag{2·9}$$

ここで

$$\xi = \frac{x+\sqrt{x^2-c^2}}{c}, \quad c=\sqrt{a^2-b^2}$$

A 点（$x=a$）で σ_y は最大値 $\sigma_{y\,\max}$ をとる．

$$\sigma_{y\,\max} = \left(1+\frac{2a}{b}\right)\sigma_0 \tag{2・10}$$

したがって，この場合の応力集中係数 α は

$$\alpha = 1+\frac{2a}{b} = 1+2\sqrt{\frac{t}{\sigma}} \tag{2・11}$$

となる．ここで，ρ（$=b^2/a$）は A 点の曲率半径，t は切欠き深さで，この場合は $t=a$ である．すなわち，応力集中係数は，上述した力線の概念からも推測されるように，切欠さ深さ t が大きいほど，また切欠き底の曲率半径 ρ が小さいほど大きくなることがわかる．図 **2・13** に応力集中係数の例を示す．

通常，延性材料では，応力集中部での最大応力が降伏応力に達すると塑性変形が生じ，さらに荷重を増加させると塑性変形部が増加するのみで，最大応力の増加は生じないと考えられるので（図 **2・14** 参照），静荷重の場合の応力集中はほとんど

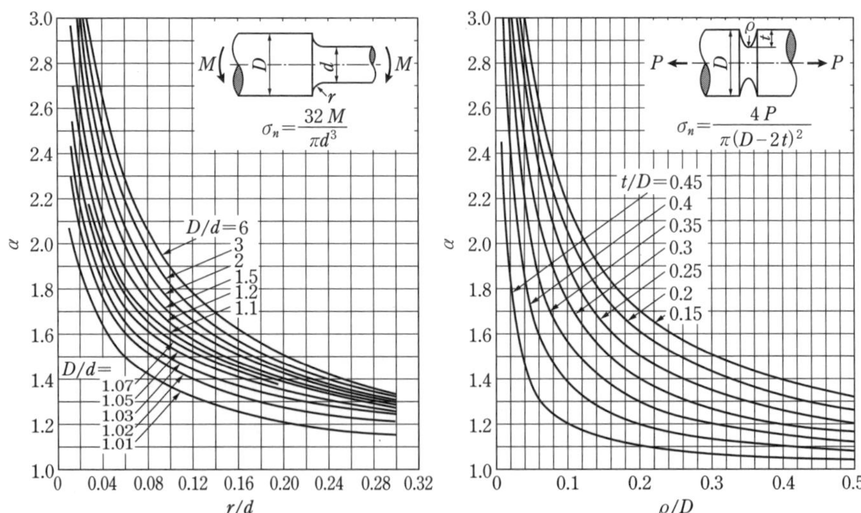

（**a**）段付き軸の曲げ荷重に対する応力集中係数[17)]

（**b**）半だ円形環状溝付き軸の引張り荷重に対する応力集中係数[18)]

図 2・13　応力集中係数の例

考慮しなくてよい．なお，脆性材料では，このような期待はできないので，応力集中にはとくに注意しなければならない．

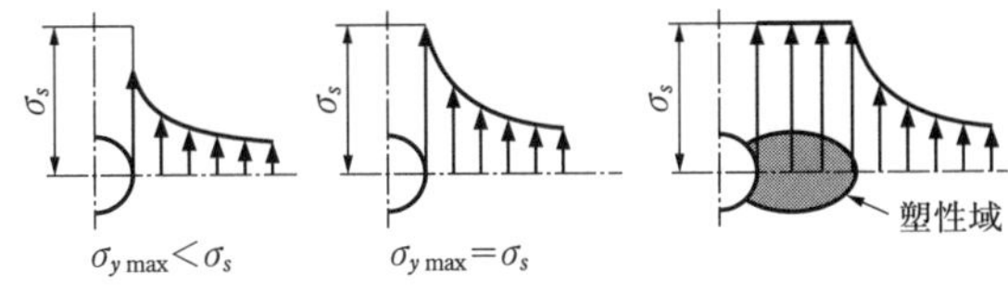

図 2･14　切欠き部の応力分布（延性材料）

2･3･2　動荷重の場合

一般に，部材に応力集中が存在する場合には，疲れ強さも低下する．その低下の割合は

$$\beta = \frac{\sigma_w}{\sigma_{wk}}$$

$$= \frac{\text{切欠き材の最小断面と等しい一様断面をもつ平滑材の疲れ限度}}{\text{切欠き材の疲れ限度}} \quad (2\cdot12)$$

によって求められ，これを**切欠き係数**（fatigue stress concentration factor）という．この値は，材料，負荷方法，部材寸法などに依存するため，実験によって求めざるを得ない．

一般的には

$$\alpha \geqq \beta \geqq 1$$

である．ふつう，図 **2･15** からわかるように

α が小さい場合には，

$$\alpha \fallingdotseq \beta$$

α が大きい場合には，

$$\alpha > \beta$$

となる．また，引張り強さが高い材料ほど同じ α に対して β は大きくなり，切欠きによる疲れ強さの低下が顕著になる．なお

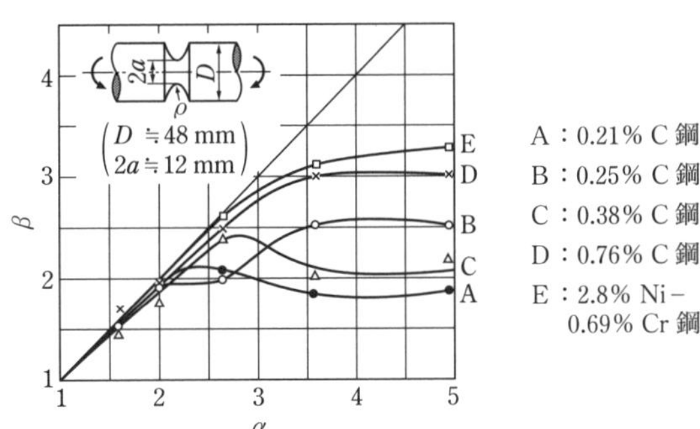

図 2･15　双曲線切欠きをもつ材料の α と β との関係 [19]

$$\eta = \frac{\beta - 1}{\alpha - 1} \quad (2\cdot13)$$

を切欠き感度係数（fatigue notch sensivity factor）と呼ぶ．

α よりも β が小さい理由は，切欠き部の疲れ破壊を支配するのは切欠き底の最大

応力ではなく，切欠き底付近の平均応力と考えられるためである．切欠き底に発生する最大応力が同じでも，応力が材料内部に向かって急激に低下する場合と穏やかに低下する場合とでは材料が受ける負担に差が生じ，後者の場合がより過酷な状態にある．すなわち，疲れ強さは，切欠き底での最大応力と応力こう配に支配され，α が大きいほど切欠き底付近での応力こう配が大きくなるため，α の増加の程度に比べて平均応力の増加は小さくなる．したがって，疲れ限度の低下，すなわち β の増加は α の増加よりも小さくなるのである．

また，切欠き材の疲れ限度は，一般に，試験片寸法が大きくなると低下する．このような寸法効果の要因としては，熱処理における質量効果などのように，素材の製造過程の違いによって生じる強度の低下と，幾何学的な形状寸法の影響とがある．前者は，材質，微小欠陥発生状況，表面硬度，残留応力などが影響している．後者については，切欠き底付近でのある一定領域内の平均応力が寸法の大きいほど高くなるためである[8, 17)]．

一般に，実際の機械部品の寸法は，実験室で実施する疲れ強さ試験片の寸法よりも大きい．したがって，破壊事故は，実験室で得られた疲れ限度よりも低い応力で起こることがあるので，注意しなければならない．

2･4 き裂材の応力

疲れ破壊は，疲れき裂の発生と進展の二つの過程を含んでいる．先在き裂も疲れ破壊の起点となることがある．したがって，き裂先端の応力集中や応力場を知ることは破壊の対策に極めて重要である．

式(**2･9**)において，b を限りなく 0 に近づければ，だ円孔はき裂になる．このとき，$x=a+\varepsilon$，$y=0$ での応力は次式で与えられる．

$$\sigma_y=\frac{\xi^2+1}{\xi^2-1}\sigma_0=\frac{\sigma_0 x}{\sqrt{x^2-a^2}}=\frac{\sigma_0(a+\varepsilon)}{\sqrt{2a\varepsilon+\varepsilon^2}} \tag{2･14}$$

き裂のごく近傍では，$(\varepsilon/a)\ll 1$ であるので

$$\sigma_y=\frac{\sigma_0\sqrt{a}}{\sqrt{2\varepsilon}} \tag{2･15}$$

となり，き裂先端での応力は無限大となる（特異性をもつ）．しかし，日常の経験からして，き裂が必ず破壊をもたらすわけではない．この事実は，応力のみでき裂

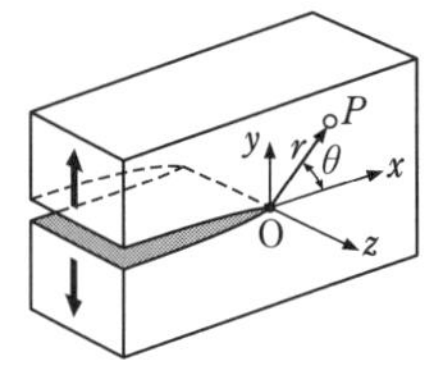

(a) モードI(引張り形)

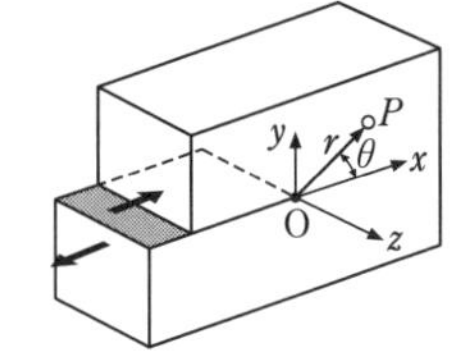

(b) モードII(面内せん断形)

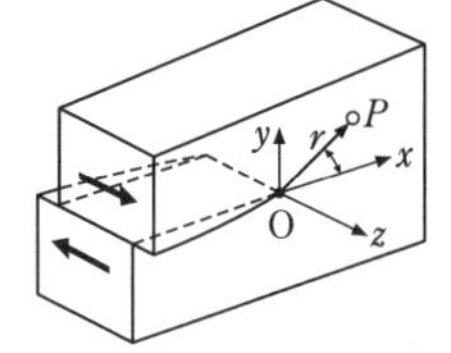

(c) モードIII(面外せん断形)

図 2·16 き裂の伝ぱモード

材強度の評価をすることはできないことを意味する.

図 **2·16** に示すように,き裂先端に極座標(r, θ)の原点をとれば,き裂先端近傍の応力分布 $\sigma_{ij}(\sigma_r,\ \sigma_\theta,\ \tau_{r\theta})$ は,一般に,$r^{(n-2)/2}$($n=1$, 2, ……)に関する次のような級数で表される[20].

$$\sigma_{ij}=\frac{K}{\sqrt{2\pi r}}f_{ij1}(\theta)+C_2+C_3 r^{1/2}f_{ij3}(\theta)+\cdots\cdots \tag{2·16}$$

ここで,K, C_2, C_3, ……は,境界条件のみで決まる定数である.式(**2·16**)において,$r\to 0$ とすると,右辺第一項は無限大に近づくが,第二項は一定値にとどまり,第三項以下は 0 に収束する.したがって,き裂先端近傍の応力は

$$\sigma_{ij}=\frac{K}{\sqrt{2\pi r}}f_{ij1}(\theta) \tag{2·17}$$

で近似され,これがき裂近傍の応力場を支配することになる.

ところで,き裂先端近傍の応力は極めて高いので,実際の材料では,破壊の起こる前にき裂を含むある領域で塑性変形が起こる.もし,この塑性域の大きさがき裂長さに比べて小さいならば(小規模降伏),塑性域をとり囲む特異応力場は塑性域の発生によってはほとんど乱されないと考えられるので,き裂先端近傍の応力,ひずみは,K がわかれば,r と θ の関数として一義的に定まる.したがって,K が同じであれば,き裂先端近傍の応力状態は同じと考えられるので,K を応力場の強さを表す尺度として応力の代わりに用いることができる.すなわち,K を用いれば,き裂先端で応力が無限大になるという問題は克服できるので,強度評価の点から考えて好都合である.

このように,き裂先端近傍の応力分布の特異性に着目して組み立てられた破壊の理論を**破壊力学**(fracture mechanics)と呼び,K を**応力拡大係数**(stress intensity factor)という.K の単位は(Pa·m$^{1/2}$)である.

なお,き裂先端近傍の変形および破壊形態は,前出の図 **2·16** に示す 3 モードに

分類できる.

2·5 許容応力と安全率

設計上，許容しうる最大の応力を許容応力（allowable stress）σ_a という．すなわち，部材に作用する実応力 σ は，次式を満足しなければならない．

$$\sigma \leqq \sigma_a \tag{2·18}$$

したがって，許容応力が定まれば部材寸法を決定することが可能となる．

許容応力は，材料と機械の組合わせに対して規格，法律，過去における設計経験などによって定められている場合もあるが，一般的には次式で求められる．

$$\sigma_a = \frac{\sigma^*}{S_F} = \frac{\text{基準の強さ}}{\text{安全率}} \tag{2·19}$$

ここに，基準の強さとは，降伏応力，引張り強さ，疲れ限度，座屈強さなど，材料と荷重の形式・使用条件が与えられたときの破損限度の応力である．また，安全率（safety factor）は，基準の強さおよび実応力を決定する際のいろいろの不確定要因を補償するものである．なお，厳密な荷重評価，正確な応力解析が可能であり，基準強さを規定するための材料の強度評価が正確になされるならば，安全率は荷重ならびに材料強度のばらつきのみによって決定できることになる（**2·6** 節参照）．しかしながら，応力解析，材料強度評価は簡単ではなく，それらの不確実さに応じて安全率が決定される．さらに，設計応力の正確度，使用部材の信頼度が低い場合には，大きい安全率の設定が必要となる．

そのため，機械の使用者が，安全率の存在を逆手にとり，過大負荷の状態で機械を使用することは厳に慎まなければならない．

安全率に影響する因子としては，次のようなものがあげられる．

① 材料強度に関係するもの

1) 材料の製造法（材料の欠陥，化学成分，熱処理，加工などの不均一性）．

2) 材料試験法，検査法の信頼性．

3) 試料と実物との相違（寸法，切欠き，表面仕上げなど）．

② 使用応力に関係するもの

1) 荷重のばらつき，荷重見積りの正確度．

2) 応力計算の正確度．

③ 製作技術（工作，組立など）に関係するもの

④ 使用条件（温度，雰囲気など）に関係するもの

⑤ 安全性

1） 人間への配慮.

2） 破損時の損害の程度.

2·6 安全率と破損確率との関係

実際の機械要素が受ける実働応力 L および材料強度 M は，統計的にばらついている．これらのばらつきがいずれも正規分布に従うと仮定すれば，それぞれの確率密度関数は

$$f(M)=\frac{\exp\left\{-(M-\overline{M})^2/2D_M{}^2\right\}}{D_M\sqrt{2\pi}} \tag{2·20}$$

$$f(L)=\frac{\exp\left\{-(L-\overline{L})^2/2D_L{}^2\right\}}{D_L\sqrt{2\pi}} \tag{2·21}$$

と表される．ここで，D_L，D_M および $\overline{L}$，$\overline{M}$ は，分布曲線の標準偏差および平均値であり，添字 L および M は，それぞれ実働応力および材料強度に対応する．この中で，設計応力として L を採用すれば，安全率 S_F は

$$S_F=\frac{\overline{M}}{\overline{L}} \tag{2·22}$$

と定義されるが，図 **2·17** において，L と M の分布が重なった領域では破損が発生する．したがって，安全率は破損確率と関係づけられることになり，材料強度と実働応力の差を S とすれば，$S=M-L$ の分布曲線が問題となる．また，M および L が正規分布であれば，S も正規分布となり，S の標準偏差 D_{LM} および平均値 $\overline{S}$ は以下のようになる．

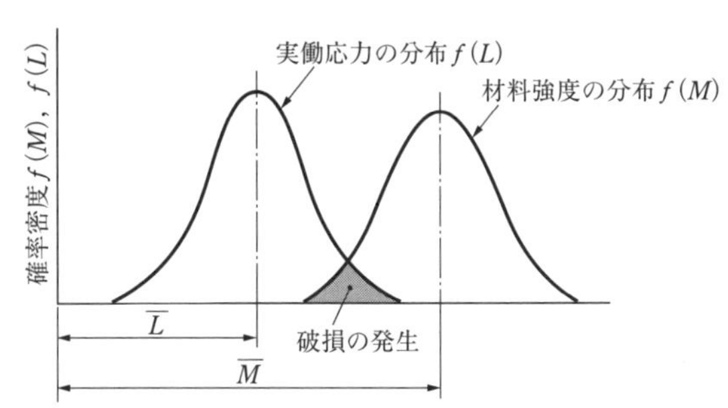

図 2·17　部材に作用する実働応力と材料強度との関係

$$\left.\begin{aligned} D_{LM} &= \sqrt{D_M{}^2 + D_L{}^2} \\ \overline{S} &= \overline{M} - \overline{L} \end{aligned}\right\} \qquad (2\cdot23)$$

なお，ばらつきの平均値回りの変動範囲 $\pm\Delta M$ および $\pm\Delta L$ は，理論上は $\pm\infty$ となるが

$$\left.\begin{aligned} \Delta M &= 3D_M \\ \Delta L &= 3D_L \end{aligned}\right\} \qquad (2\cdot24)$$

と定義すれば，それぞれに対する分布曲線の面積の 99.73% をカバーすることになるので

$$\overline{M} - \Delta M > \overline{L} + \Delta L \qquad (2\cdot25)$$

なる関係が満足されれば，破損はほぼ起こらない（危険率 0.27%）ことになり，実用上は充分である．

以下に，破損確率と安全率との関係を述べる[21]．式の取扱いを簡単にするため

$$t = \frac{S - \overline{S}}{D_{LM}} \qquad (2\cdot26)$$

と変数変換を行えば，$S = M - L$ の分布曲線（図 **2·18**）は，図 **2·19** に示す標準偏差 1，平均値 0 の分布関数 $f(t)$ に正規化される．

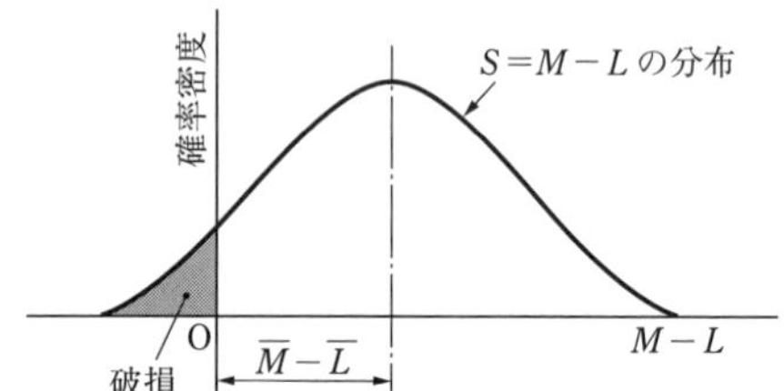

図 **2·18** $S = M - L$ の分布曲線

$$f(t) = \frac{1}{\sqrt{2\pi}} e^{-t^2/2}$$

$$\int_{-\infty}^{+\infty} f(t)dt = 1 \qquad (2\cdot27)$$

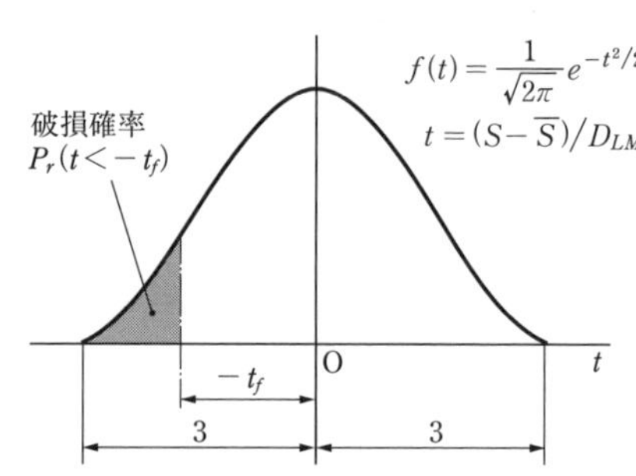

図 **2·19** 正規化された $S = M - L$ の分布曲線

また，破損が起こる確率は $S \leqq 0$ であるので，$S = 0$ のときの t を $-t_f$ とすれば

$$t_f = \frac{\overline{M} - \overline{L}}{\sqrt{D_M{}^2 + D_L{}^2}} \qquad (2\cdot28)$$

となる．すなわち，破損確率（$-\infty$ から $-t_f$ までの現象が発生する確率）は

$$P_r(t < t_f) = \int_{-\infty}^{-t_f} f(t)dt \qquad (2\cdot29)$$

で与えられる．この関係は，$0.001 < P_r < 0.015$ の範囲では2%以内の誤差で

$$t_f = \frac{1.29}{P_r^{0.128}} \tag{2·30}$$

と近似できる．したがって，関係式

$$\frac{1.29}{P_r^{0.128}} = \frac{\overline{M} - \overline{L}}{\sqrt{D_M{}^2 + D_L{}^2}} \tag{2·31}$$

が導かれ，安全率は次式によって破損確率 P_r と関係づけられることになる．

$$S_F = \frac{\overline{M}}{\overline{L}} = 1 + 1.29\frac{\sqrt{D_M{}^2 + D_L{}^2}}{P_r^{0.128}\,\overline{L}}$$

$$= 1 + 1.29\frac{\sqrt{(D_M/\overline{L})^2 + (D_L/\overline{L})^2}}{P_r^{0.128}} \tag{2·32}$$

実際には $M > L$ であり，M は L の増加にともない増加するので，$D_M/\overline{L}$ は材料強度の相対的ばらつき $D_M/\overline{M}$ と同等とみなすことができる．つまり，式(**2·32**)は，材料強度ならびに設計応力の相対的見積りの不正確さが大きければ安全率を大きくとらなければならないことを示している．

【例題 2·4】 破損確率 $P_r = 0.01$ および $P_r = 0.001$ に対する安全率 S_F を，以下の場合について求めよ．

（**1**） 実働応力，材料強度の変動係数（$\delta_L = D_L/\overline{L}$，$\delta_M = D_M/\overline{M}$）がともに0.1の場合．

（**2**） δ_L が0.5に増加した場合（一般的には，材料強度の変動よりも実働応力の変動のほうが大きい）．

【解】 式(**2·32**)および

$$\frac{D_M}{\overline{L}} = \frac{D_M}{\overline{M}} \cdot \frac{\overline{M}}{\overline{L}} = \frac{D_M}{\overline{M}} \cdot S_F$$

より

$$(P_r^{0.256} - 1.664\,\delta_M{}^2)\,S_F{}^2 - 2P_r^{0.256}S_F + P_r^{0.256} - 1.664\,\delta_L{}^2 = 0 \quad \cdots\cdots①$$

（**1**） $Pr = 0.01$ の場合，式①は

$$0.291S_F{}^2 - 0.615S_F + 0.291 = 0$$

よって，$S_F = 1.40$

$P_r = 0.001$ の場合，式①は

$$0.154S_F{}^2 - 0.341S_F + 0.154 = 0$$

よって，$S_F = 1.58$

（2） 同様にして

$P_r = 0.01$ の場合，$S_F = 2.28$

$P_r = 0.001$ の場合，$S_F = 2.78$

（1），（2）で求めた S_F の値は，正規分布を用いて求めた値と等しく[22]，式（2・30）の精度は充分であることがわかる．

しかしながら，実際の強度設計においては，安全率は統計的性質のほかに種々の経験的要因が考慮される．たとえば，疲れ設計の場合には，$S_F = 1.3 \sim 2.0$ の間の値が採用されることが多い[23]．

2・7 静荷重の場合の強度計算

2・7・1 単純応力の場合

部材に一方向の応力のみが作用する場合を単純応力という．この応力が作用する場合に材料が破壊しないための条件は，最大垂直応力 $\sigma_{\max}$ あるいは最大せん断応力 $\tau_{\max}$ が次式を満足することである．

$$\sigma_{\max} \leqq \sigma_a \tag{2・33}$$

$$\tau_{\max} \leqq \tau_a \tag{2・34}$$

また，降伏を破損とみなせば，$\sigma_a = \sigma_s / S_F$，あるいは $\tau_a = \tau_s / S_F$ となる．

【例題 2・5】 中実丸棒をねじった場合には，① 軸と約 45° の傾斜をもつら旋曲面，② 軸の横断面，③ 軸を含む縦断面の三つの破壊形態が考えられる．その理由を説明せよ．

【解】 中実丸棒の直径を d，ねじりモーメントを T とすれば，軸直角断面および軸方向断面には図 2・20（a）に示すように，$\tau_{\max} = 16T/(\pi d^3)$ のせん断応力が発生する．

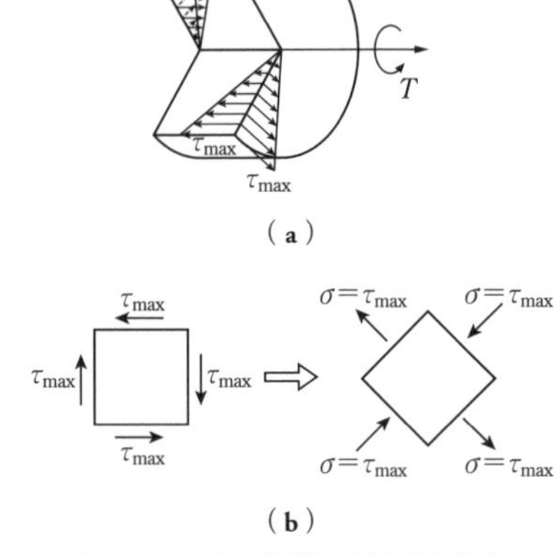

図 2・20 中実丸棒に作用する応力

また，これらのせん断応力のために，最

大引張り応力および最大圧縮応力が軸と 45° のら旋曲面上に発生し〔図 **2·20**(**b**)参照〕，その大きさは τ_{max} に等しい．これらの応力により，それぞれ，②，③，① の破壊が発生する．

【例題 2·6】 図 **2·21** に示すように，半だ円形環状溝をもつねずみ鋳鉄（FC 300）の丸棒（引張り強さ $\sigma_B = 300$ MPa，両振り引張り圧縮疲れ限度 $\sigma_{w0} = 150$ MPa）が，軸方向に一定の引張り力 P を受けている．この部材が支持できる最大引張り荷重を求めよ．ただし，引張り強さに対する安全率は 2.5 とする．

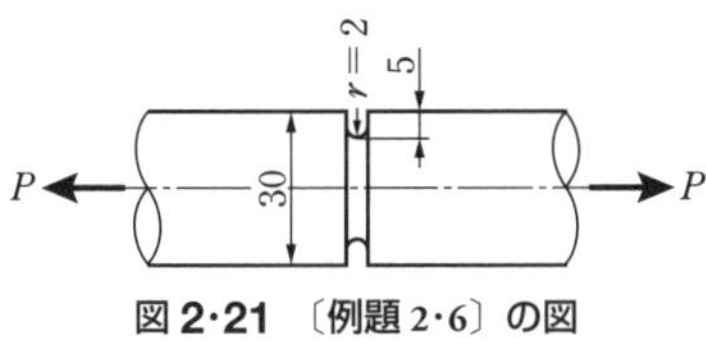

図 2·21 〔例題 2·6〕の図

【解】 溝深さを t，丸棒の直径を D とすれば，最小断面部での平均応力 σ_n は

$$\sigma_n = 4P/\{\pi(D-2t)^2\} = P/(100\pi)$$

また，$\rho/D = 2/30 = 0.0667$，$t/D = 5/30 = 0.167$ であるので，図 **2·13** から，応力集中係数 α は 2.47 となる．

したがって，式(**2·33**)から，$2.47P/(100\pi) = 300/2.5$

すなわち，$P = 15300$ N $= 15.3$ kN

2·7·2 組合わせ応力の場合

実際の機械では種々の荷重やモーメントが同時に作用することが多い．したがって，組合わせ応力を考慮する必要がある．組合わせ応力下での材料の破損条件として多くの説が提案されているが，次の 3 条件が実用上用いられることが多い．なお，以下の説明では，主応力を σ_1，σ_2，σ_3 とする．二次元応力の場合（$\sigma_3 = 0$）の x および y 方向の垂直応力を σ_x および σ_y，せん断応力を τ_{xy} とすれば，主応力 σ_1，σ_2，および最大せん断応力 τ_{max} は

$$\sigma_1 = \frac{\sigma_x + \sigma_y}{2} + \sqrt{\left(\frac{\sigma_x - \sigma_y}{2}\right)^2 + {\tau_{xy}}^2} \qquad (2\cdot35)$$

$$\sigma_2 = \frac{\sigma_x + \sigma_y}{2} - \sqrt{\left(\frac{\sigma_x - \sigma_y}{2}\right)^2 + {\tau_{xy}}^2} \qquad (2\cdot36)$$

$$\tau_{max} = \left|\frac{\sigma_1 - \sigma_2}{2}\right| = \sqrt{\left(\frac{\sigma_x - \sigma_y}{2}\right)^2 + {\tau_{xy}}^2} \qquad (2\cdot37)$$

となる．

① **最大主応力条件**　主応力の最大値が降伏応力に達したときに材料の降伏が起こり，引張り強さあるいは圧縮強さに達すると破壊が起こる．

$$\max(|\sigma_1|, |\sigma_2|, |\sigma_3|) \geqq \sigma_S \text{ または } \sigma_B \tag{2・38}$$

② **最大せん断応力条件〔トレスカ（Tresca）の条件〕**　最大せん断応力がある限界値に達したときに降伏が起こる．σ_S を単軸引張り試験での降伏応力とすれば，本条件でのせん断降伏応力 τ_S は $\sigma_S/2$ となる．

$$\max\left(\left|\frac{\sigma_1-\sigma_2}{2}\right|, \left|\frac{\sigma_2-\sigma_3}{2}\right|, \left|\frac{\sigma_3-\sigma_1}{2}\right|\right) \geqq \frac{\sigma_S}{2} \tag{2・39}$$

あるいは

$$\tau_{\max} \geqq \tau_S \tag{2・40}$$

③ **せん断ひずみエネルギー条件〔ミーゼス（Mises）の条件〕**　せん断ひずみエネルギーがある限界値に達したときに降伏が起こる．本条件では，せん断降伏応力 τ_S は $\sigma_S/\sqrt{3}$ となる．

$$(\sigma_1-\sigma_2)^2 + (\sigma_2-\sigma_3)^2 + (\sigma_3-\sigma_1)^2 \geqq 2\sigma_S{}^2 \tag{2・41}$$

なお，延性材料では，最大せん断応力条件，最大せん断ひずみエネルギー条件が，脆性材料では最大主応力条件がよく合うといわれている．

応力が降伏点（降伏応力）に達すると，材料は降伏し，塑性変形（永久変形）する．図 **2・22** に塑性変形前後の金属結晶格子モデルを示す．塑性変形後は結晶格子内ですべり（ずり）が発生しており，この格子間のずれが永久変形（塑性変形）となる．格子すべりはせん断応力によって発生するので，上述のように，降伏条件はせん断応力またはせん断ひずみエネルギーにより規定される．なお，塑性変形後も格子構造は変化しないので，縦弾性係数などの弾性特性は塑性変形により変化しない．

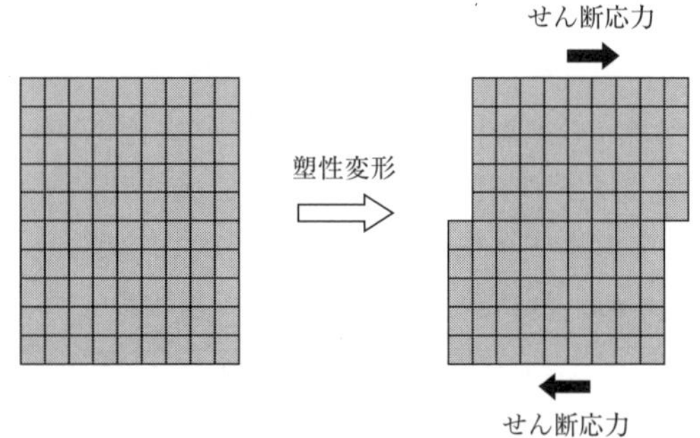

図 2・22　塑性変形前後の結晶格子

【例題 2・7】　図 **2・23** に示すクランクに，荷重 10 kN を矢印の方向に加え，軸受の左側に存在する物体を回転させたい．軸受の影響は無視し，A－A′ 断面に作用する力およびモーメント，ならびに最大引張り応力，最大せん断応力を求めよ．

【解】 A－A′ 断面に作用する力およびモーメントは，せん断力 F，曲げモーメント M，およびねじりモーメント T であり，それらの値は以下のようにして求められる．

$$F = 10\ \mathrm{kN}$$

$$M = 10 \times 70 = 700\ \mathrm{kN \cdot mm}$$

$$T = 10 \times 150 = 1500\ \mathrm{kN \cdot mm}$$

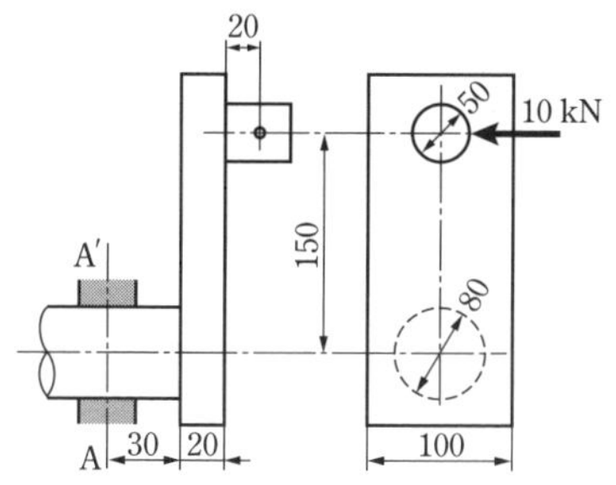

図 2·23 〔例題 2·7〕の図

F によるせん断応力は，表面では 0 であるが（せん断力方向のせん断応力分布は放物線となり，平均せん断応力を τ_0 とすれば，中央で最大値 $4\tau_0/3$ をとり，軸表面では 0 となる [24]），M および T によって誘起される応力は，それぞれ軸表面で最大値をとるため，軸表面において最大応力を計算すればよい．

すなわち，M および T によって軸表面に発生する垂直応力 σ およびせん断応力 τ は

$$\sigma = \frac{32M}{\pi d^3} = \frac{32 \times 700}{80^3 \pi} = 0.0139\ \mathrm{kN/mm^2} = 13.9\ \mathrm{MPa}$$

$$\tau = \frac{16T}{\pi d^3} = \frac{16 \times 1500}{80^3 \pi} = 0.0149\ \mathrm{kN/mm^2} = 14.9\ \mathrm{MPa}$$

となる．したがって，最大引張り応力 σ_{max} および最大せん断応力 τ_{max} は，式(**2·35**)～式(**2·37**)から

$$\sigma_{max} = \sigma/2 + \sqrt{(\sigma/2)^2 + \tau^2} = 23.4\ \mathrm{MPa}$$

$$\tau_{max} = \sqrt{(\sigma/2)^2 + \tau^2} = 16.4\ \mathrm{MPa}$$

となる．

2·7·3 き裂材の場合

き裂材の強度評価は，前述したように，き裂先端近傍の応力場の強さを表す応力拡大係数 K を用いて行われる．すなわち，静荷重がかかる場合は，この応力拡大係数 K の値がある限界値 K_c になったとき，つまり

$$K \geqq K_c \tag{2·42}$$

の場合にき裂材は破壊と考えられている．K_c のことを**破壊靱性値**（fracture toughness）という．

2・8 動荷重の場合の強度計算

2・8・1 一定振幅繰返し荷重の場合

部材に一定振幅の繰返し荷重がかかる場合の許容応力値は，次式で求まる．

$$\sigma_a = \frac{\sigma_w}{S_F} = \frac{\xi_1 \xi_2 \sigma_{w0}/\beta}{f_m f_s} \qquad (2\cdot43)$$

ただし，σ_{w0}：標準試験片による材料の疲れ限度．

β：切欠き係数

ξ_1：寸法効果の係数（寸法効果，圧入による疲れ限度の低下率）．

ξ_2：表面効果の係数（表面状況・腐食作用・熱処理などによる疲れ限度の低下率）．

f_m：材料の疲れ限度に対する安全率，f_s：使用応力に対する安全率．

$S_F = f_m f_s$

なお，平均応力が0（両振り荷重）でない場合には，平均応力の影響を考慮する必要がある．すなわち，荷重振幅 P_r が平均荷重 P_m のもとで作用している場合には，標準平滑試験片を用いて疲れ限度線図を求め，切欠き効果や寸法効果などを考慮して，実物部材の疲れ限度線図を図 **2・24** のように決定する．次に，疲れ限度線図の原点より，P_r/P_m をこう配とする直線を引き，疲れ限度線図との交点（σ_m，σ_r）を求め，σ_m および σ_r に対する安全率 S_m および S_r を考慮したうえで許容応力を次式で決定する．

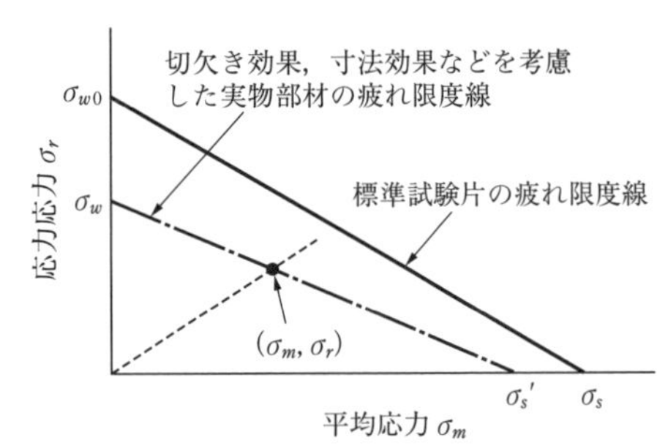

図 2・24 疲れ限度線図

$$\sigma_a = \frac{\sigma_m}{S_m} + \frac{\sigma_r}{S_r} \qquad (2\cdot44)$$

また，次のような方法も簡便のために使用される．つまり，安全率 S_F を応力振幅 σ_r および平均応力 σ_m の両方に共通であると仮定し，両振り疲れ限度と降伏応力から決定される近似疲れ限度線図（Soderberg line）を用いれば

$$\frac{\sigma_r}{\sigma_w/S_F}+\frac{\sigma_m}{\sigma_s/S_F}=1$$

ここで，切欠き効果，寸法効果，表面効果などは，両振り疲れ限度に影響を及ぼすが，静的強さには影響を及ぼさないと仮定すれば，次式によって許容応力が決定できる．

$$\sigma_a=\frac{\sigma_s}{S_F}=\sigma_m+\frac{\sigma_s}{\sigma_{w0}}\frac{\beta}{\xi_1\xi_2}\sigma_r \qquad (2\cdot45)$$

なお，組合わせ応力の場合には

$$\sigma_e=\sigma_m+\frac{\sigma_s}{\sigma_{w0}}\frac{\beta}{\xi_1\xi_2}\sigma_r \qquad (2\cdot46)$$

$$\tau_e=\tau_m+\frac{\tau_s}{\tau_{w0}}\frac{\beta}{\xi_1\xi_2}\tau_r \qquad (2\cdot47)$$

によって等価垂直応力 σ_e および等価せん断応力 τ_e を求め，たとえば，最大せん断応力条件である $\tau_{e\,\max}=\sqrt{(\sigma/2)^2+\tau^2}\leqq\tau_s/S_F$ に従って部材寸法を決定することができる（**5** 章 **5･1･3** 項 参照）．

【例題 2･8】 式(**2･44**)を導出せよ．

【解】 図 **2･24** において，σ_w と $\sigma_s{}'$ を結ぶ直線（Soderberg line）は

$$\sigma_r=\frac{\sigma_w}{\sigma_s{}'}\sigma_m+\sigma_w \qquad \cdots\cdots①$$

① を整理すると

$$1=\frac{\sigma_m}{\sigma_s{}'}+\frac{\sigma_r}{\sigma_w} \qquad \cdots\cdots②$$

② の両辺に σ_a を掛ければ

$$\sigma_a=\frac{\sigma_m}{\sigma_s{}'/\sigma_a}+\frac{\sigma_r}{\sigma_w/\sigma_a} \qquad \cdots\cdots③$$

安全率は，$S_m=\sigma_s{}'/\sigma_a$，$S_r=\sigma_w/\sigma_a$ であるので

$$\sigma_a=\frac{\sigma_m}{S_m}+\frac{\sigma_r}{S_r}$$

【例題 2･9】 図 **2･25** のような回転軸の右端に一定の垂直荷重 P が作用している．軸材料は S 35 C の焼入れ焼戻し材（$\sigma_B=570$ MPa，標準試験片による回転曲げ疲

れ限度 $\sigma_{w0}=235$ MPa），寸法は $D=168$ mm，$d=150$ mm，$r=9$ mm，$L=280$ mm で，軸表面は研磨仕上げされている．寸法効果による疲れ限度の低下率を $\xi_1=0.8$，表面仕上げによる疲れ限度の低下率を $\xi_2=0.9$，材料の疲れ限度に対する安全率を $f_m=1.25$，使用応力に対する安全率を $f_s=1.28$ として，負荷できる最大荷重を求めよ．ただし，はめあい部の影響は無視する．

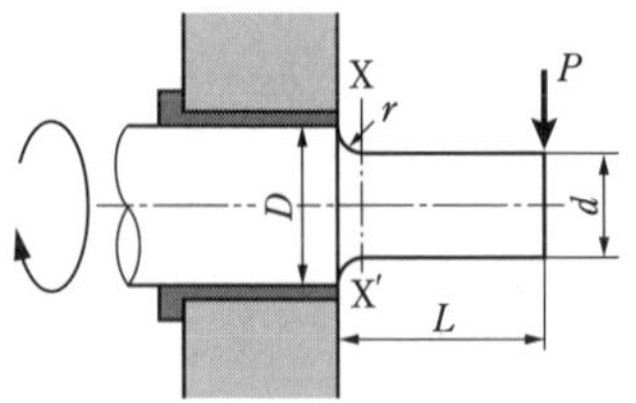

図 2·25〔例題 2·9〕の図

【解】 危険断面は X－X′ 断面である．また，ここの軸表面には

$$\sigma=\frac{32(L-r)P}{\pi d^3}=\frac{32(280-9)P}{150}=8.18\times10^{-4}P$$

なる曲げ応力が両振り状態で作用する．

$D/d=1.12$，$r/d=0.06$ であるので，図 **2·13** から応力集中係数は 1.8 であり，2 以下である．したがって，切欠き係数 β は α に等しく，$\beta=1.8$ とみなしてよい．

よって，式(**2·43**)から許容応力 σ_a は

$$\sigma_a=\frac{\xi_1\xi_2\sigma_{w0}/\beta}{f_m f_s}=\frac{0.8\times0.9\times235/1.8}{1.25\times1.28}=58.8\ \text{MPa}$$

となる．ゆえに

$$8.18\times10^{-4}P=58.8$$

から，$P=71.8$ kN となる．

【例題 2·10】〔例題 **2·6**〕と寸法を同じくする S 35 C の部材（降伏応力 $\sigma_s=380$ MPa，両振り引張り圧縮疲れ限度 $\sigma_{r0}=206$ MPa）が 15 kN の軸方向引張り荷重を受けている．この部材がさらに繰返し引張り圧縮荷重 F を受けるとする．このときの許容荷重振幅を求めよ．ただし，$\xi_1=0.9$，$\xi_2=0.9$，安全率は 1.5 とする．

【解】 平均荷重 P_m は 15 kN，荷重振幅 P_r は F（N）である．

よって

$$\sigma_m=\frac{4P_m}{\pi(D-2t)^2}=\frac{4\times15000}{(30-2\times5)^2\pi}=47.7\ \text{MPa}$$

$$\sigma_r=\frac{4P_r}{\pi(D-2t)^2}=\frac{4F}{(30-2\times5)^2\pi}=\frac{F}{100\pi}$$

そして，切欠き係数 β は安全側に見積り，$\alpha=2.47$ に等しいと仮定し，式(**2·45**)

に既知の数値を代入すれば，次のようになる．

$$\frac{380}{1.5}=47.7+\frac{380}{206}\times\frac{2.47}{0.9\times0.9}\times\frac{F}{100\pi}$$

したがって，$F=11.5$ kN となる．

2·8·2 変動荷重の場合

実働荷重は，不規則に変動するのがふつうである．このような変動荷重下の疲れ寿命を合理的に予測する方法はいまだ確立されていないが，多くの提案されている疲れ寿命予測法のうち，修正マイナー則がよく知られている．

これは，図**2·26**に示すように，$S-N$曲線を疲れ限度以下まで延長し，疲れ限度以下の応力に対する仮想的な破断寿命を考え，あるレベルの応力σ_iの繰返し数n_iと，その応力が単独に繰り返されたときの疲れ寿命N_iとの比を求め，それを各レベルの応力について累積した値が1になったとき，すなわち

$$\sum\frac{n_i}{N_i}=1 \qquad (2\cdot48)$$

の条件を満足したときに破断が生じるとするものである．

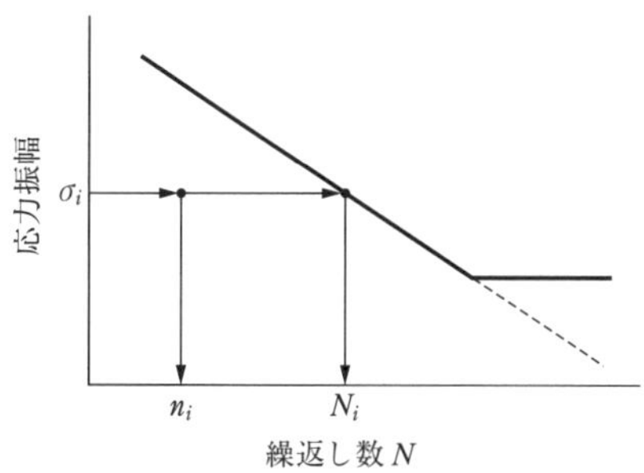

図2·26 $S-N$曲線と修正マイナー則

2·8·3 疲れき裂の伝ぱ

通常，機械部材に疲れき裂が認められると，部材交換あるいはき裂の補修が実施される．しかし，疲れ破壊は，微視き裂の発生・伝ぱの過程をとり，き裂の発生が直ちに疲れ破壊をもたらすわけではない．そこで，現在では，疲れき裂の進展速度を正確に評価し，最終破壊をもたらすと考えられるき裂の補修を前提とした設計（損傷許容設計）も行われている．

疲れき裂は，応力拡大係数の変動幅ΔKがき裂伝ぱの下限界値ΔK_{th}*（次ページ参照）を超えると，$da/dn=f(\Delta K)$に従って伝ぱすることが知られている（図**2·27**参照）．その代表的なき裂進展則がパリス（Paris）則であり，次式で表される．

$$\frac{da}{dn}=C(\Delta K)^m \qquad (2\cdot49)$$

ここで，a はき裂長さ，m，C は材料定数で，ふつう，m は 2〜7 の値をとる．

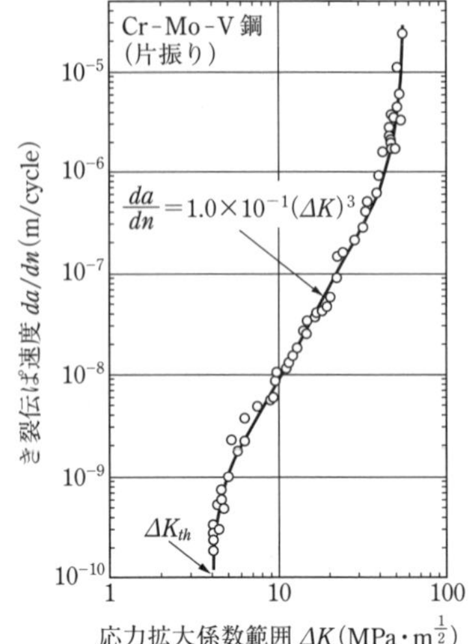

図 2·27　疲れき裂の伝ぱ速度と応力拡大係数との関係 [25)]

【例題 2·11】 疲れき裂の伝ぱ速度が次式で表されるとする．

$$\frac{da}{dn}=C(\Delta K)^4$$

一定振幅の応力が N_0 回繰り返し負荷されることによって，0.1 mm から 1.0 mm まで進展したき裂が，さらに 10 mm まで進展するのに要する繰返し数はいくらか．ただし，$\Delta K \propto \Delta\sigma\sqrt{a}$（$\Delta\sigma$：一定）と仮定する．

【解】 $\Delta K \propto \Delta\sigma\sqrt{a}$ であるから，疲れき裂の伝ぱ速度式は，次のように書き直される．

$$da/dn = Ba^2 \quad (B\text{：定数})$$

この式を積分し，N_0 回の繰返し負荷によってき裂が 0.1 mm から 1 mm まで進展したことを考慮すれば

$$\int_{0.1}^{1}\frac{1}{a^2}da=\int_0^{N_0}BdN$$

より

$$\left[-\frac{1}{a}\right]_{0.1}^{1}=BN_0$$

となる．したがって，$B=9/N_0$ である．

よって，き裂がさらに 10 mm まで進展するのに必要な繰返し数 N は

---

*　下限界応力拡大係数幅 ΔK_{th} または疲れ限度 σ_w は，ビッカース硬さ（HV）と微小表面き裂または欠陥を最大主応力方向に投影した投影面積の平方根 $\sqrt{\mathrm{area}}$ を用いた次式によって統一的に推定できる [8)]．

$$\Delta K_{th}=3.3\times10^{-3}(\mathrm{HV}+120)(\sqrt{\mathrm{area}})^{1/3}$$
$$\sigma_w=1.43(\mathrm{HV}+120)/(\sqrt{\mathrm{area}})^{1/6}$$

ここで，ΔK_{th} および σ_w の単位は（MPa・$m^{1/2}$），$\sqrt{\mathrm{area}}$ の単位は（μm）である．ただし，上式の適用できる $\sqrt{\mathrm{area}}$ には限界があり，材料にも依存するが，適用可能な $\sqrt{\mathrm{area}}$ はほぼ 1000 μm 以内である．

$$\int_1^{10} \frac{1}{a^2} da = \int_{N_0}^{N_0+N} B dN$$

より

$$\left[-\frac{1}{a}\right]_1^{10} = \frac{9N}{N_0}$$

で求めることができる．

すなわち，$N = 0.1\,N_0$ となる．この結果は，き裂が拡大するにつれてき裂の伝ぱ速度が急激に増加することを示している．

2·8·4 低サイクル疲れ

前述したように，半永久的使用を目的とした機械要素では，許容応力を定める際の基準応力として疲れ強さが一般に採用され，10^7 回程度以上の繰返し負荷に耐えうることを前提として設計が行われる．このような高繰返し数（$10^5 \sim 10^7$）で破壊する疲れ現象を**高サイクル疲れ**と呼んでいる．

ところで，プラントなどの起動・停止，航空機の離着陸，船舶が高波を受ける場合などにともなう高負荷の発生は，機械構造物の耐用年数の間にさほど多く繰り返されるものではない．これらの高負荷を受けた場合の応力集中部の応力は，公称応力を降伏応力よりもかなり低く設定しておいても，降伏応力よりも大きくなる可能性がある．しかし，その部分の局所的塑性変形が機械の機能に直接的影響を与えない場合には，かなり高い応力を基準応力として設計を行うことが可能になり，これによって材料は節減され，機械の重量が軽減される．

応力集中部の局所的降伏を上記観点から許容した場合に発生する疲れ破壊を塑性疲れという．塑性疲れは，通常，10^4 程度以下の繰返し数で発生するので，**低サイクル疲れ**ともいわれる．

なお，低サイクル疲れにおける破断繰返し数 N は，塑性ひずみ ε_p の変動幅 $\Delta\varepsilon_p$ に支配されると考えられており，多くの材料に対しては，次のマンソン－コフィン（Manson－Coffin）則が成立する．

$$\Delta\varepsilon_p N^r = C \qquad (2\cdot50)$$

ここで，r および C は温度依存性の材料定数であり，r の値は 1/2 程度にとられている．

【例題 2·12】 ある地点間を日に 2 往復する飛行機がある．何年後に 10^4 回に相当する離着陸に達するかを計算せよ．

【解】 $10^4 \div (4 \times 365) = 6.8$ 年

したがって，低サイクル疲れが問題となる部品は，この期間内に交換あるいは補修によって対処する必要がある．

2･9 材料の選定

材料が選定され，形状・寸法が決定されると，生産設計過程に入り，材料に合わせた素材工程（鋳造・溶接・塑性加工など），加工工程，熱処理・表面処理工程，組立工程などが決定される．それゆえ，市場性の高い標準材料の選択は多くの点で有利であり，一般的に製作期間の短縮，完成部品の高い信頼性，コストの低下が期待できる．もちろん，工程が規定されている場合などでは，材料選択はその工程に合わせて実施されることになる．

なお，実際に設計する場合に，選択の対象とすべき材料の種類は極めて多いが，

表 2･1 材料の簡易選定法*

重量	材料	荷重	用途・要求	選定条件
重くてよい（安価）	鉄鋼	低荷重	とくになし・溶接性 耐食性	SS 400（一般構造用圧延鋼） SUS 304（オーステナイト系ステンレス鋼）
		高荷重	高硬度，高強度 より高強度	S 45 C（機械構造用炭素鋼） SCM 435（クロムモリブデン鋼）
軽量	アルミ合金	低荷重 高荷重	溶接可能 —	A 5052 A 2017

〔注〕 畑村洋太郎：実際の設計，日刊工業新聞社，1988 より．

---

* 日本工業規格（JIS）における材料記号はアルファベットと数字から構成されており，アルファベットの第 1 位は材料の英文名の頭文字をとったものが多い．たとえば，鉄鋼材料の鋼は S（steel），鉄は F（ferrum），アルミ合金は A（Aluminum），銅合金は C（Copper）で表示される．また，数字は機械的強度，用途や組成などを表している．一般構造用圧延鋼 SS 400 の 400 は最低引張り強さが 400 MPa（規格では 400 ～ 510 MPa）であることを示し，機械構造用炭素鋼 S 45 C の炭素量は 0.45%（0.42 ～ 0.48%）である．SUS（steel use stainless）で表示されるステンレス鋼は炭素を 1.2%以下，クロム 10.5%以上含み，耐食性を向上させた合金鋼と定義されている．また，図 **2･2** 中の FC 250 は最低引張り強さが 250 MPa のねずみ鋳鉄であることを示している．なお，鉄－炭素系合金において，炭素の最大固溶量（約 2%）より炭素量の少ないものを鋼といい，これより炭素の多いものを鋳鉄という．

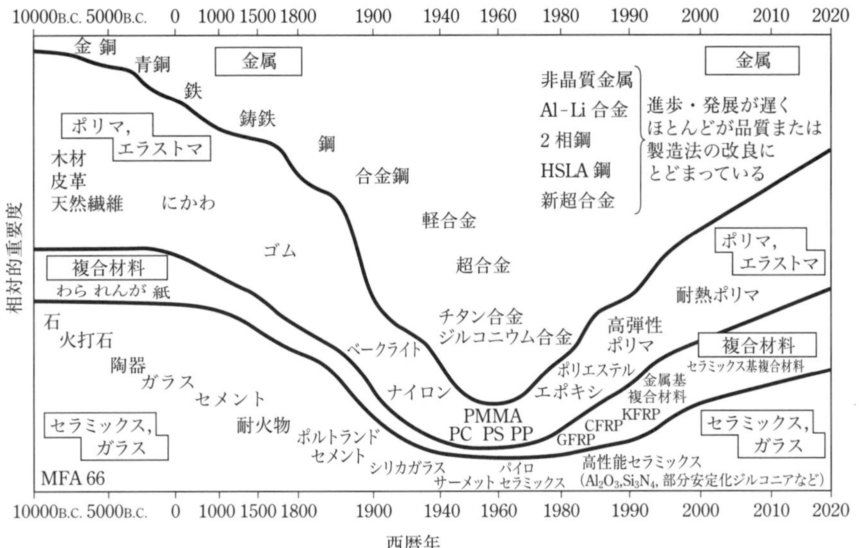

図 2·28　工業材料の変遷[27)]

畑村ら[26)]は，実際の設計の90％以上が表**2·1**に示すような6種類の材料で間に合うとしている．

表**2·1**の材料は鉄鋼材料が主体であり，しかもアルミ合金を含めてすべて金属材料である．しかし，高分子材料（ポリマ），セラミックスをはじめとした非金属材料の使用比率が近年急速に拡大している．1960年頃を境にして，新合金の開発速度が落ち，鋼や鋳鉄の需要が減少傾向を示す一方，非金属材料や複合材料の生産が急速に伸びている[27)]．この傾向は今後さらに進むと考えられ，非金属材料の選択も考慮することが必要である．

3

生産設計との関連事項

現代社会では，人間の欲求の高まりとともに，少品種多量生産の時代から多品種少量生産の時代に移行しつつあり，省資源・省エネルギーの問題も高まっている．したがって，機械部品の設計時には極めて多くの形状・寸法などが考えられることになるが，経済的かつ生産性を向上させるためには，類似の機能を果たすものはなるべく標準化し，部品点数を削減することが必要で，これらの考慮はとりもなおさず省資源や省エネルギーに寄与することになる．

このような意味から，機械設計は，特別の理由がない限り，規格化あるいは標準化された材料，部品を使用し，寸法公差・はめあいなど標準化された設計基準に沿って実施し，合理的な工作法を採用することが望まれる．

3·1 工作法

選択された材料から部品を製作するための手法は多い．しかし，機械や部品の設計に際しては，設計者が，材料の特性ならびに工作法の特徴に精通し，期待する機能をもった製品を最も経済的に実現できる方法を選ぶことが重要である．

材料および工作法に関しては，それぞれの専門書にゆだね，ここでは割愛することとする．

3·2 標準化・規格化

機械部品の形状寸法，機械材料の種類などの規格化あるいは標準化は，部品点数の削減，部品間の互換性という直接的な利点のみならず，生産の合理化，生産性の向上，品質管理，品質・機能の向上に寄与するところが大きい．

また，今後，地球単位での生活が基準になれば，規格化・標準化は地球規模で実施するのが合理的である．ただし，科学技術の進歩は，既存技術の陳腐化をもたらすことは当然の理で，規格品以外の使用によって最適設計が可能になる場合も多々ある．そのため，設計者は常に最適妥協点はどこにあるのかを考える必要がある．

機械部品などの標準化・規格化のために，わが国では，工業規格として日本産業規格（Japanese Industrial Standards；JIS）が存在し，国際的には，国際標準化機構（International Organization for Standardization；ISO）によって国際規格が制定されている．また，諸外国の工業規格には，ANSI（American National Standards Institute，アメリカ），ASTM（American Society for Testing and Materials，アメリカ），BS（British Standards，イギリス），DIN（Deutsche Industrie Normen，ドイツ），NF（Norme Francaise，フランス），EN（European Norm，ヨーロッパ連合）などがある．

なお，機械設計に際しては，部品の寸法などに数値が用いられるが，この数値は，技術的に許し得る範囲で採用数値を統一化することが望まれる．そこで，JISでは，10を底とする正または負の整数べき（$10^2=100$，$10^{-2}=0.01$ など）を含み，それぞれ $10^{1/5}$，$10^{1/10}$，$10^{1/20}$，$10^{1/40}$ および $10^{1/80}$ を公比とする等比数列の各項の数値を，実用上に便利な数値で近似させたものが，**JIS Z 8601** に**標準数**として制定されている．

3·3　寸法公差

機械部品の部分（形体）の大きさを表す量を寸法といい，一般に（mm）で記述する．ところで，この寸法として，たとえば，有効桁数の大きい3.14159265を採用しても実際には加工も測定もできない．さらに，部品などの製作時や測定時には必ず誤差が生じる．そのため，寸法は，工作機械の加工精度と測定器具の精度を考慮して，基準寸法（呼び寸法）とその基準寸法の許容範囲を示して指定しなければならない．

寸法公差とは，このような考えかたをもとに，JISによって決められている．たとえば，図**3·1**に示すように，内側形体（たとえば穴）の場合の製作前の寸法は，基準（呼び）寸法 C と，最大許容寸法 A および最小許容寸法 B で規定され，図中

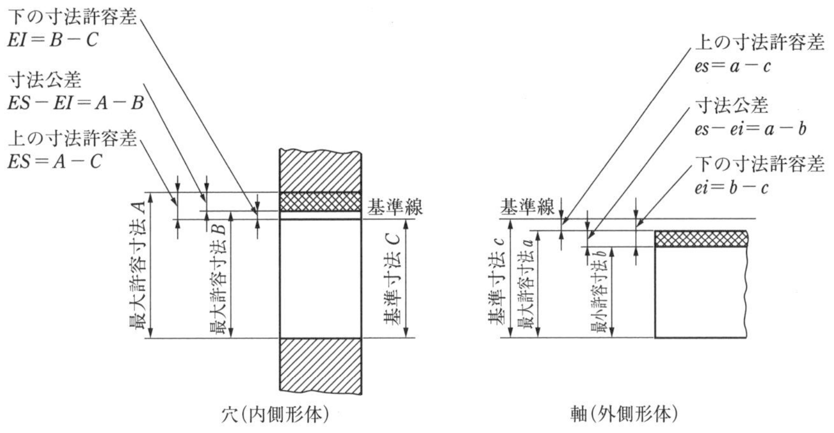

図 3·1　許容限界寸法と寸法公差

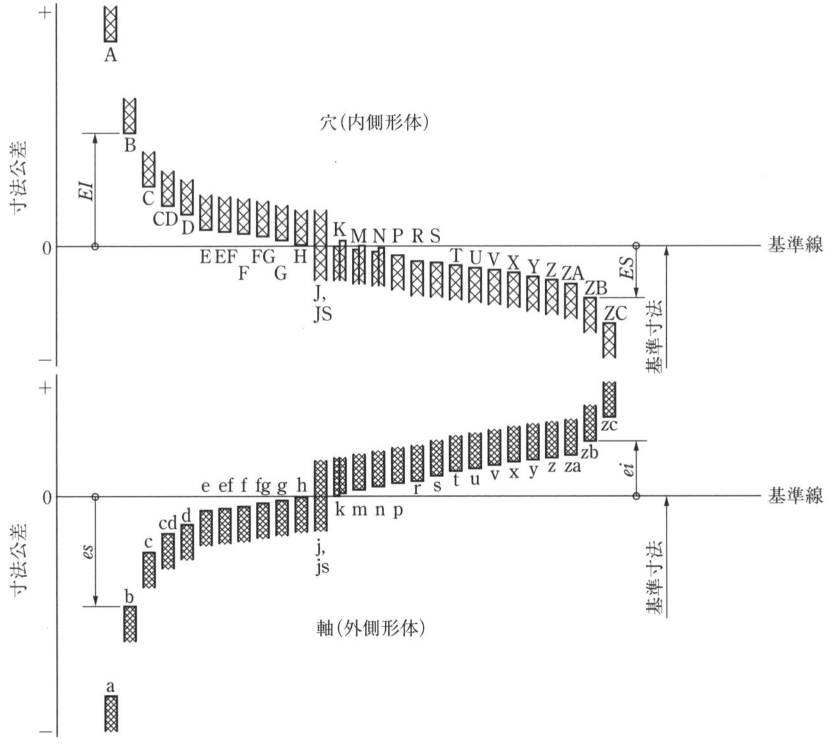

図 3·2　公差域を示すアルファベット（**JIS B 0401－1** より）

に示した$ES = A - C$を上の寸法許容差，また，$EI = B - C$を下の寸法許容差と称し，$ES - EI = A - B$を寸法公差といい，記号Tで表す．なお，図 **3･1** に示したアルファベットの記号は，大文字が内側形体の場合，小文字が外側形体（たとえば軸）の場合である．

JIS B 0401 では，ISO 公差方式の IT 基本公差（表 **3･1**）が寸法公差の大きさを示す公差等級とともに採用されている．基礎となる寸法許容差の一部を表 **3･2** に示すが，上の寸法許容差あるいは下の寸法許容差は，表 **3･1**，表 **3･2** の基本公差と基礎となる寸法許容差から求める．表 **3･2** は，軸（外側形体）に対して示されて

表 3･1　IT 基本公差の一部（JIS B 0401−1 より）

基準寸法の区分 (mm)		公差等級																	
		IT 1	IT 2	IT 3	IT 4	IT 5	IT 6	IT 7	IT 8	IT 9	IT 10	IT 11	IT 12	IT 13	IT 14	IT 15	IT 16	IT 17	IT 18
を超え	以下	基本公差の数値 (μm)											基本公差の数値 (mm)						
6	10	1	1.5	2.5	4	6	9	15	22	36	58	90	0.15	0.22	0.36	0.58	0.90	1.50	2.20
10	18	1.2	2	3	5	8	11	18	27	43	70	110	0.18	0.27	0.43	0.70	1.10	1.80	2.70
18	30	1.5	2.5	4	6	9	13	21	33	52	84	130	0.21	0.33	0.52	0.84	1.30	2.10	3.30
30	50	1.5	2.5	4	7	11	16	25	39	62	100	160	0.25	0.39	0.62	1.00	1.60	2.50	3.90
50	80	2	3	5	8	13	19	30	46	74	120	190	0.30	0.46	0.74	1.20	1.90	3.00	4.60
80	120	2.5	4	6	10	15	22	35	54	87	140	220	0.35	0.54	0.87	1.40	2.20	3.50	5.40

表 3･2　軸（外側形体）**の基礎となる寸法**

基準寸法の区分 (mm)		すべての公差等級												公差等			
														IT5 および IT6	IT7	IT8	IT4 IT7
		基礎となる寸法許容差 ＝ 上の寸法許容差 es															
を超え	以下	公差域の位置															
		a	b	c	cd	d	e	ef	f	fg	g	h	js	j			
6	10	−280	−150	−80	−56	−40	−25	−18	−13	−8	−5	0	寸法許容差 ＝ ± $\frac{IT_n}{2}$	−2	−5		+1
10 14	14 18	−290	−150	−95		−50	−32		−16		−6	0		−3	−6		+1
18 24	24 30	−300	−160	−110		−65	−40		−20		−7	0		−4	−8		+2
30 40	40 50	−310 −320	−170 −180	−120 −130		−80	−50		−25		−9	0		−5	−10		+2
50 65	65 80	−340 −360	−190 −200	−140 −150		−100	−60		−30		−10	0		−7	−12		+2
80 100	100 120	−380 −410	−220 −240	−170 −180		−120	−72		−36		−12	0		−9	−15		+3

いるため，基礎となる寸法許容差が a 〜 h では上の寸法許容差，k 〜 z では下の寸法許容差になっていることに注意しなければならない．なお，穴（内側形体）に対してはこの関係が逆になる（図 **3·2** 参照）．

このように，外側形体・内側形体の公差域の位置は小文字記号・大文字記号で表すことができるため，寸法公差の範囲（公差域，許容域）は，図 **3·2** に示すように，公差位置を示すアルファベットと公差等級とを組み合わせて示すことができる．

たとえば，52 g 6 は，最大許容寸法 51.990 mm，最小許容寸法 51.971 mm の外側形体を示し，$52^{-0.010}_{-0.029}$ とも記載される．

表 3·3　普通許容差の例〔面取り部分を除く長さ寸法に対する許容差（**JIS B 0405** より）〕

（単位：mm）

公差等級		基準寸法の区分							
記号	説明	0.5 * 以上 3 以下	3 を超え 6 以下	6 を超え 30 以下	30 を超え 120 以下	120 を超え 400 以下	400 を超え 1000 以下	1000 を超え 2000 以下	2000 を超え 4000 以下
		許容差							
f	精級	± 0.05	± 0.05	± 0.1	± 0.15	± 0.2	± 0.3	± 0.5	—
m	中級	± 0.1	± 0.1	± 0.2	± 0.3	± 0.5	± 0.8	± 1.2	± 2
c	粗級	± 0.2	± 0.3	± 0.5	± 0.8	± 1.2	± 2	± 3	± 4
v	極粗級	—	± 0.5	± 1	± 1.5	± 2.5	± 4	± 6	± 8

〔**注**〕* 0.5 mm 未満の基準寸法に対しては，その基準寸法に続けて許容差を個々に指示する．

許容差の数値の一部（**JIS B 0401−1** より）

（単位：μm）

級														
IT3 以下 および IT8 以上	すべての公差等級													
基礎となる寸法許容差 ＝ 下の寸法許容差 *ei*														
公差域の位置														
k	m	n	p	r	s	t	u	v	x	y	z	za	zb	zc
0	＋6	＋10	＋15	＋19	＋23		＋28		＋34		＋42	＋52	＋67	＋97
0	＋7	＋12	＋18	＋23	＋28		＋33	＋39	＋40 ＋45		＋50 ＋60	＋64 ＋77	＋90 ＋108	＋130 ＋150
0	＋8	＋15	＋22	＋28	＋35	 ＋41	＋41 ＋48	＋47 ＋55	＋54 ＋64	＋63 ＋75	＋73 ＋88	＋98 ＋118	＋136 ＋160	＋188 ＋218
0	＋9	＋17	＋26	＋34	＋43	＋48 ＋54	＋60 ＋70	＋68 ＋81	＋80 ＋97	＋94 ＋114	＋112 ＋136	＋148 ＋180	＋200 ＋242	＋274 ＋325
0	＋11	＋20	＋32	＋41 ＋43	＋53 ＋59	＋66 ＋75	＋87 ＋102	＋102 ＋120	＋122 ＋146	＋144 ＋174	＋172 ＋210	＋226 ＋274	＋300 ＋360	＋405 ＋480
0	＋13	＋23	＋37	＋51 ＋54	＋71 ＋79	＋91 ＋104	＋124 ＋144	＋146 ＋172	＋178 ＋210	＋214 ＋254	＋258 ＋310	＋335 ＋400	＋445 ＋525	＋585 ＋690

なお，機能上，特別な精度が要求されない寸法については，材料，成形法，加工法などに応じて定められている普通許容差が用いられる．その一例を表**3·3**に示す．

3·4 はめあい

内側形体と外側形体とを組み合わせる前の寸法の差から生じる関係を“はめあい(fitting)”という．前出の図**3·1**に示したように，内側形体の最大許容寸法をA，最小許容寸法をB，外側形体の最大許容寸法をa，最小許容寸法をbとすれば，

① $B-a>0$：すきまばめ（clearance fit）

② $B-a<0$，$A-b>0$：中間ばめ（transition fit）

③ $A-b<0$：しまりばめ（interference fit）

となる．②の中間ばめは，部品組立に際しての選択はめあいを実施する場合に採用される．実際の設計では，すきまばめH 8/f 7を基準にして，それよりゆるくH 9/e 9，きつくてH 7/g 6，もっときつく圧入する場合などではH 7/p 6の四つの組合わせのみで充分設計できるといわれている[1)]．

なお，穴と軸のはめあいには穴基準はめあい（H穴，下の寸法許容差が零の穴）と軸基準はめあい（h軸，上の寸法許容差が零の軸）があるが，軸の加工は容易であり，軸直径の計測も簡単であるため，一般には穴基準はめあいが用いられる．これに対し，同一軸に軸継手，プーリ，歯車など複数個の機械要素を取り付ける場合には，軸基準はめあいのほうが有利である．

【例題3·1】 ϕ60 H 8/f 7およびϕ45 H 7/p 6の寸法の組合わせを調べ，そのはめあいを記載せよ．

【解】

（**1**） ϕ60 H 8/f 7

・穴ϕ60 H 8：穴基準はめあいなので，下の寸法許容差$EI=0$，基準寸法$C=60$ mm，公差等級8なので，表**3·1**より，寸法公差$T=46\ \mu\text{m}=0.046$ mm．よって

$$最小許容寸法\ B=C+EI=60+0=60\ \text{mm}$$

$$最大許容寸法\ A=B+T=60+0.046=60.046\ \text{mm}$$

・軸ϕ60 f 7：基準寸法$c=60$ mm，公差等級7なので，表**3·2**より上の寸法

許容差 $es = -30\ \mu\text{m} = -0.030$ mm，表 **3·1** より寸法公差 $t = 30\ \mu\text{m} = 0.030$ mm．よって

最大許容寸法 $a = c + es = 60 - 0.030 = 59.970$ mm.

最小許容寸法 $b = a - t = 59.970 - 0.030 = 59.940$ mm.

$B > a$，したがって，すきまばめ．

（**2**） ϕ45 H 7/p 6

・穴 ϕ45 H 7：上と同様にして，

最小許容寸法 $B = 45$ mm

最大許容寸法 $A = 45.025$ mm

・軸 ϕ45 p 6：基準寸法 $c = 45$ mm，公差等級 6 なので，表 **3·2** より下の寸法許容差 $ei = 26\ \mu\text{m} = 0.026$ mm，表 **3·1** より寸法公差 $t = 16\ \mu\text{m} = 0.016$ mm．よって

最小許容寸法 $b = c + ei = 45 + 0.026 = 45.026$ mm

最大許容寸法 $a = b + t = 45.026 + 0.016 = 45.042$ mm

$b > A$，したがって，しまりばめ．

3·5 表面粗さ

機械加工部品の表面は，微細で複雑な波形からなっており，この波形曲面は波長の短い成分と波長の長い成分とに分解できる．一般に，前者を表面粗さ（surface roughness），後者をうねり（waviness）と呼ぶ．

機械部品表面の微細構造は，機械部品の機能や性能，表面品質に大きな影響を与える．たとえば表面粗さは，歯車のピッチングや転がり軸受のフレーキングなどの表面損傷の発生や動力伝達軸の疲れ限度に大きく影響する．したがって，各機械部品は，それらが要求される機能に応じて表面を仕上げる必要があり，設計においては，表面粗さ，うねり，除去加工の要否，加工目（筋目）方向などを指示しなくてはならない．これら表面の微小な幾何形状を表面性状（surface texture）という．

以下に，表面粗さに関連する用語，パラメータについて，**JIS B 0601：2001**（製品の幾何特性仕様）に準拠して示す（図 **3·3**，図 **3·4**）．

① 実平面の断面曲線：表面を指定された平面によって切断（一般には測定面に直角な平面で切断）したとき，その切り口に現れる曲線．

② 断面曲線：波長λ_sの低域フィルタを適用し，実平面の断面曲線からノイズなどの高周波を除いたもの．

③ 粗さ曲線：断面曲線からカットオフ値λ_cの高域フィルタにより長波長成分を除去したもの．

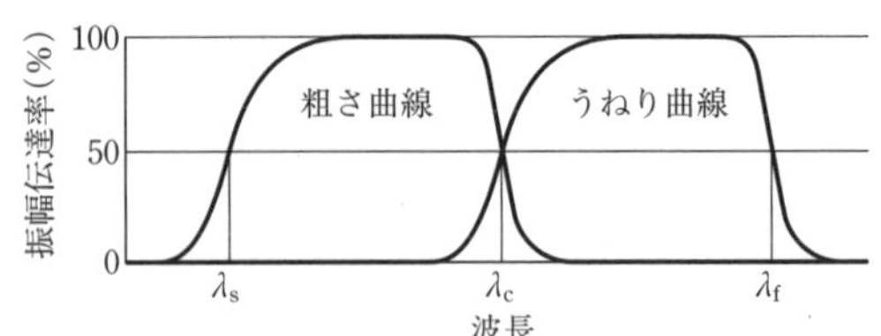

図 3･3 粗さ曲線およびうねり曲線の伝達特性
（JIS B 0601 より）

④ うねり曲線：断面曲線からカットオフ値λ_fおよびλ_cのフィルタにより長波長成分，短波長成分を除去したもの．旧規格のろ波うねり曲線と同じものである．

⑤ 平均線：粗さ曲線のためのの平均線は，カットオフ値λ_cの高域フィルタにより除去された長波長成分を表す曲線．

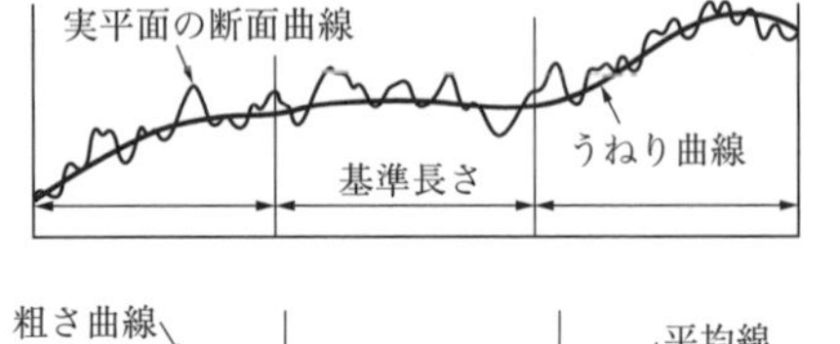

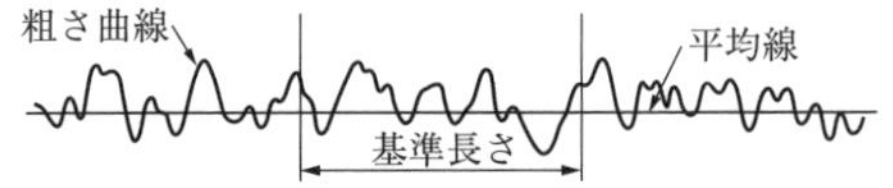

図 3･4 断面曲線，粗さ曲線などの説明図
（JIS B 0601 より）

⑥ 山，谷：粗さ曲線を平均線で切断したときの隣り合う二つの交点にはさまれた曲線部分のうち，平均線より上側にある部分を山，下側にある部分を谷と呼ぶ．

⑦ 基準長さl_r：粗さ曲線の特性を求めるために用いる粗さ曲線のX軸方向（平均線に一致する粗さ測定方向）長さであり，カットオフ値λ_cに等しい．

なお，断面曲線，粗さ曲線，うねり曲線を一般化して輪郭曲線（profile）と呼ぶ．以下に示す各種のパラメータは対象とする周波数帯域が異なるだけで，輪郭曲線すべてに適用が可能である．各輪郭曲線に関するパラメータは，それぞれ断面曲線パラメータ（P－parameter），粗さパラメータ（R－parameter），うねりパラメータ（W－parameter）と呼ばれる．

3･5･1 二次元表面性状パラメータ

① **粗さ曲線の最大山高さ** ***Rp*** **および最大谷深さ** ***Rv***：基準長さにおける粗さ曲線の山高さZpの最大値および谷深さZvの最大値（図 **3･5**）.

② **最大高さ**（maximum height）***Rz***：基準長さにおける粗さ曲線の山高さの最大値と谷深さの最大値の和．*Rz* は旧規格では下記③の十点平均粗さを表す記号で

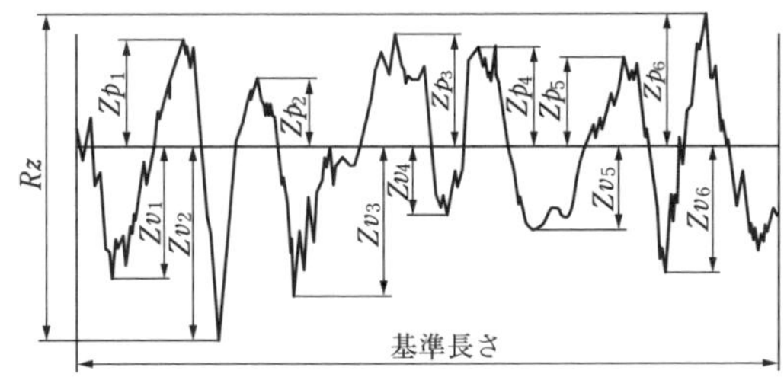

図 3·5　粗さ曲線の最大高さ（JIS B 0601 より）

あったので，過去の技術資料を参考にする場合には注意が必要である．

③　**十点平均粗さ**（ten point height of roughness profile）***RzJIS***：最高山頂から高い順に5番目までの山高さの平均と最深の谷底から深い順に5番目までの谷深さの平均との和．

④　**算術平均粗さ**（arithmetical mean deviation of roughness profile，arithmetic average roughness）***Ra***：基準長さにおける縦座標値 $Z(x)$ の絶対値の平均．

$$Ra=\frac{1}{l_r}\int_0^{l_r}|Z(x)|dx$$

縦座標値 $Z(x)$：任意の位置 x における粗さ曲線の高さ，粗さ曲線．

⑤　**二乗平均平方根粗さ**（root mean square deviation of roughness profile，root mean square roughness）***Rq***：基準長さにおける $Z(x)$ の二乗平均平方根．粗さ曲線の標準偏差に相当する．

$$Rq=\sqrt{\frac{1}{l_r}\int_0^{l_r}Z^2(x)dx}$$

⑥　**スキューネス（ひずみ度）**（skewness of roughness profile）***Rsk***：基準長さにおける $Z(x)$ の三乗平均．高さ方向の確率密度分布の非対称性の尺度であり，正規分布では0となる〔図 **3·6**（**a**）〕．

$$Rsk=\frac{1}{Rq^3}\left[\frac{1}{l_r}\int_0^{l_r}Z^3(x)dx\right]$$

⑦　**クルトシス（とがり度）**（kurtosis of roughness profile）***Rku***：基準長さに

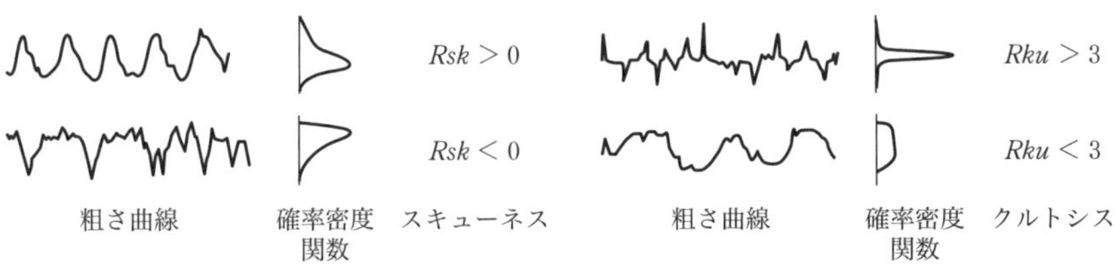

図 3·6　表面粗さパラメータ

おける $Z(x)$ の四乗平均．確率密度分布の高さ方向の鋭さの尺度であり，正規分布では3となる〔図**3·6(b)**〕．

$$Rku=\frac{1}{Rq^4}\left[\frac{1}{lr}\int_0^{lr}Z^4(x)dx\right]$$

⑧ **負荷長さ率 $Rmr(c)$**：基準長さの粗さ曲線において，平均線に平行な切断レベル c で切断したときに得られる切断長さの和を負荷長さといい，その基準長さとの比を負荷長さ率という（図**3·7**）．

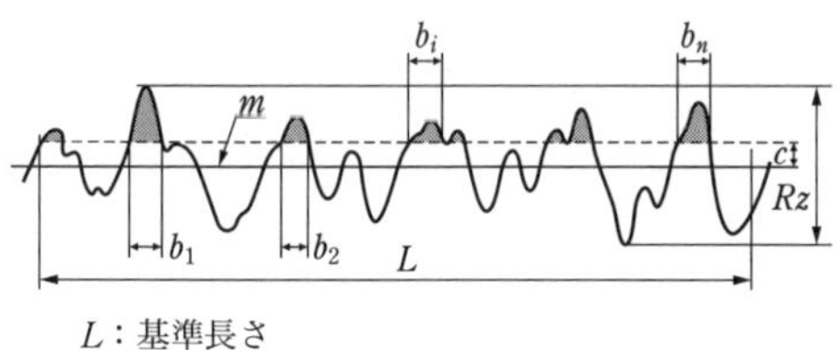

L：基準長さ

$$Rmr(c)=\frac{\eta_p}{L}\times 100,\quad \eta_p=b_1+b_2+\cdots\cdots+b_n$$

図3·7 負荷長さ率（**JIS B 0601** より）

3·5·2 三次元表面性状パラメータ

3·5·1 項で説明した二次元表面性状パラメータは，表面の一部の断面形状（二次元曲線）をもとに規定されたパラメータであって，**線粗さ**と呼ばれている．しかし，実際の表面は旋削痕のような方向性のあるもの，ラップ面のようなランダムな構造，穴やき裂などの存在など多岐にわたる．そこで，測定箇所や走査方向に依存する結果のばらつきを抑えた表面性状を的確に評価把握するため，測定面上の基準となる領域（基準面積 A）における三次元情報をもとに粗さを算出する三次元粗さパラメータである**面粗さ**が，線粗さ（二次元）を面粗さ（三次元）に拡張することによって国際規格（**ISO 25178−2**）として定められている．

たとえば，算術平均粗さ Sa，二乗平均平方根粗さ Sq，スキューネス Ssk，クルトシス Sku はそれぞれ次式で算出される．

$$Sa=\frac{1}{A}\iint_A|Z(x,\ y)|dxdy$$

$$Sq=\sqrt{\frac{1}{A}\iint_A Z^2(x,\ y)dxdy}$$

$$Ssk = \frac{1}{Sq^3}\left[\frac{1}{A}\iint_A Z^3(x,\ y)dxdy\right]$$

$$Sku = \frac{1}{Sq^4}\left[\frac{1}{A}\iint_A Z^4(x,\ y)dxdy\right]$$

測定面の三次元情報を高精度に捉えることができる測定機器の更なる発達は，表面性状の多岐にわたる厳密な把握をさらに容易にして機械設計製造活動に活かされることが期待される．

第**2**編

機械要素各論

4章──締結
5章──軸系
6章──軸受
7章──密封装置
8章──伝動装置
9章──クラッチおよびブレーキ
10章──ばねおよび防振ゴム

機械は一つのシステムと考えられ，その構造は極めて変化に富んでいる．したがって，詳細に観察すれば，多くの機械は，その種類・機能が異なっていても，それら自体は共通した機能を果たす部品から構成されていることがわかる．ボルトとナット，転がり軸受，歯車などはその代表的な例であり，これらの部品を**機械要素**という．

機能によって分類した代表的な機械要素を下表に示す．

機械要素の分類

機械要素の機能	機械要素の種類
締結	ねじ部品（ボルト・ナット），リベット，溶接継手，接着継手，軸継手，キー，スプライン，セレーション，コッタ，ピン
案内	滑り軸受，転がり軸受，送りねじ
動力・運動伝達	軸，軸継手，歯車，ベルトとプーリ，摩擦車，チェーンとスプロケット，カム，リンク，ねじ
制動	ブレーキ，クラッチ
緩衝・エネルギー蓄積	ばね，ダシュポット，フライホイール，圧力容器
流体輸送・制御	管，管継手，弁
流体密封	ガスケット，パッキン
その他	電子部品（センサ，マイコンなど）

4
締結

機械部品の締結法には，リベットや溶接のように，締結部の交換や修理の場合には継手部分を壊して取り外さなければならない永久的締結と，ねじ，ピン，キーのように取付け・取外しが可能な一時的締結とがある．締結方法の選択にあたっては，① 締結部の取外しの頻度，② 締結部材の材質，③ 締結部に加わる荷重形態，④ 使用環境，⑤ 締結部の個数などを考慮する．

4·1 ねじ

ねじ（screw thread）とは，円筒や円すいの外面あるいは内面にら旋状（つる巻き線）につくられた一様な断面の突起を設けたものである．前者を**平行ねじ**，後者を**テーパねじ**という．また，**ねじ山**（thread）が外面にあるものを**おねじ**（external thread），内面にあるものを**めねじ**（internal thread）といい，右に回転して前に進むねじを**右ねじ**，後ろに進むねじを**左ねじ**という．

小さいねじの加工（ねじ切り）は，めねじの場合には，下穴にねじ込みながらめねじを切る工具であるタップにより，おねじの場合にはダイスによって加工が行われ，大形ねじは旋盤で切削加工される．また，おねじを多量生産する場合には，転造による加工が一般的である．

図 **4·1** および図 **4·2** は，締結用ねじとして最も広く用いられている三角ねじの各部の名称，および JIS メートルねじの基準山形を示したものである．図に示す d_2 および D_2 は，ねじ山の幅がねじ溝の幅と等しくなるような仮想円筒または仮想円すいの直径で，**有効径**と呼ばれる．なお，ねじ山間の距離 p を**ピッチ**（pitch），ねじが 1 回転したときに軸方向に進む距離 L を**リード**（lead）といい

$$L = np \tag{4·1}$$

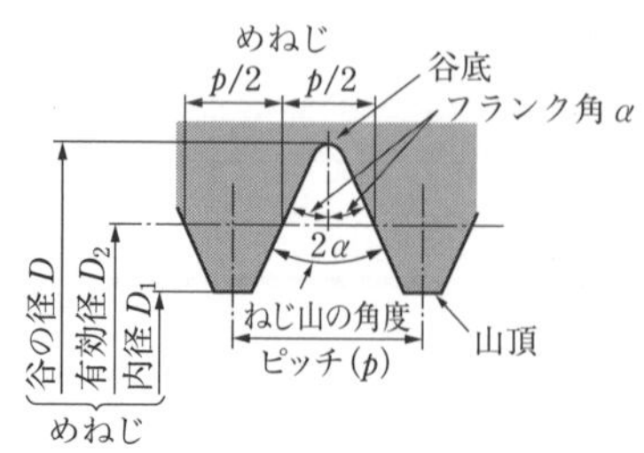

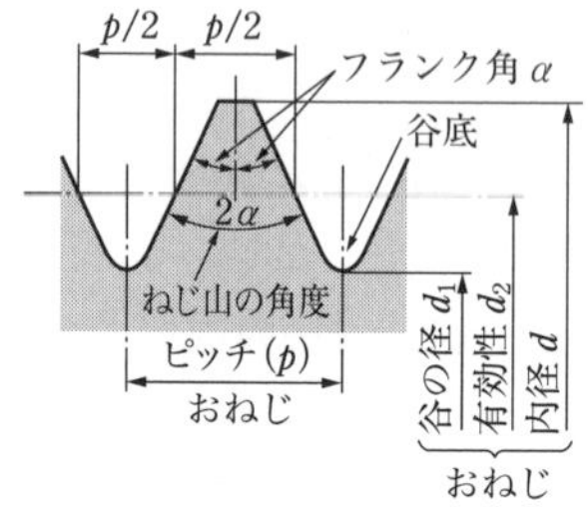

図 4·1　三角ねじの各部名称

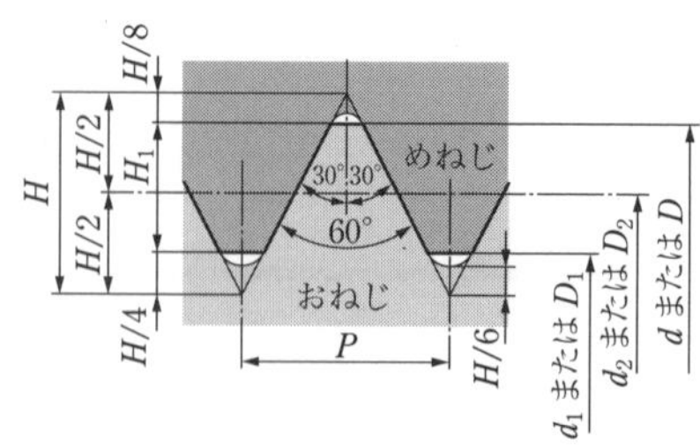

太い実線は基準山形を示す.

ピッチ	：P
とがり山の高さ	：$H=0.866025P$
ひっかかりの高さ	：$H_1=0.541266P$
おねじの外径	：d（呼び径）
おねじの有効径	：$d_2=d-0.649519P$
おねじの谷の径	：$d_1=d-1.082532P$
めねじの谷の径	：$D=d$
めねじの有効径	：$D_2=d_2$
めねじの内径	：$D_1=d_1$

図 4·2　メートルねじの基準山形（JIS より）

の関係が成立する．ここで，$n=L/p$ を**条数**といい，$n=1$ の場合を 1 条ねじ，$n=2$ の場合を 2 条ねじという．また，ねじの直径を d' としたとき

$$\tan\beta=\frac{L}{\pi d'} \tag{4·2}$$

で定義される角度 β を**リード角**（lead angle）という．したがって，リード角は直径 d' によって変化することになるが，とくに指定のない場合には有効径 d_2 におけるリード角をさす．

4·1·1　ねじの用途

① **締結** … 摩擦を利用し，小さい締付けモーメントで大きい締結力を付与することができる．たとえば，ボルト，ナット，止めねじなど．

② **運動・動力伝達** … 回転運動と直線運動の相互転換を行うことができる．たとえば，送りねじなど．

③ **微調節** … ピッチを小さくすれば大きい回転変位に対して微少な直線運動を実現することができるため，微調整用精密機械部品としても用いられる．

④ **力の発生** … たとえば，プレス，万力など．

4·1·2 ねじの種類

（1） **三角ねじ** 後述するように，三角ねじは角ねじなどに比べて締結力が大きく，ゆるみにくいので，締結用ねじとして使用されることが多い．

（i） **メートルねじ** ねじ山の角度が60°で，ピッチを（mm）で表示したねじをいう．通常に使用される並目ねじと，並目に比べてピッチが小さい細目ねじとがある（JISでは，これを**一般用メートルねじ**と規定している）．細目ねじは，ねじ山，リード角も小さいため，ゆるみがとくに問題となる場合や，薄肉厚部品の締結，精密調整用などに使用される．

（ii） **ユニファイねじ** ねじ山の角度が60°のインチねじをいう．ピッチは1インチ当たりの山数で表示する．メートルねじと同様に，並目ねじ，細目ねじがあるが，使用は航空機用などに限られる．

（iii） **管用ねじ** 主として管（くだ），管用部品，流体機械などの接続に使用されるねじで，ねじ山の角度が55°のインチねじをいう．ピッチは1インチ当たりの山数で表示される．締結部の管の強度低下を防ぐため，ねじ山の高さは低く，ピッチも小さい（図**4·3**）．

管用ねじには，機械的結合を主目的とする平行ねじと，ねじ部の耐密性を主目的とするテーパねじとがある．

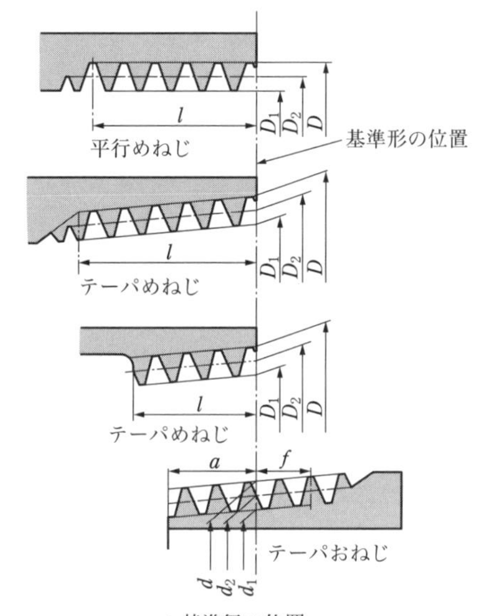

図4·3 管用ねじ

（2） **角ねじ・台形ねじ** フランク角が三角ねじに比べて小さいため，ねじ効率が高く，主として運動・動力伝達用に使用される（図**4·4**）．

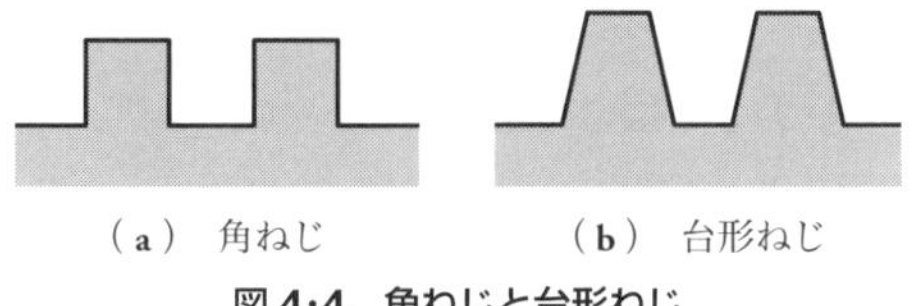

図4·4 角ねじと台形ねじ

（3） **静圧ねじ** 高圧の油または空気を利用し，非接触状態で使用する運動伝達用のねじをいう．

（4） **ボールねじ** （1）から（3）に示した滑りねじとは異なり，鋼球の転がり運

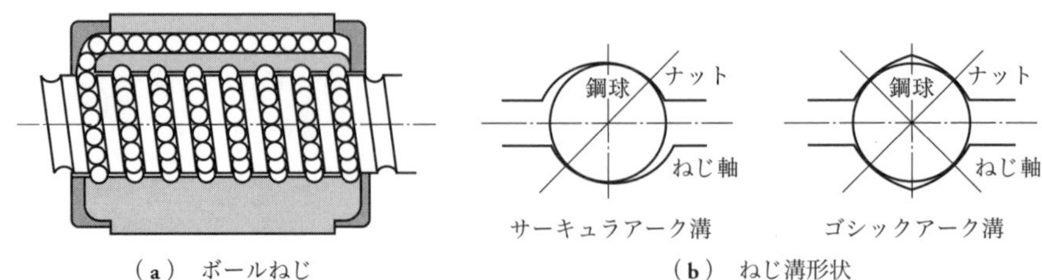

（a） ボールねじ　　（b） ねじ溝形状

図 4·5 ボールねじ

動を利用したねじで，ボルトとナットは別々の単独製品ではなく，ねじ軸とナットが鋼球を介して作動する一体形の機械部品である（図 **4·5**）．一般に，摩擦係数は0.005 以下と極めて小さく，直線運動を回転運動に変換することも可能である．さらに，予圧をかけた二重ナット構造にすることによってバックラッシをなくし，剛性を高めることができる．

このボールねじのねじ溝の形状にはサーキュラアーク溝とゴシックアーク溝の 2 種類があり，前者は差動滑りが小さいので摩擦が低く，後者は接触面積が大きいので剛性が高い．なお，溝中の鋼球の移動速度は溝の移動速度の半分になるため，鋼球の循環機構が必要となる．

（**5**） **その他**　以上のほか，角ねじと三角ねじの特徴を備えたジャッキなどに使用される**のこ歯ねじ**，砂などの異物が混入するところに使用される**丸ねじ**などがある（図 **4·6**）．

（a） のこ歯ねじ　　（b） 丸ねじ

図 4·6 のこ歯ねじと丸ねじ

ねじの表しかたの例を表 **4·1** に示す．

4·1·3 ねじ部品

（**1**） **ボルト・ナット**　軸心部にめねじを切ってある部品をナット（nut），ナットと組んで用いられるおねじをもった部品をボルト（bolt）と呼ぶ．図 **4·7** に示す**六角ボルト**，**六角ナット**の利用頻度が最も高い．

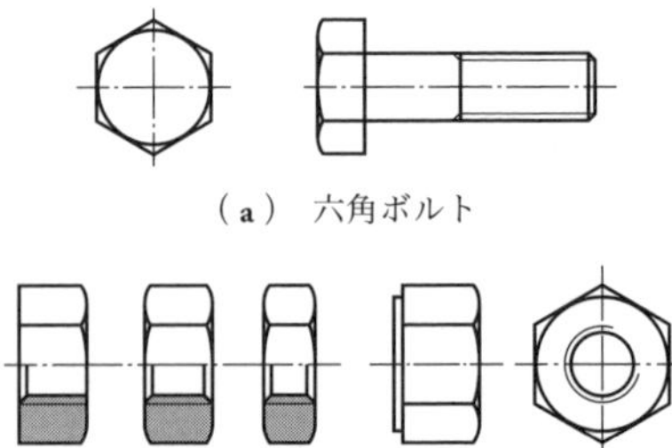

（a） 六角ボルト

（b） 六角ナット

図 4·7 六角ボルトと六角ナット

表 4·1　ねじの種類を表す記号およびねじの呼びの表しかたの例（JIS B 0123 より抜粋）

ねじの種類		ねじの種類を表す記号	ねじの呼びの表しかたの例
メートル並目ねじ メートル細目ねじ		M	M 8 M 8 × 1
ミニチュアねじ		S	S 0.5
ユニファイ並目ねじ ユニファイ細目ねじ		UNC UNF	3/8 − 16 UNC No.8 − 36 UNF
メートル台形ねじ		Tr	Tr10 × 2
管用テーパねじ	テーパおねじ テーパめねじ 平行めねじ	R Rc Rp	R 3/4 Rc 3/4 Rp 3/4
管用平行ねじ		G	G 1/2

〔注〕 **1.** ねじの表しかた

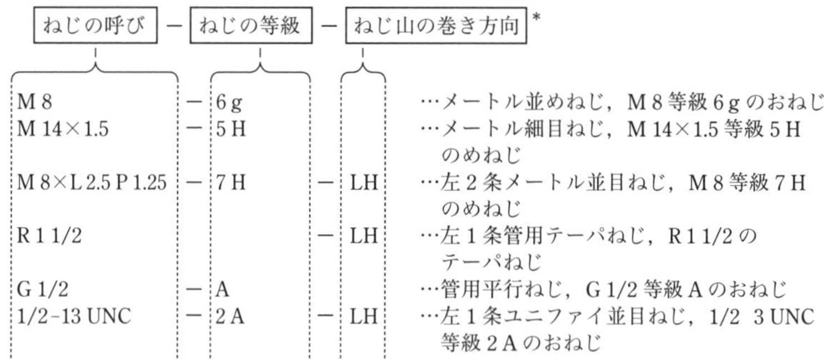

* ねじ山の巻き方向は，左ねじの場合には “LH”，右ねじの場合には一般につけないが，必要な場合には “RH” で表す．また，その挿入位置はとくに定めない．

2. ねじの呼び

① ピッチをミリメートルで表すねじの場合

［ねじの種類を表す記号］［ねじの呼び径を表す数字］×［ピッチ］

（ただし，メートル並目ねじおよびミニチュアねじのように，同一呼び径に対しピッチがただ一つ規定されているねじでは，原則としてピッチを省略する）

〔多条メートルねじの場合〕

［ねじの種類を表す記号］［ねじの呼び径を表す数字］×L［リード］P［ピッチ］

② ピッチを山数で表すねじ（ユニファイねじを除く）の場合

［ねじの種類を表す記号］［ねじの直径を表す数字］山［ピッチ］

（ただし，管用ねじのように，同一直径に対し山数がただ一つ規定されているねじでは，原則として山数を省略する）

③ ユニファイねじの場合

［ねじの直径を表す数字または番号］−［山　数］［ねじの種類を表す記号］

締結用としてのボルトは，図**4･8**に示すように，**通しボルト**，**押えボルト**，**植込みボルト**の3通りの使用法がある．

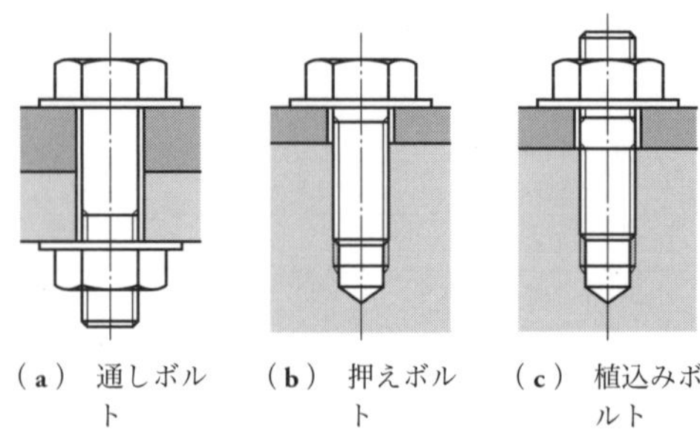

（a） 通しボルト　（b） 押えボルト　（c） 植込みボルト

図4･8　ボルトの使用法

① 通しボルトはナットと組み合わせて二つ以上の部品を貫通して締め付けるもので，最もコストがかからないが，両端ともに手が届くところにしか使用できない．

② 押えボルトは締め付ける相手に直接めねじを切って締め付けるもので，通し穴が不可能な場合や，本体が厚い場合に使用される．しかし，取付け・取外しを繰り返すとねじ山が摩耗するので，締め付けた後はほとんど分解しないという箇所に使用する．

③ 植込みボルトは両端におねじ部をもったボルトで，一方を本体にねじ込んで固定し，他方にナットをかけて使用する．ねじ込み固定する側のねじはしまりばめとするか，不完全ねじ部で締め付ける．このボルトは，分解の頻度が高い場合や，ゆるみ防止のためにロックナットを使用する場合などに利用される．

なお，軽負荷で振動や衝撃のない場合を除き，ボルト・ナットの締付け力による摩擦力のみで部材間の関係位置を確保することは避けるべきである．

締結用のボルトのうち，図**4･9**に示す**六角穴付きボルト**は，頂部に六角穴のある円柱形のボルトで，狭い箇所やボルト間隔を狭くしたい場合，あるいはボルト頭を沈めたい場合などに六角棒スパナとともに使用される．通常，市販されている六角穴付きボルトの材質はクロム－モリブデン鋼（SCM 435，SCM 440）であり，市販の六角ボルトよりも高い強度をもっている．

また，**基礎ボルト**は，機械類をコンクリートなどの土台に据え付けるためのボルトであり，**アイボルト**，**アイナット**は機械類の吊り上げ用に使用されるもので，頭部が環状になっている．

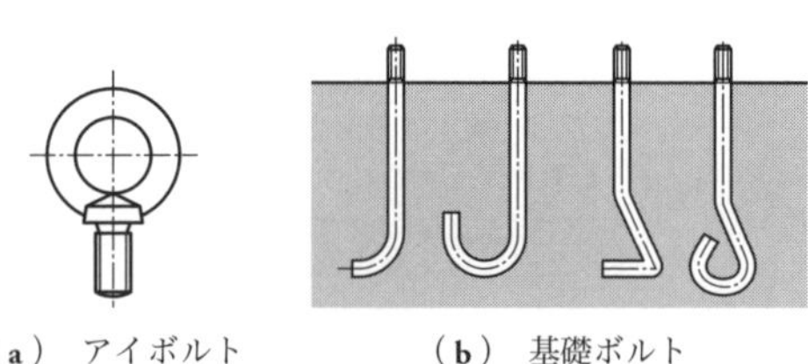

（a） アイボルト　（b） 基礎ボルト

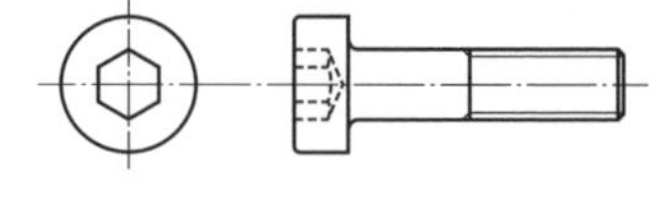

（c） 六角穴付きボルト

図4･9　各種ボルト

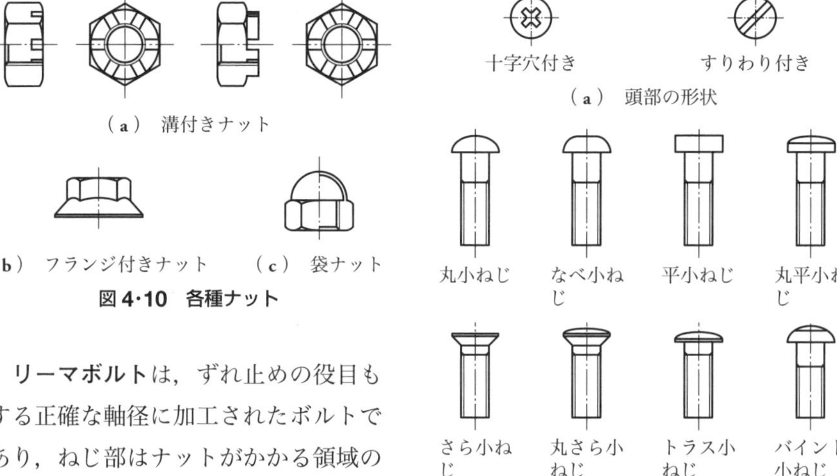

（a）溝付きナット

（b）フランジ付きナット　（c）袋ナット

図4·10　各種ナット

（a）頭部の形状

（b）小ねじの種類

図4·11　小ねじの種類と頭部の形状

リーマボルトは，ずれ止めの役目もする正確な軸径に加工されたボルトであり，ねじ部はナットがかかる領域のみに設けてある．その通し穴は，ボルト径よりもわずかに小さく開けた穴にリーマを通して正確なボルト軸径寸法に仕上げる．

なお，特殊ナットとしては，座金と一体化し，すわりをよくした**フランジ付きナット**，おねじの先端が現れないようにし，流体の漏れ防止や装飾の目的で使用される**袋ナット**，ゆるみ止めのための割りピンを通す溝をもった**溝付きナット**などがある（図**4·10**）．

（2）**小ねじ**　比較的小形（呼び径1～8 mm）の頭付きねじで，図**4·11**に示すように，**すりわり付き小ねじ**（マイナスねじ）と**十字穴付き小ねじ**（プラスねじ）とがあり，ねじ回しによって締め付ける．十字穴は，すりわりに比べて締め付けやすく，自動化に適する．また，ねじの先端を利用して機械部品間の動きを止める**止めねじ**，めねじ側に下穴だけをあけておき，おねじ自身でねじ立てができる**タッピンねじ**などもある．

（3）**座金**　ボルト，ナットなどの座面と締付け部との間に入れ，締付けにともなう両者の損傷を防ぐとともに，それらの

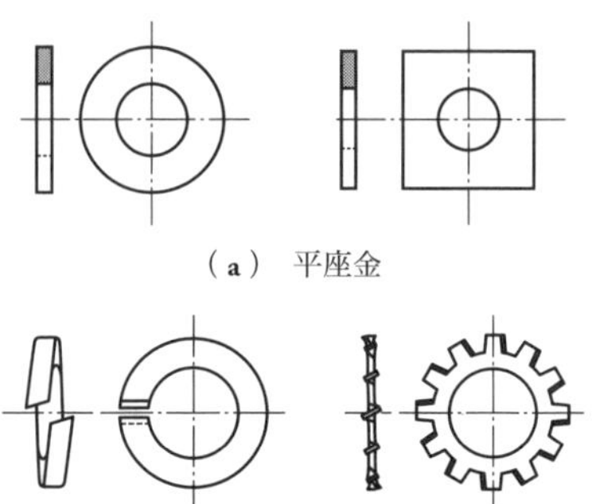

（a）平座金

（b）ばね座金　（c）歯付き座金

図4·12　各種座金

すわりをよくするものを座金（washer）と呼ぶ．ねじのゆるみ止めを目的とした**ばね座金**，**歯付き座金**などがある（図 **4·12**）．

4·1·4 ボルト・ナット締結体

（1） ねじの力学

（i） 角ねじの場合　まず，理解を容易にするために，角ねじの場合を考える．

締結によって品物は圧縮されるが，角ねじは，その反作用として，軸方向に引張り力 F を受ける．すなわち，締結中は締付けトルク T によってめねじがおねじの回りを軸力 F を受けて回転することになる．これは，図 **4·13** に示すように，負荷 F を受ける物体を水平力 P で傾斜角 β（リード角）の斜面上を押し上げる場合に相当する．両物体間の摩擦係数を μ とすると

斜面に平行な力：$S=P\cos\beta-\mathrm{F}\sin\beta$ **(4·3)**

斜面に垂直な力：$N=P\sin\beta+F\cos\beta$ **(4·4)**

であるから

$$S>\mu N \qquad \textbf{(4·5)}$$

が満足されれば，物体は斜面に沿って押し上げられることになる．ここで

$$\mu=\tan\rho \qquad \textbf{(4·6)}$$

で定義される摩擦角 ρ を導入すれば，式(**4·5**)の関係は，次のようになる．

$$P>F\tan(\rho+\beta) \qquad \textbf{(4·7)}$$

また，締め付けられたねじをゆるめる場合には，上記の関係とは逆に，水平力 P で F を受ける物体を滑り下ろすことになるので

$$P>F\tan(\rho-\beta) \qquad \textbf{(4·8)}$$

なる力を加えることが必要になる．ここで，条件 $\rho<\beta$ が成立すれば，右辺は負となり，平行力を加えなくても物体は斜面を滑り落ちるため，ねじは自然にゆるむ

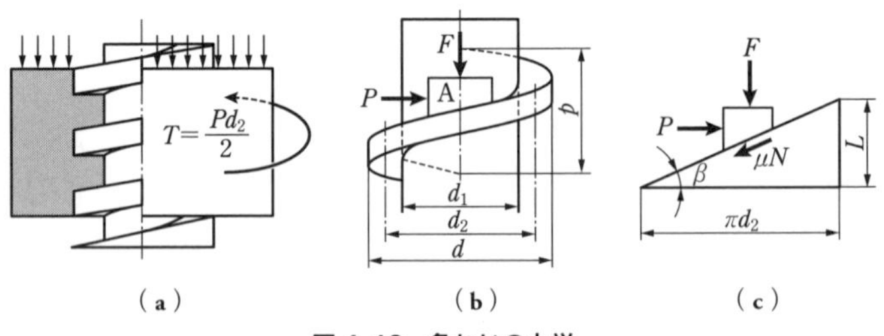

図 4·13　角ねじの力学

ことになる．したがって，締め付けられたねじが自然にゆるまないための条件は

$$\rho \geqq \beta \qquad (4\cdot9)$$

であり，これを逆転止めの条件あるいは自立条件と呼ぶ．

（ii）**三角ねじの場合**　図 4·14 に示すように，軸直角断面におけるねじ山の角度 2α（フランク角 α）をもつ三角ねじの場合には，ねじ摩擦面が軸力 F の方向と一致しない．このため，ねじ山直角断面フランク角を α' とすれば，幾何学的関係より α' は

$$\tan\alpha' = \tan\alpha \cdot \cos\beta \qquad (4\cdot10)$$

で計算できる．

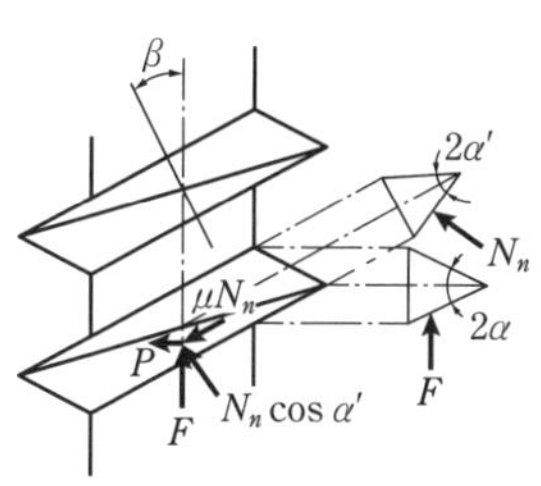

図 4·14　三角ねじの力学

また，ねじ山直角断面のフランク面に垂直に作用する力を N_n，摩擦力を μN_n とすれば，幾何学的関係より

$$S = P\cos\beta - F\sin\beta \qquad (4\cdot11)$$

$$N_n = \frac{P\sin\beta}{\cos\alpha'} + \frac{F\cos\beta}{\cos\alpha'} \qquad (4\cdot12)$$

となる．あるいは

$$F = N_n\cos\alpha'\cos\beta - \mu N_n\sin\beta \qquad (4\cdot13)$$

$$P = N_n\cos\alpha'\sin\beta + \mu N_n\cos\beta \qquad (4\cdot14)$$

と表される．ここで

$$\mu' = \frac{\mu}{\cos\alpha'} = \tan\rho' \qquad (4\cdot15)$$

とおけば，角ねじの場合と類似の

$$P = F\tan(\rho' + \beta) \qquad (4\cdot16)$$

なる関係が導かれる．

$\mu' \geqq \mu$　（等号は $\alpha' = 0$，すなわち角ねじの場合）

であるので，三角ねじのほうが $\rho' \geqq \beta$ なる自立条件を満足しやすい．すなわち，リード角 β が同じである三角ねじと角ねじとを比較すると，三角ねじのほうが大きい締付け力を必要とするがゆるみにくい．したがって，締結用には三角ねじ，運動・動力伝達用には角ねじや台形ねじを使用するのが一般的である．

【例題 4·1】　細目ねじは，ゆるみが問題となる場合に使用されるが，その理由を説明せよ．

【解】 ねじをゆるめるために必要な力は，$P = F\tan(\rho' - \beta)$ である．式(**4・2**)からわかるように，ピッチの小さい細目ねじは並目ねじに比べてリード角が小さくなるため，締め付けたねじをゆるめるために必要な力は大きくなる．たとえば，メートル並目ねじ M 10（ピッチ $p = 1.5$ mm，有効径 $d_2 = 9.026$ mm）のリード角 $\beta = 3.03°$ であるのに対して，メートル細目ねじ M 10×1（$p = 1$ mm，$d_2 = 9.350$ mm）では $\beta = 1.95°$ である．

（2） **ねじの効率** 供給仕事に対する正味仕事の割合を効率（efficiency）という．ねじでは，おねじまたはめねじの一方にトルクが加えられ，他方のねじが軸方向に仕事をする場合と，ねじに軸方向の力が加えられ，他方のねじが回転して仕事をする場合とがある．前者はねじを締める場合に，後者はゆるめる場合に対応する．

前者の場合の供給仕事は $P\pi d_2$，正味仕事は FL となる．また，後者の場合の供給仕事は FL，正味仕事は $P\pi d_2$ となる．ただし，P の方向は前項の場合と逆に考えなければならない．したがって，前者の効率は

$$\eta = \frac{FL}{P\pi d_2} = \frac{F}{P}\frac{L}{\pi d_2} = \frac{\tan\beta}{\tan(\rho' + \beta)} \qquad (4\cdot17)$$

後者の効率は

$$\eta' = \frac{\tan(\beta - \rho')}{\tan\beta} \qquad (4\cdot18)$$

となる．

【例題 4・2】 角ねじにおいて，おねじを回転することによって軸方向に仕事をする場合，ねじの効率を最大にするリード角を求めよ．ただし，摩擦はねじ面のみで生じるものとする．

【解】 ねじの効率 η は，式(**4・17**)から

$$\eta = \tan\beta/\tan(\rho + \beta) = \{\tan\beta(1 - \mu\tan\beta)\}/(\mu + \tan\beta) \qquad \cdots\cdots①$$

ねじの効率が最大になる条件は $d\eta/d\beta = 0$ ……②

式①，②より

$$\tan^2\beta + 2\mu\tan\beta - 1 = 0$$

したがって

$$\tan\beta = -\mu \pm (\mu^2 + 1)^{1/2}$$

$\tan\beta > 0$ であるので，η が最大になる β の条件は次のようになる．

$$\tan\beta = -\mu + (\mu^2+1)^{1/2} \qquad \cdots\cdots ③$$

いま，$\mu = 0.15$ と仮定すれば，η は $\tan\beta = 0.8612$（$\beta = 40.7°$）のときに最大となり，効率は 74.2％となる．実際の滑りねじのリード角はほぼ 10° 以下であるので，ねじの効率は，ボールねじなどを除き，50％以下がふつうである．

また，締結用ねじでは，自立条件を満足しなければならないので

$$\eta = \tan\beta/\tan(\rho'+\beta) \leqq \tan\beta/\tan(2\beta) = (1-\tan^2\beta)/2 \qquad \cdots\cdots ④$$

の関係が成立しなければならない．したがって，効率が 50％を超すことはない．通常，三角ねじの効率は 15 〜 25％程度である．

（3） **締付けトルク**　ねじを回転させるために必要なトルク T は

$$T = \frac{d_2}{2}P = \frac{d_2}{2}F\tan(\rho'+\beta) \qquad (4\cdot19)$$

である．しかし，物体を締め付けるにあたっては，被締結物体表面と，ナットあるいはボルト座面との摩擦に打ち勝つだけのトルクを余分に付与しなければならない．したがって，実際に物体を締結するのに必要なトルク T_f は

$$T_f = \frac{d_2}{2}F\tan(\rho'+\beta) + \frac{d_w}{2}\mu_w F \qquad (4\cdot20)$$

で与えられる．ただし，μ_w：座面間の平均摩擦係数，d_w：座面の有効径．

ここで，$T_f = K_f \cdot d \cdot F$ (4·21)

と表示したときの K_f を**トルク係数**と呼ぶ．

さて，締結用メートルねじでは，リード角 β は 2°30′ 程度である．摩擦係数 μ を 0.15 程度とすれば，$\tan\rho'\cdot\tan\beta$ は 1 に比較して無視できるので，式(**4·20**)は

$$T_f = \frac{d_2}{2}F\tan\rho' + \frac{d_2}{2}F\tan\beta + \frac{d_w}{2}\mu_w F \qquad (4\cdot22)$$

と近似できる．右辺の第一項はねじ面の摩擦トルク，第二項はねじを進めるのに必要なトルク，第三項は座面の摩擦トルクに相当する．

なお，式(**4·22**)において，呼び径 d が 8 〜 16 mm のメートルねじでは，近似的に $d_2 = 0.92d$，$d_w = 1.3d$ の関係があるので，$\mu_w = 0.15$ とすれば，式(**4·22**)は

$$T_f = (0.079 + 0.021 + 0.098)dF = 0.2dF \qquad (4\cdot23)$$

したがって，締付けトルク $0.2dF$ の中で，第一項が約 40％，第二項が約 10％，第三項が約 50％を占めることになる．すなわち，締付けトルクの約 90％が摩擦トルクに消費され，実際に締付けに有効なトルクは約 10％にすぎないことがわかる．

【例題 4･3】 一般に，ナット座面の接触部の直径 $D_w = 1.5d$，ボルト穴径 $D_i = 1.1d$ である．座面の面圧が均一であると仮定すれば，座面の有効径 d_w は $(D_w + D_i)/2$ で近似できることを示せ．ただし，座面の摩擦係数 μ_w は一定とする．

【解】 座面の面圧分布を p とすれば，ナット座面の摩擦トルク T_N は

$$T_N = \int_0^{2\pi}\int_{D_i/2}^{D_w/2} r\mu_w prdrd\theta = \mu_w \frac{d_w}{2}\int_0^{2\pi}\int_{D_i/2}^{D_w/2} prdrd\theta$$

したがって

$$d_w = \frac{2\iint pr^2 d\theta dr}{\iint prd\theta dr} \qquad \cdots\cdots ①$$

面圧が一定なので，式 ① は

$$d_w = \frac{2\iint r^2 d\theta dr}{\iint rd\theta dr} = \frac{2(D_w{}^3 - D_i{}^3)}{3(D_w{}^2 - D_i{}^2)} = 1.31d \qquad \cdots\cdots ②$$

一方

$$(D_w - D_i)/2 = 1.3d \qquad \cdots\cdots ③$$

となり，式 ② および式 ③ から

$$d_w \fallingdotseq (D_w + D_i)/2$$

（4） **締付けボルトに作用する力** 図 **4･15** は，縦弾性係数 E_{c1}，E_{c2}，厚さ t_1，t_2 の 2 枚の板（無負荷時の板厚の和：l）をボルト・ナットで締結している状態を示したものである．図 **4･16** に示すように，トルク T_f で物体を締め付けたとき，被締付け物は圧縮力 F によって圧縮され，λ_c だけ縮み，ボルトは軸方向引張り力 F によって λ_b だけ伸びる．したがって，物体を締結するためには，$(\lambda_b + \lambda_c)$ に相当するすきまを埋めることが必要になり，このすきま距離だけナットを軸方向に締め付けなければならない．ナット座面が品物に接触してから軸力が F になるまでのナットの回転角を ϕ とすれば，次の関係が成立する．

$$F = K_b\lambda_b = K_c\lambda_c \qquad (4･24)$$

$$\lambda_b + \lambda_c = \frac{L}{2\pi}\phi \qquad (4･25)$$

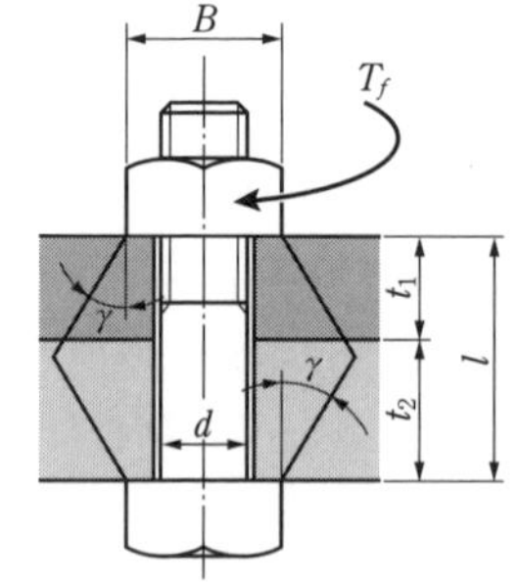

図 4･15 ボルト・ナット締結体と影響円すい

ここで，K_b はボルトのばね定数であり

$$K_b = \frac{E_b + A_s}{l} \qquad (4\cdot26)$$

で表される．ただし，A_s はボルトねじ部の引張り強さの計算に用いられる断面積（有効断面積）であり，JIS メートルねじでは

$$A_s = \frac{\pi {d_s}^2}{4} = \frac{\pi}{4}\left(\frac{d_2 + d_1 - H/6}{2}\right)^2 \qquad (4\cdot27)$$

が採用されている．なお，d_2，d_1 および H は，それぞれ，おねじの有効径，谷の径，およびとがり山の高さである．

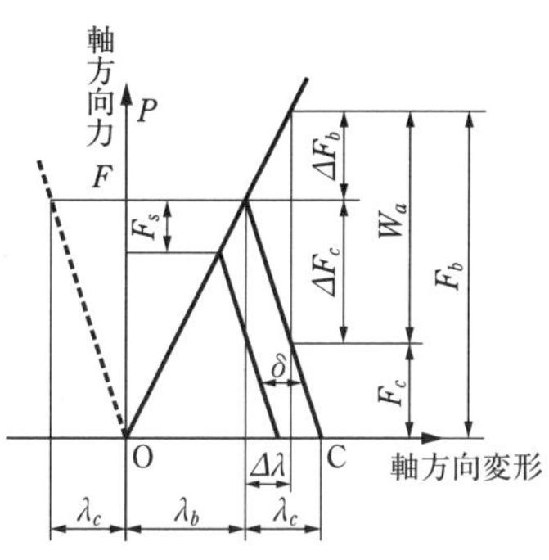

図 4・16　締付け線図

また，式(**4・24**)の K_c は被締付け物のばね定数であり，次のように近似される．

$$\frac{1}{K_c} = \frac{t_1}{E_{c1}A_1} + \frac{t_2}{E_{c2}A_2}, \qquad A_i = \frac{\pi}{4}\left\{(B + t_i \tan\gamma)^2 - {d_0}^2\right\} \qquad (4\cdot28)$$

ここで，γ は影響円すい（図 **4・15** 参照）の半頂角である．この γ の値として，レッチャー[1)]（Rötscher）は，45° を採用している．また，光永[2)] は，接合面に生ずる締付け圧力は $\gamma = 45°$ の影響円すいの底面に相当する領域内に発生するが，ばね定数は高めに評価されること，ばね定数に関しては $\gamma \fallingdotseq 25°$ で近似できることを明らかにした．

図 **4・17** のように，フック付きボルトを用いて板（被締付け物体）が圧縮力 F で締め付けられている．この状態で，フックに軸方向荷重 W_a が負荷された場合には，ボルトにはさらに ΔF_b が加わり，$\Delta\lambda$ だけさらに伸びる．そして，被締付け物からは ΔF_c の圧縮力が失われて，圧縮量は $\Delta\lambda$ だけ減少する（図 **4・16** 参照）．したがって

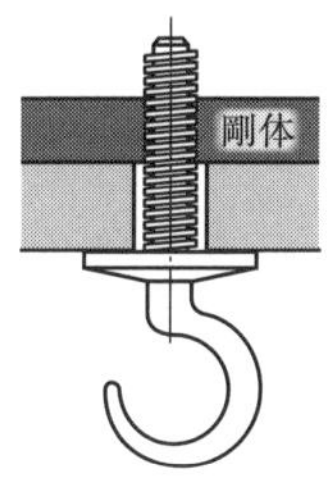

図 4・17　フック付きボルト

$$\text{ボルトに作用する引張り力}\quad : F_b = F + \Delta F_b = K_b(\lambda_b + \Delta\lambda) \qquad (4\cdot29)$$

$$\text{被締付け物に作用する圧縮力} : F_c = F - \Delta F_c = K_c(\lambda_c - \Delta\lambda) \qquad (4\cdot30)$$

となり

$$W_a = F_b - F_c = \Delta F_b + \Delta F_c = (K_b + K_c)\Delta\lambda \qquad (4\cdot31)$$

$$\Delta F_b = K_b \Delta\lambda = \frac{K_b}{K_b + K_c} W_a \tag{4·32}$$

$$\Delta F_c = K_c \Delta\lambda = \frac{K_c}{K_b + K_c} W_a \tag{4·33}$$

と表される．ここで

$$\phi = \frac{\Delta F_b}{W_a} = \frac{K_b}{K_b + K_c} \tag{4·34}$$

を内外力比（内力係数）といい，これを用いれば

$$\Delta F_b = \phi W_a \tag{4·35}$$

$$\Delta F_c = (1 - \phi) W_a \tag{4·36}$$

となる．すなわち，ボルトに加わる荷重は内外力比 ϕ が小さいほど小さくなる．それゆえ，軸方向外力がボルト締結体に加わる場合，ボルトに付加される荷重を小さくするためには，K_b を小さくすることが有効である．

ここで，外力 W_a が加わっても被締付け物への圧縮力が消失しないための条件は

$$F_c = F - \frac{K_c}{K_b + K_c} W_a > 0 \tag{4·37}$$

となる．したがって，必要初期張力（予張力）F は，安全を考慮して

$$F = c \frac{K_c}{K_b + K_c} W_a = c(1 - \phi) W_a = c\Delta F_c \tag{4·38}$$

が採用され，ふつう，$c = 1.2 \sim 2$ 程度である．

また，外力が 0 と W_a の間で繰り返される場合には，ボルトには

$$F_r = \frac{\Delta F_b}{2} = \frac{K_b}{K_b + K_c} \frac{W_a}{2} \tag{4·39}$$

$$F_m = F + \frac{\Delta F_b}{2} \tag{4·40}$$

なる荷重振幅 F_r，平均荷重 F_m の繰返し荷重がかかることになる．そこで，たとえば，エンジンのケーシング取付けボルトは，K_b を小さく，K_c を大きくするように設計されている．

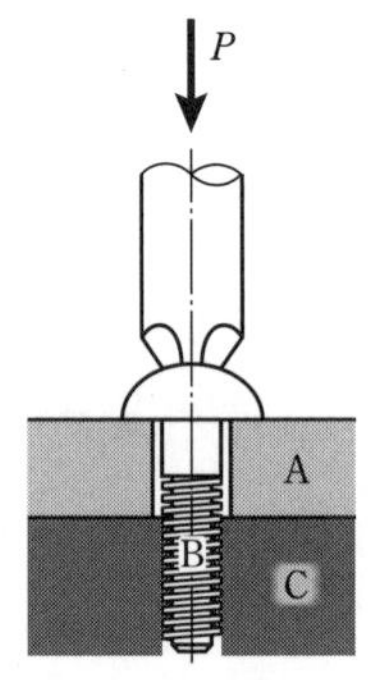

図 4·18 〔例題 4·4〕の図

【例題 4·4】 図のように十字穴付きなべ小ねじを使用して，剛体 C と板 A を締結したい．使用するねじは，有効径 6 mm，ピッチ 1 mm のメートル並目ねじである．また，ね

じ B，板 A のばね定数はそれぞれ k_B 2.8×10^3 N/mm，k_A 8.6×10^3 N/mm である．ねじ面の摩擦係数が 0.15，ボルトの座面と板 A 間との摩擦係数が 0.15，摩擦有効径が 10 mm であるとき，以下の問いに答えよ．ただし，ねじ，ドライバーおよび板 A の質量は無視する．

（1） 押付け力 $P=0$ のまま，0.2 N·m のトルクでねじを締め付けたとき，板 A に発生する圧縮力を求めよ．

（2） ドライバーでねじ頭部に $P=80$ N の押付け力を加えながら，0.2 N·m のトルクでねじを締め付けたとする．ドライバーを取り去ったときに板 A に発生する圧縮力を求めよ．

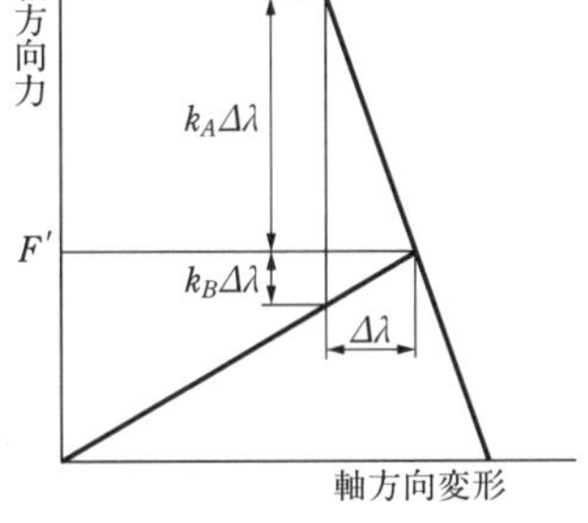

図 4·19 〔例題 4·4〕の解の図

【解】 （1） おねじの有効径でのリード角は

$$\tan\beta=p/(\pi d_2)=1/(6\pi)=0.05305$$

$$\therefore\quad \beta=3.037°$$

メートルねじの軸直角断面のねじ山の角度 2α は 60° であるので，ねじ山直角断面フランク角 α' は，式(**4·10**)から

$$\tan\alpha'=\tan\alpha\cdot\cos\beta=0.5765$$

$$\therefore\quad \alpha'=29.97$$

摩擦角 ρ' は，式(**4·15**)から

$$\tan\rho'=\mu/\cos\alpha'=0.15/\cos 29.97°=0.1731$$

$$\therefore\quad \rho'=9.820° \quad \text{よって} \quad \tan(\rho'+\beta)=0.2282$$

したがって，式(**4·20**)から，板 A に発生する圧縮力は

$$F=2T_f/\{d_2\tan(\rho'+\beta)+d_w\mu_w\}$$
$$=2\times0.2\times10^3/(6\times0.2282+10\times0.15)$$
$$=139.4\ \text{N}\fallingdotseq139\ \text{N}$$

（2） ドライバーを取り去ったときに，板 A に発生する圧縮力を F' とする．ドライバーに押付け力 P を加えてトルク T_f でねじを締めている場合の関係式は，式(**4·20**)と図 **4·19** から次のようになる．

$$T_f=(d_2/2)(F'-k_B\Delta\lambda)\tan(\rho'+\beta)+(d_w/2)\mu_w(F'+k_A\Delta\lambda)$$

したがって，

$$F'=\frac{T_f+(d_2/2)k_B\Delta\lambda\cdot\tan(\rho'+\beta)-(d_w/2)\mu_w k_A\Delta\lambda}{(d_2/2)\tan(\rho'+\beta)+(d_w/2)\mu_w}$$

ここに，k_B，k_A は，ねじ B，板 A のばね定数である．

$P = (k_B + k_A)\Delta\lambda$ であるので

$$k_B\Delta\lambda = k_B P/(k_B + k_A) = 2.8\times10^3\times80/(2.8\times10^3+8.6\times10^3) = 19.65\ \mathrm{N}$$

$$k_A\Delta\lambda = k_A P/(k_B + k_A) = 8.6\times10^3\times80/(2.8\times10^3+8.6\times10^3) = 60.35\ \mathrm{N}$$

ゆえに，$F' = 117\ \mathrm{N}$

【例題 4･5】 図 4･15 に示すボルト・ナット締結体において，ボルトを締付け力 $F = 0.4\sigma_S A_S$（σ_S：降伏応力，A_S：有効断面積）で締め付けている．このボルト・ナット締結体に負荷可能な最大軸方向外力 W_a を求めよ．ただし，内外力比を $\phi = 0.3$，安全率を $S_F = 2$ とせよ．

【解】 ボルト・ナット締結体の軸方向外力は，① ボルト応力，② 被締付け物からの圧縮力の消失により制限される．

軸方向外力 W_a が作用した場合に，ボルトに作用する引張り力 F_b によるボルト応力が許容応力以下になるためには

$$F_b = F + \phi W_{a1} \leqq (\sigma_S/S_F)A_S$$

よって，$W_{a1} \leqq \dfrac{1}{\phi}\left(\dfrac{\sigma_S A_S}{S_F} - 0.4\sigma_S A_S\right) = \dfrac{\sigma_S A_S}{\phi}\left(\dfrac{1}{2} - 0.4\right) = \dfrac{0.1}{0.3}\sigma_S A_S = \dfrac{1}{3}\sigma_S A_S$

被締付け物から圧縮力が消失しないためには

$$W_{a2} \leqq \frac{F}{c(1-\phi)}$$

圧縮力消失に対する安全率を 2 とすれば　$c = 2$

よって，$W_{a2} \leqq \dfrac{0.4\sigma_S A_S}{2(1-0.3)} = 0.286\,\sigma_S A_S$

$W_{a2} < W_{a1}$ であるので，負荷できる最大軸方向力は $0.286\,\sigma_S A_S$．

【例題 4･6】 内外力比 ϕ を小さくするための手法を述べよ．

【解】 一般的には K_b を小さくしてボルトを伸びやすくする方法が採用されている．そのために，軸部の一部または全部の径を細くした伸びボルトの使

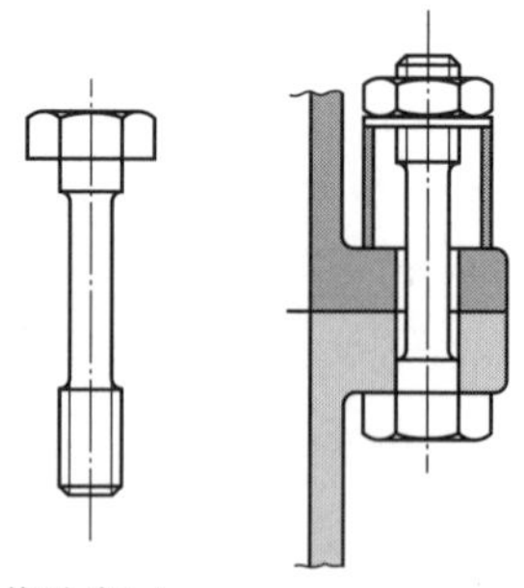

図 4･20　〔例題 4･6〕の解の図

用，ボルトを長くする設計が行われている．

（5） **最大締付けトルク** 物体をボルト・ナットで締結する場合に，各締付け部に均一な締付け力を与えることは，たとえば，配管フランジ部での漏洩を防ぐような場合には極めて重要となる．

締付け力の管理は，① 締付けトルク，② ナット回転角度，③ ボルト伸び量などを計測することによって実施される．これらの方法は，それぞれ，トルク法，ナット回転角法，張力法と名付けられている．ただし，トルク法では，式(**4·20**)からわかるように，接触面の摩擦係数によって締付け力が影響を受けるので，注意しなければならない．なお，締付け力を確保する方法として，トルクこう配法がある．これはボルトが降伏したときに回転角に対する締付けトルクのこう配（変化量）が変化することを利用して，降伏応力以上の締付け力を保証する方法である．

たとえば，ナットにトルク T_f が加えられたとき，ボルトには

$$\sigma=\frac{F}{A_S} \tag{4·41}$$

なる引張り応力と

$$\tau=\frac{T}{\pi {d_S}^3/16}=\frac{(d_2/2)F\tan(\rho'+\beta)}{\pi {d_S}^3/16}=2\sigma\frac{d_2}{d_S}\tan(\rho'+\beta) \tag{4·42}$$

なるせん断応力が同時に作用する．

ここで，降伏条件として，せん断ひずみエネルギー説を採用すれば

$$\sqrt{\sigma^2+3\tau^2} \tag{4·43}$$

の値が σ_S（単純引張り降伏応力）になるとボルトは降伏する．

したがって，降伏締付け軸力あるいは最大締付け力 F は，次式のようになる．

$$F=\frac{\sigma_S A_S}{\sqrt{1+3\{2(d_2/d_S)\cdot\tan(\rho'+\beta)\}^2}} \tag{4·44}$$

いま，$d=8\sim16$ mm のメートルねじを対象として，$\alpha=30°$，$\beta=2°30'$，$d_2/d_S=1.04$，$\mu=0.15$ を採用すれば，$\tau=0.45\sigma$，$\sqrt{\sigma^2+3\tau^2}\fallingdotseq1.3\sigma$ となる．したがって，ボルトの軸応力が約 $0.8\sigma_S$（$F=0.8\sigma_S A_S$）で降伏に達することになる．実際には，締付け時のばらつきを考慮して，締付け力の目標値は $F=0.6\sigma_S A_S$ と設定されている．

最近，従来の弾性域ねじ締結に代わって，降伏締付け軸力以上の締付け力で締結を行う塑性域締付けが注目されるようになってきている．この塑性域締付けを行う

ことによってねじ締結部の性能向上，コンパクト化が期待されている[3]．

（**6**）　**初期ゆるみ（へたり）による予張力の減少**　ねじ締結後，ねじ面，座面および被締結物体同士の接合面がへたることによって，予張力の減少，すなわち締付け力の低下が発生することがある．

この締付けの低下力 F_S は，前出の図 **4・16** より

$$F_S = \frac{K_b K_c}{K_b + K_c}\delta \tag{4・45}$$

となる．ここで，δ をへたり量という．

初期ゆるみの発生は，締付け力の低下をもたらし，機器の安全性および信頼性を著しく阻害するため，適当な時期に増し締めする必要がある．

【例題 4・7】　図 **4・21** に示すようなメートル台形ねじ（ピッチ 9 mm，ねじ山の角度 30°）を用いたジャッキで，荷重 9800 N の物体を毎分 3 m の速度で持ち上げている．この条件下で以下の問いに答えよ．必要な場合には次の値を使用せよ．

おねじ：外径 60 mm，有効径 55.5 mm，谷径 51.0 mm

カラー部摩擦有効径：70 mm

ねじ面およびカラー部摩擦係数：0.15

（**1**）　荷重を持ち上げるのに必要なトルクを求めよ．

（**2**）　効率を求めよ．

（**3**）　必要な動力を求めよ．

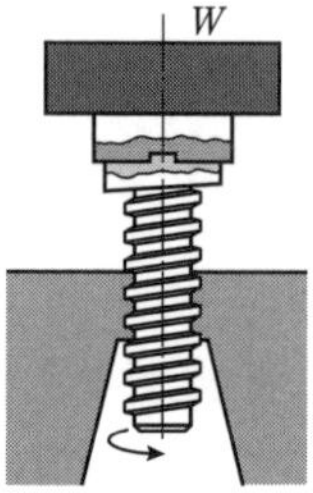

図 4・21　〔例題 4・7〕の図

【解】　（**1**）　おねじの有効径でのリード角 β は

$$\tan\beta = p/(\pi d_2) = 9/(55.5\pi) = 0.05162 \qquad \therefore\ \beta = 2.95°$$

また，$\cos\beta = 0.9987 \fallingdotseq 1$ であるので，式(**4・10**)を考慮して

山直角フランク角 $\alpha' \fallingdotseq$ 軸直角フランク角 $\alpha = 30/2 = 15°$

としてよい．

摩擦角 ρ' は，式(**4・15**)から

$$\tan\rho' = \mu/\cos\alpha' = 0.15/\cos 15° \text{ より } \rho' = 8.83°$$

したがって，式(**4・20**)から，必要なトルクは

$$\begin{aligned} T_f &= (d_2/2)F\tan(\rho' + \beta) + (d_w/2)\mu_w F \\ &= (55.5/2) \times 9800\tan(8.83 + 2.95) + (70/2) \times 0.15 \times 9800 \\ &= 1.08 \times 10^5\ \mathrm{N{\cdot}mm} = 108\ \mathrm{N{\cdot}m} \end{aligned}$$

（2） ねじ効率は，式(4・17)より

$$\eta = \tan\beta/\tan(\rho' + \beta) = 0.247 \qquad \therefore \quad \eta = 24.7\%$$

また，ジャッキとしての効率は，カラー部の摩擦を考慮して

$$\eta = (d_2/2)F\tan\beta/T_f = 0.130 \qquad \therefore \quad \eta = 13.0\%$$

（3） ねじ軸の毎分の回転数は 3 m/9 mm = 333.3

したがって，回転角速度 $\omega = 333.3 \times 2\pi/60 = 34.9\ \mathrm{s}^{-1}$

よって，必要な動力 H は

$$H = T_f\,\omega = 108 \times 34.9 = 3770\ \mathrm{W}$$

【例題 4・8】 内圧 2 MPa の圧力容器のふたを，図 4・22 に示すように，ピッチ円直径 $D = 500$ mm の箇所に，締付けボルト M 16（ピッチ 2 mm，強度区分 4.8），疲れ限度 $\sigma_{w0} = 52$ MPa を用いて締め付けたい．ただし，内外力比 $\phi = 0.2$ とする．なお，強度区分 4.8 のボルト材料の引張り強さ $\sigma_B = 420$ MPa，降伏点 $\sigma_S = 340$ MPa である．ここで，強度区分 4.8 の 4 は，ボルトの呼び引張り強さ（N/mm^2）の 1/100（$\sigma_B = 400$ MPa）を示し，8 は，呼び降伏点または呼び耐力 / 呼び引張り強さの 10 倍を示す．すなわち，400 × 8/10 が呼び降伏点または呼び耐力となる．なお，呼びとは，各値の最小値がそれと同じか，それより大きいことを示す．

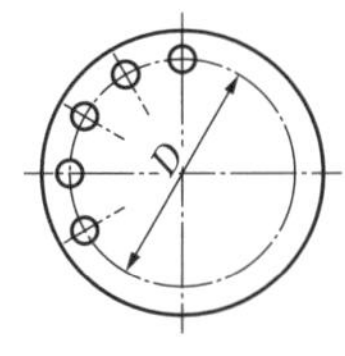

図 4・22 〔例題 4・8〕の図

（1） 必要な締付け力（ボルト締付け力の総和，F_f）を求めよ．

（2） 必要なボルト数を求めよ．

（3） ボルトの締付けトルクを求めよ．

（4） 容器の圧力が 0 〜 2 MPa の間で周期的に変化する場合に，安全か否かを検討せよ．ただし，ねじの切欠き係数 $\beta = 2.6$，(寸法効果の係数) × (表面効果の係数) $\xi_1\xi_2 = 0.6$，安全率 $S_F = 1.5$ とせよ．

【解】 （1） 式(4・38)より，締付け力 F_f は

$$F_f = c\{K_c/(K_b + K_c)\}W_a = c(1 - \phi)W_a$$

ボルトに加わる荷重 W_a は，内部圧力がボルトのピッチ円まで作用するものとすれば

$$W_a = (\pi D^2/4)\ p = (\pi/4) \times 0.5^2 \times 2 \times 10^6 = 3.93 \times 10^5\ \mathrm{N}$$

となる．

よって，$c = 2$ とすれば

$$F_f = 2 \times (1 - 0.2) \times 3.93 \times 10^5 = 6.29 \times 10^5 \text{ N}$$

（**2**） ボルト 1 本当たりの締付け力の目標値は，$F = 0.6\sigma_s A_s$ と設定される．よって，M 16 の有効断面積は，式(**4·27**)より

$$A_s = 157 \text{ mm}^2 = 1.57 \times 10^{-4} \text{ m}^2$$

したがって，ボルト数 N_b は

$$N_b = F_f / F = 6.29 \times 10^5 / (0.6 \times 340 \times 10^6 \times 1.57 \times 10^{-4}) = 19.6$$

よって，$N_b = 20$ 本．

（**3**） 式(**4·23**)より，ボルト 1 本当たりの締付けトルク T_f は

$$T_f = 0.2dF_f / N_b = 0.2 \times 16 \times 6.29 \times 10^5 / 20 = 1.01 \times 10^5 \text{ N·mm}$$
$$= 1.01 \times 10^2 \text{ N·m}$$

（**4**） **2** 章の **2·8** 節 **1** 項を参照．すなわち

繰返し荷重の振幅 $P_r = \phi W_a / 2 = 0.2 \times 3.93 \times 10^5 / 2 = 3.93 \times 10^4 \text{ N}$

平均荷重 $P_m = F_f + P_r = 6.29 \times 10^5 + 3.93 \times 10^4 = 6.68 \times 10^5 \text{ N}$

したがって，ボルトに加わる応力振幅 σ_r，平均応力 σ_m は

$$\sigma_r = P_r / (N_b A_s) = 3.93 \times 10^4 / (20 \times 1.57 \times 10^{-4}) = 1.25 \times 10^7 \text{ Pa}$$
$$\sigma_m = P_m / (N_b A_s) = 6.68 \times 10^5 / (20 \times 1.57 \times 10^{-4}) = 2.13 \times 10^8 \text{ Pa}$$

したがって，最大応力 $\sigma_{\max}$ は

$$\sigma_{\max} = \sigma_r + \sigma_m = 2.26 \times 10^8 \text{ Pa}$$

また，許容応力は

$$\sigma_a = \sigma_s / S_f = 2.27 \times 10^8 \text{ Pa}$$

よって，$\sigma_{\max} < \sigma_a$ となり，2 MPa の圧力に対してボルトは十分な強度をもつ．圧力変動に対しては，式(**2·41**)より

$$\sigma_m + \frac{\beta}{\xi_1 \xi_2} \cdot \frac{\sigma_s}{\sigma_{w0}} \sigma_r = 2.13 \times 10^8 + \frac{2.6}{0.6} \times \frac{340}{52} \times 1.25 \times 10^7$$

$$= 5.67 \times 10^8 > \frac{\sigma_s}{S_F}$$

よって，圧力変動に対しては安全とはいえない．

【例題 4·9】 図 **4·23** のように，水平な台 C の上に 2 本の同じ支柱 A を立て，その上に剛体の板 D をのせている．板 D の中心に空けた穴に通したボルト B によって板 D を固定する．ボルト（ピッチ p，1 条ねじ）の座面が板 D に接触した後，ボルトを 1 回転した場合について，次の問いに答えよ．

（**1**） ボルトのばね定数を K_b，支柱の１本当たりのばね定数を K_a とした場合，ボルト軸力および板Ｄの降下量を求めよ．

（**2**） ボルトの頭を垂直方向に力Ｐで引っ張ったときにボルトに作用する軸力を求めよ．

（**3**） 支柱の圧縮力が０になる引張り力 P を求めよ．

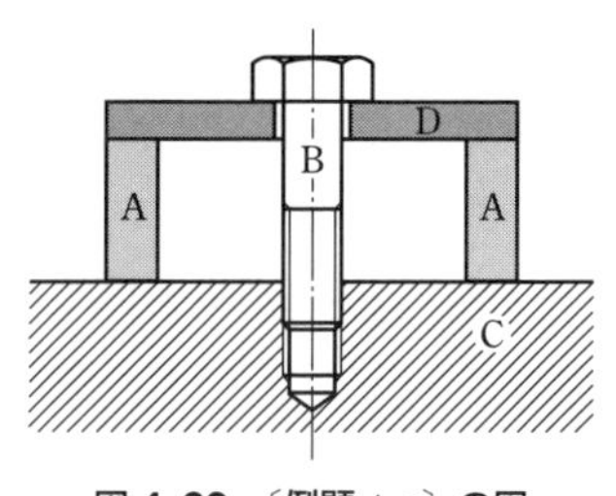

図 4·23 〔例題 4·9〕の図

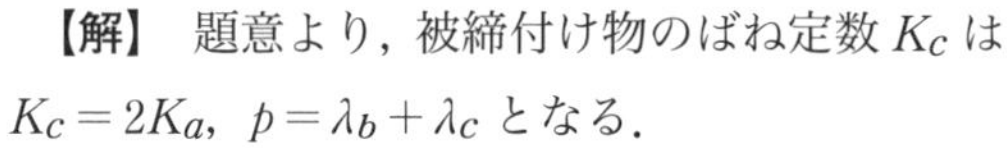

【解】 題意より，被締付け物のばね定数 K_c は，$K_c = 2K_a$，$p = \lambda_b + \lambda_c$ となる．

（**1**） 軸力 $F = K_b\lambda_c = 2K_a\lambda_c$ から

$$p = \lambda_b + \lambda_c(2K_a + K_b)/(2K_a)$$

したがって

$$\lambda_b = 2pK_a/(K_b + 2K_a)$$

$$\lambda_c = pK_b/(K_b + 2K_a)$$

ゆえに

ボルト軸力 $F_b = K_b\lambda_b = 2pK_bK_a/(K_b + 2K_a)$

降下量 $\delta = \lambda_c = pK_b/(K_b + 2K_a)$

（**2**） 外力 P によるボルト軸力の増加量は，式(**4·32**)より

$$\Delta F_b = K_bP/(K_b + 2K_a)$$

よって

軸力 $F_b = K_b\lambda_b + \Delta F_b = K_b(2pK_a + P)/(K_b + 2K_a)$

（**3**） 式(**4·37**)において

$$F = \lambda_cK_c = pK_bK_c/(K_b + 2K_a)$$

$$W_a = P$$

$$F_c = 0$$

とおけば

$$P = pK_b$$

【例題 4·10】 式(**4·45**)を証明せよ．

【解】 前出の図 **4·16** より

へたり量 $\delta = F_s(1/K_b + 1/K_c)$

4･1･5 ねじの強度設計

軸荷重 W を受けるねじの破損形態としては，おねじの破損，ねじ山のせん断破壊が考えられる．また，移動用のねじや，繰り返して締付けを行うねじでは，ねじ面の摩耗も重要な破損形態となる．

通常，ボルトにはせん断荷重を作用させないように設計するが，やむを得ない場合にはリーマボルトや高力ボルトを使用する．

また，ねじ部に曲げ荷重やせん断荷重が直接作用しないようにすることも重要である．

（1） **ねじ軸の強度** ねじ軸の許容引張り応力を σ_a とすれば

$$\frac{W}{A_s} \leqq \sigma_a = \frac{\sigma^*}{S_F} \tag{4･46}$$

となり，σ^* を基準の強さ，S_F を安全率（2章2･5節参照）という．

（2） **ねじ山のせん断破壊強度** ねじ山には，応力集中のために，図4･24に示すようなせん断破壊が起こる可能性が高い．

簡単化のため，ボルトでは図4･24のABに沿って，ナットではCDに沿ってせん断破壊が起こると仮定する．

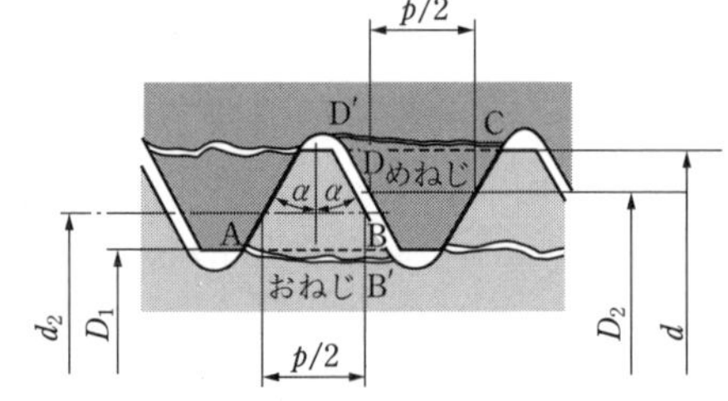

図4･24 ねじのせん断破壊

$$\overline{\mathrm{AB}} = \frac{p}{2} + (d_2 - D_1)\tan\alpha = k_1 p \tag{4･47}$$

$$\overline{\mathrm{CD}} = \frac{p}{2} + (d - D_2)\tan\alpha = k_2 p \tag{4･48}$$

ここで，三角ねじ：$k_1 = 0.75$（ボルト），$k_2 = 0.875$（ナット）

角ねじ：$k_1 = k_2 = 0.5$

30° 台形ねじ：$k_1 = k_2 = 0.65$

また，ボルト，ナットのせん断破壊応力を τ_B，τ_N とすれば，それぞれのせん断破壊荷重は

$$W_B = \pi D_1 \cdot \overline{\mathrm{AB}} \cdot z \cdot \tau_B \tag{4･49}$$

$$W_N = \pi d \cdot \overline{\mathrm{CD}} \cdot z \cdot \tau_N \tag{4･50}$$

となる．z は負荷能力のあるねじ山の数であり，ナットの長さを L とすれば，近似

的に

$$z = \frac{L - 0.5p}{p} \tag{4・51}$$

で示される．よって，許容荷重 W は

$$W \leqq \min \frac{(W_B,\ W_N)}{S_F} \tag{4・52}$$

で表される．なお，同一材料のボルト・ナットでは $W_B < W_N$ となるので，ボルトのほうが先に破損することになる．

（3） **ねじ面の接触面圧強度**　運動・動力伝達用ねじなどでは，摩耗が問題となる．この場合には，ねじ面に作用する面圧を制限する必要がある．すなわち，許容接触面圧を q_a とすれば

$$\frac{W}{(\pi/4)(d^2 - {d_1}^2)z} \leqq q_a \tag{4・53}$$

が満足されなければならない．

（4） **ねじ締結体の疲れ強さの向上対策**　静荷重によるボルト・ナット締結体の破損対策は，設計段階で充分可能である．しかし，実際のボルト締結体の破損の大部分は，疲れに起因しているため，耐疲れ設計が重要となる．

一般に，ボルトの疲れ破壊は，ナット側で荷重がかかり始める部分（ナット端面の第一山部の折損，65%）や不完全ねじ部（ねじ切り始め部，20%），およびボルト頭首下丸み部（15%）の応力集中部分に限定されている[4]．ナット端面部での破壊が最も多い要因は，主としてボルト・ナットかみ合い部の荷重分担の不均一性にある．これは，表**4・2**に示すように，かみ合い山数にほとんど依存せず，全荷重の約1/3がボルトの第1ねじ山に作用しているためである．また，ボルトの第1ねじ山には引張りおよび曲げの応力集中が作用することも原因である[5]．したがって，荷重負担の均一化，応力集中の緩和を図ることが疲れ強さの直接的向上につながることになる．

表4・2　ねじ山の荷重分担（全体100%）

ねじ山数	P1	P2	P3	P4	P5	P6	P7	P8	P9	P10
6	33.7	22.9	15.8	11.4	8.7	7.5				
8	33.3	22.3	15.0	10.2	7.0	5.0	3.9	3.3		
10	33.1	22.2	14.9	10.0	6.7	4.6	3.1	2.3	1.6	1.5

〔**注**〕　西田正孝：応力集中，森北出版，1976より．

【例題4・11】　メートル並目ねじにおいて，ボルトの許容引張り荷重とねじ部の

許容せん断荷重が等しくなるようにナットの高さを決定せよ．ただし，リード角は，$\beta = 2.5°$，ねじ山の荷重分担は均一で応力集中は無視する．

【解】 ボルトの許容引張り荷重は，式(**4・46**)から

$$\pi {d_s}^2 \sigma_a / 4 \quad \cdots\cdots①$$

また，本項の冒頭でも述べたように，同一材料ではボルトのねじのほうがせん断破壊を受けやすいので，ねじ部の許容せん断荷重は，式(**4・49**)から，$\overline{\mathrm{AB}} = 0.75p$ を考慮すれば

$$\pi D_1 \times 0.75 pz\tau_a \quad \cdots\cdots②$$

題意より，式①と式②は等しく，鉄鋼材料では $2\tau_a = \sigma_a$ と近似できるので

$$zp = {d_s}^2 / (1.5D_1) \quad \cdots\cdots③$$

となる．したがって，式(**4・51**)より，ナットの高さ L は次式で求められる．

$$L = {d_s}^2 / (1.5D_1) + 0.5p \quad \cdots\cdots④$$

さて，$\beta = 2.5°$ であるので，式(**4・2**)から

$$p = \pi d_2 \tan 2.5° = 0.137 d_2 \quad \cdots\cdots⑤$$

となり，図 **4・2** に記載されている寸法関係に上式の⑤を考慮すれば

$$d_2 = 0.918d$$

$$p = 0.126d$$

$$D_1 = d_1 = 0.864d$$

$$H = 0.109d$$

$$d_s = (d_1 + d_2 - H/6)/2 = 0.882d$$

となる．これらを式④に代入することによって，ナットの高さ L は

$$L = (0.882d)^2 / (1.5 \times 0.864d) + 0.5 \times 0.126d = 0.66d$$

4・1・6 ねじのゆるみ対策

ねじ締結体の最大の欠点は，使用中に締結力が低下する可能性が高いことである．ねじのゆるみには，ナットが戻り回転せずに生ずるへたりやねじ面摩耗によるものと，戻り回転によるものとがある．後者は，ナットをゆるめる方向に作用する外力ばかりでなく，軸方向力，軸直角方向力の繰返しによっても発生するので，充分なゆるみ対策が必要である．このゆるみ対策としては，次のように多くの手法が考案されている．

（1） **締付け力の保持** 締付け力を保つためには，次のような方法がある．

① ばね座金 … 図 **4・12**（**b**）に示した形状の座金を使用する．

② 二重ナット（ロックナット）… 図4·25(a)に示すように，2個のナットを互いに軸方向力が作用するように締め合い，ねじ面間の摩擦力を確保してゆるみ止めを行う方法である．上側ナットが締付け力を受けもち，下側ナットはナット間に軸力を与える．したがって，下側ナットは薄くてよいが，部品統一あるいはフールプルーフのために上側ナットと同じサイズのものを使用することもある．

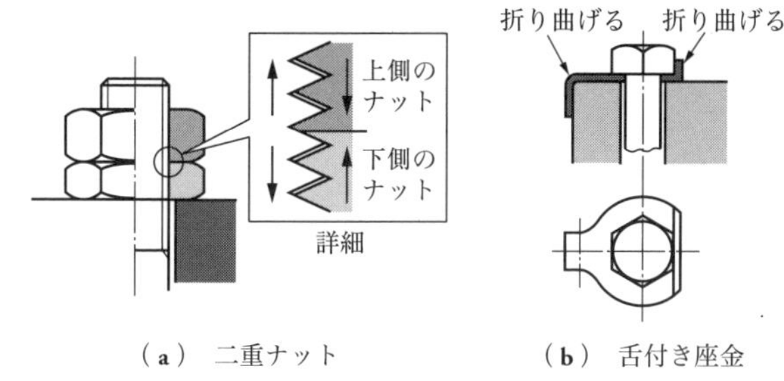

(a) 二重ナット　(b) 舌付き座金

図4·25 ゆるみ止めの例

(2) **機械的固定** 締付け力を保つ方法としては，上記のほかに機械的に保持する方法がある．

① ピン，小ねじの利用．

② 舌付き座金〔図4·25(b)〕，つめ付き座金

③ 溝付きナット

④ 接着剤

【例題4·12】 図4·26に示すように，n 個の同一形状のボルトよりなる継手において，ボルトに作用する力を求めよ．

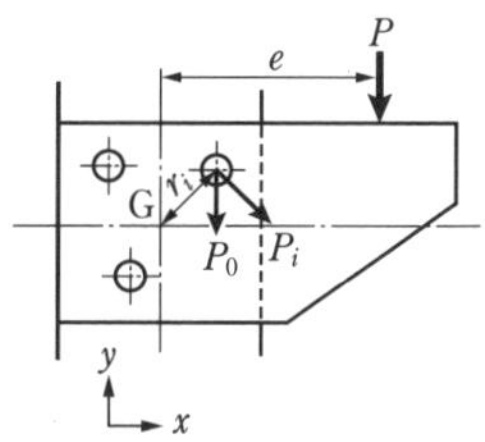

図4·26 〔例題4·12〕の図

【解】 ボルトには，荷重による直接せん断力と，モーメントによるせん断力との合成力が作用する．すなわち，直接せん断力は，荷重が各ボルトに一様にかかるものとし，ボルトの数を n とすれば

$$P_0 = P/n$$

である．また，モーメントにより，継手部は，全ボルトの重心を回転中心とする回転変位が生じるものとする．この場合には，各ボルト部での弾性変形量は重心からの距離に比例することになる．よって，ボルトにかかる力は，重心からの距離に比例するので，重心から各ボルトまでの距離を r_i とすれば

$$P_1/r_1 = \cdots\cdots = P_i/r_i = \cdots\cdots = P_n/r_n = \Sigma P_i r_i/\Sigma r_i^2 \qquad \cdots\cdots①$$

となる．また，重心の位置は $x=\Sigma x_i/n$，$y=\Sigma y_i/n$ であるから，重心からの偏心距離を e とすれば，モーメントのつり合い式は次のようになる．

$$Pe=\Sigma P_i r_i \qquad \cdots\cdots②$$

式①，②より

$$P_i=Per_i/\Sigma r_i^2$$

したがって，P_0 と P_i の合力が各ボルトに作用する力となる．

【例題 4·13】 図 4·27 に示す継手に荷重 $P=9800$ N が作用している．せん断強さが 294 MPa のボルトを使用する場合のボルトの直径を求めよ．ただし，安全率は 5 とする．

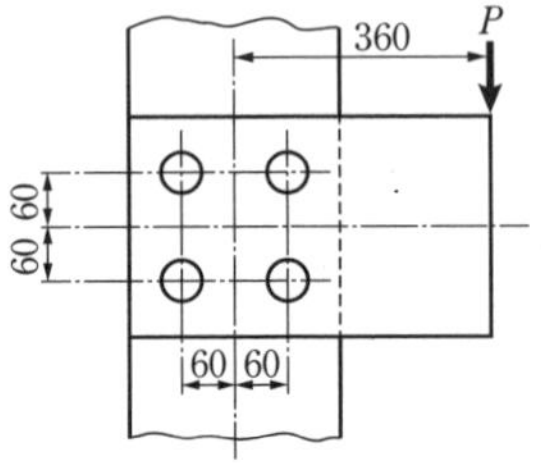

図 4·27 〔例題 4·13〕の図

【解】 直接せん断力 P_0 は

$$P_0=P/n=9800/4=2450 \text{ N}$$

となる．重心は 4 本のボルトの中心にあるので，モーメントによってボルトに作用する力は等しい．したがって，重心から各ボルトまでの距離を r_i とすれば，次の式が成立する．

$$Pe=\Sigma P_i r_i$$

よって

$$9800\times 360=4\times 60\sqrt{2}\,P_i$$

$$\therefore \quad P_i=9800\times 360/(4\times 60\sqrt{2})$$

$$=10400 \text{ N}$$

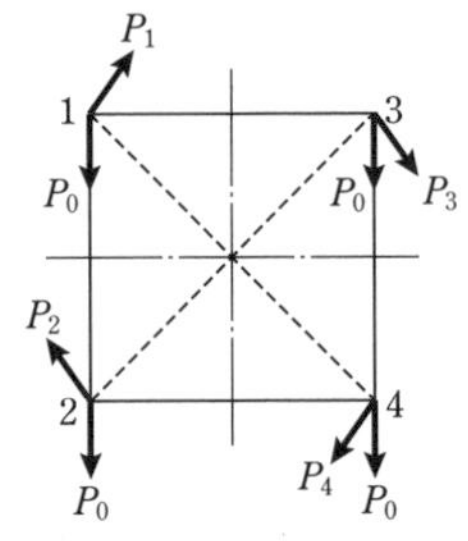

図 4·28 〔例題 4·13〕の解の図

図 4·28 より明らかなように，ボルト 3 とボルト 4 に最大荷重 P_{max} が作用する．また，P_3 の x 方向成分，y 方向成分はともに $P_3/\sqrt{2}=7350$ N であるから

$$\therefore \quad P_{max}=\sqrt{7350^2+(7350+2450)^2}=12250 \text{ N}$$

ボルトの許容せん断応力は，題意より

$$\tau_a=294/5=58.8 \text{ MPa}=58.8 \text{ N/mm}^2$$

必要断面積 $A=P_{max}/\tau_a=12250/58.8=208 \text{ mm}^2$

ボルト直径 $d=(4A/\pi)^{1/2}=16.3$ mm

【例題 4·14】 3 本のボルトで荷重 P を支持している〔図 4·29（a）参照〕継手の

ボルト数を図 **4･29**(**b**)に示すように4本にした．ボルトに作用する最大荷重の変化を調べよ．

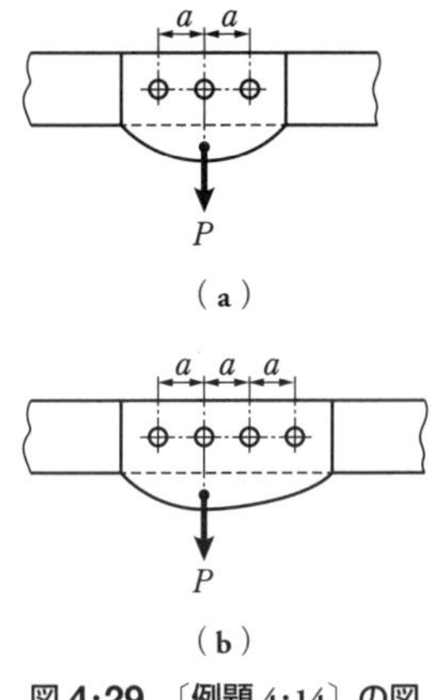

(a)
(b)
図 4･29 〔例題 4･14〕の図

【解】 (1) **3本の場合**　全ボルトの重心は中央のボルトの位置にあり，荷重の作用線は重心を通るので，モーメントによる荷重は発生しない．したがって，各ボルトには直接せん断力による荷重Pのみが作用する．したがって

$$P_{10} = P/3 = 0.33P$$

(2) **4本の場合**　直接せん断力による荷重は，

$$P_{20} = P/4$$

全ボルトの重心の位置は，中央にある2本のボルトの中点になるため，モーメント$M = Pe = Pa/2$が継手に発生する．モーメントによって発生する荷重の方向は，左側の2個のボルトでは荷重Pと同方向，右側の2個のボルトでは逆方向になるため，左端のボルトに最大荷重が作用することになる．

左端のボルトにモーメントによって作用する荷重は，式③より

$$P_{21} = Per_1 \Big/ \sum_1^4 r_i^2 = 0.15P$$

したがって，左端のボルトに作用する荷重P_1は

$$P_1 = P_{20} + P_{21} = 0.4P$$

$P_1 > P_{10}$なので，ボルト数を増加することにより，ボルトにかかる荷重が増加することがわかる．これは，ボルトを増加した結果，ボルト継手のバランスが崩れ，モーメント荷重が発生したことが原因である．すなわち，機械の設計においては，バランスのとれた設計をすることが極めて重要であるといえる．

4･2 ピン

代表的なピン（pin）の種類ならびにその使用法の例を，図 **4･30** および図 **4･31** に示す．

ピンは，① 機械の分解・組立に際しての部品間の位置決め，② 加工物の心出し，③ 誤取付け・誤加工・誤組立の防止，④ 部品の締結，⑤ 動力伝達ならびにそれに

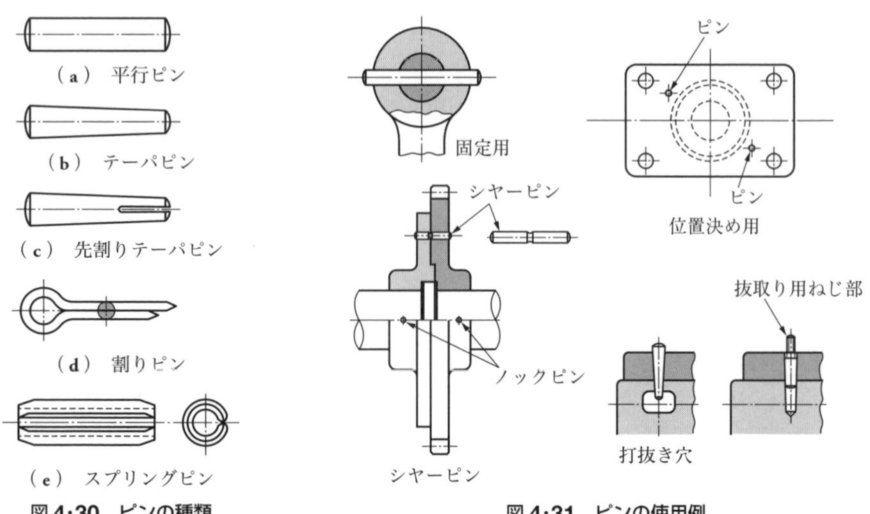

図 4·30 ピンの種類

図 4·31 ピンの使用例

ともなう安全装置などとして使用される.

ピンを穴に打ち込んで使用する場合には，打込みできるように空気穴を設けたり，抜取りが可能な設計にするなどの配慮が必要である.

図 **4·30** に示した**平行ピン**は，一般に，炭素鋼（S 40 C ～ S 50 C）やステンレス鋼（SUS 303）でつくられ，部品の位置決めや締結に使用される．また，ピン穴は，部品をねじで締結し，位置決めした後にドリル加工，リーマ加工する．部品の厚さが薄い場合や表面にピンの頭部を出したくない場合などには，この平行ピンが有利である.

テーパピンは，1/50 のテーパをもち，打ち込んで部品の締結，位置決めに使用する．テーパピンの穴は，位置決めした二つの部品を同時にテーパリーマで加工することか望ましい．なお，焼入れした部品はひずみによってテーパが合わなくなる恐れがあるため，テーパピンは使用しないほうがよい.

先割りテーパピンは，打込み後，先端部のすりわりを開くことによって抜け落ちを防ぐことができる.

割りピンは，軟鋼，黄銅，ステンレス鋼などでつくられ，主としてナットやピンの緩み止め，抜け落ち防止に使用される.

円筒状の薄板よりなる**スプリングピン**は，半径方向にばね作用があり，耐振性がよく，ピン穴加工に精度を要しない利点もあるため，テーパピン，キー，コッタなどの代わりに広く利用されている.

なお，ピンは，キーと同様に動力伝達にも使用されるが，過負荷でせん断され，安全装置の役目をする場合（**シヤーピン**）もある.

【例題 4·15】 動力伝達系に図 **4·31** に示すシヤーピンを使用することにより，伝達トルク T が 400 N·m で動力伝達を遮断したい．ピンせん断部の軸径 d を決定せよ．ただし，ピンは伝動軸中心より距離 $r=100$ mm の位置に取り付けており，ピン材料はせん断応力 $\tau_B=380$ MPa でせん断破断する.

【解】 ピンに作用するせん断力 F は，$F=T/R=400/0.1=4000$ N

$$F=\frac{\pi}{4}d^2\tau$$

よって

$$d=\sqrt{\frac{4F}{\pi\tau}}=\sqrt{\frac{4\times4000}{380\times10^6\pi}}=3.66\times10^{-3}\ \mathrm{m}=3.66\ \mathrm{mm}$$

4·3 溶接継手

溶接（welding）とは，2 個以上の物体を原子間の結合によって局部的に接合することである．すなわち，接合すべき部材（母材）の金属原子同士を溶融かつ清浄にして，原子間引力が充分に作用する程度の距離まで接近させる冶金学的接合技術である．溶接法を接合方法によって分類すると，次のようになる.

① 融接（fusion welding）… 接合面を溶融させて，機械的圧力は加えないで接合する方法で，アーク溶接がその代表例である.

② 圧接（pressure welding）… 機械的圧力を加えて接合する溶接方法で，抵抗溶接や摩擦溶接などがある.

③ ろう接（brazing）… 母材を溶融することなく，母材よりも低い融点をもったろうを溶融させて接合させる溶接法である.

また，溶接に用いられるエネルギー源によって次のようにも分類される.

① 電気的エネルギー … アーク溶接，電子ビーム溶接，抵抗溶接，高周波溶接，プラズマ溶接

② 機械的エネルギー … 摩擦溶接，圧接

③ 光エネルギー … レーザ溶接

④ 超音波エネルギー … 超音波溶接

⑤ 化学的エネルギー … 爆発溶接，ガス溶接

4·3·1 溶接の特徴

溶接継手は，鋳造品，鍛造品に比較して次のような利点をもつ．

① 一般的に鋳物より被溶接物の機械的性質がすぐれており，静的強さ，疲れ強さなどが大きいため，著しい重量軽減を図ることができる．

② 製品の形状，構造の自由度が高く，設計上の制約が少ないため，複雑な構造物を製作できる．

③ 異種材料の組合わせが可能である．

④ 補修が容易である．

また，ボルト・ナット結合に比べて継手重量の軽減，気密性が高い，加工工数の節減，厚さに対してほとんど制限がないなどの利点がある．しかしながら，溶接は急速加熱冷却をともなう接合方法であるため，次のような欠点もある．

① 結晶粒の粗大化，硬さの上昇などの金属学的変化に起因して機械的性質が変化する．

② 溶接の熱履歴によって塑性ひずみが生じ，溶接変形と残留応力が発生する．

③ き裂が発生すれば，き裂は溶接部を貫通しやすいため，構造物全体の破壊へと進展する危険性がある．

④ 欠陥を発生しやすく，それによる切欠き感度が高い．

したがって，溶接継手を真に完全な機械構造部品製作の手段とするためには，信頼性と経済性とをともなった非破壊検査法を確立することが必要である．

4·3·2 溶接設計

機械製品の製作に溶接を使用するにあたっては，まず，鋳造，鍛造，機械的接合法，接着接合などとの優劣を比較することが必要である．

溶接設計に際しては，次のような事項を考慮すべきである．

① 溶接性の良好な材料の選択．

② 溶接による溶接材料の機械的性質の変化を考慮し，熱伝導，溶接冶金，溶接力学に基づいた溶接方法の採用．

③ 溶接残留応力，溶接変形を考慮した溶接位置，溶接順序の決定（たとえば，

溶接継手が1か所に集中しないようにする．また，継手部にモーメントが働かないように部材を配置する）．

④ 溶接および検査しやすい設計．

⑤ 作業者の安全および衛生について考慮するとともに，作業者の技能に左右されない溶接しやすい設計．

溶接継手の設計にあたっては，継手に働く応力の算定が基本になる．溶接部の応力分布は，一般に極めて複雑であるが，実際の破壊がどの位置で生じようとも，継手の強度計算は継手の**のど断面**に作用する応力について実施する．これは，この手法が安全側にあるからであり[6]，のど断面は，(理論のど厚)×(有効溶接長さ）で定義される．ここで，**理論のど厚**は，余盛り，溶込みを考慮せず，図 **4·32** に示すように決定する．

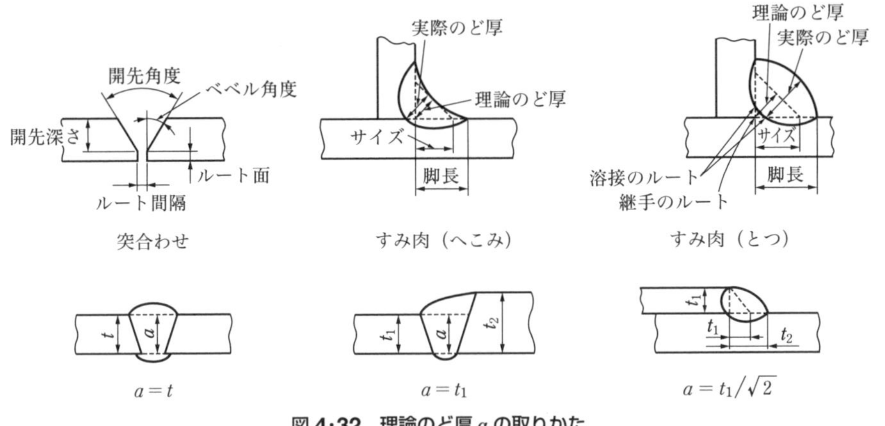

図 4·32 理論のど厚 a の取りかた

応力の計算にあたっては，のど断面に作用する応力は一様であり，ルート部（溶接部の断面において溶着金属の底と母材面とが交わる箇所）や止端部（母材の面と溶接の面との交わる部分）の応力集中，ならびに残留応力の影響は無視するのがふつうである．また，溶接端部は欠陥をともないやすく，応力集中が予測されるので，**有効溶接長さ**として〔(実際の溶接長さ)－2×(理論のど厚)〕が採用されることが多い．

【例題 4·16】 図 4·33（1）～（5）に示すそれぞれの溶接継手ののど断面に作用する応力を求めよ．

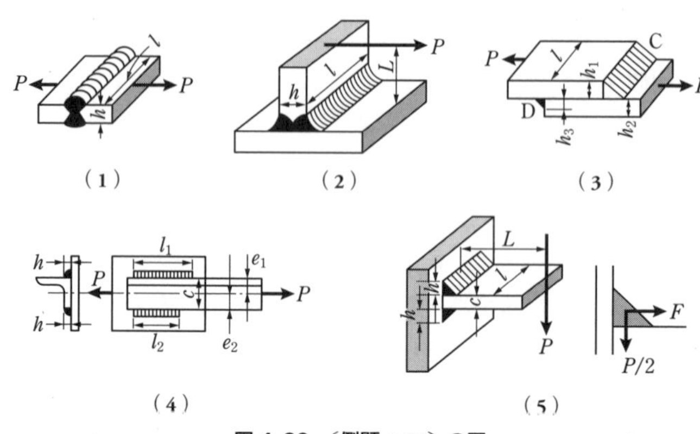

図 4·33〔例題 4·16〕の図

【解】 以下の解答において，b は有効溶接長さ，すなわち $b=l-2a$ である．

（**1**） のど厚 $a=h$（板厚），のど断面積 $A=ab=hb$

したがって，垂直応力：$\sigma=P/A=P/(hb)$

（**2**） のど断面積 $A=hb$

$$\text{せん断応力}\ \tau=P/A=P/(hb)$$

$$\text{曲げ応力}\ \sigma=M/Z=PL(h^2b/6)=6PL/(h^2b)$$

ここで，M：曲げモーメント，Z：のど断面の断面係数．

（**3**） 部材の縦弾性係数を E，重ね部分に加わる力を P_C，P_D，重ね部分の長さを m，伸びを λ_C，λ_D とすれば

$$\lambda_C=P_Cm/(lh_1E), \qquad \lambda_D=P_Dm/(lh_2E)$$

$\lambda_C=\lambda_D$ であるので

$$P_C/P_D=h_1/h_2$$

また，$P=P_C+P_D$ であるので

$$P_C=Ph_1/(h_1+h_2), \qquad P_D=Ph_2/(h_1+h_2)$$

すなわち，溶接部に加わる力は板厚に比例して分配される．

また，すみ肉 C に加わる応力は

$$\sigma_C=P_C/A=\sqrt{2}\,P/\{(h_1+h_2)b\}$$

すみ肉 D に加わる応力は

$$\sigma_D=P_D/A=\sqrt{2}\,Ph_2/\{h_3(h_1+h_2)b\}$$

（**4**） せん断芯力 τ は

$$\tau=P/A=P/\{(b_1+b_2)a\}=\sqrt{2}\,P/\{(b_1+b_2)h\}$$

ここで，τ_a を許容せん断応力とすれば，$\tau \leqq \tau_a$ より

$$b_1 + b_2 = \sqrt{2}\,P/(h\tau_a) \qquad \cdots\cdots ①$$

溶接部長さを作用力が溶接部の重心線を通るように決定すると

$$b_1 e_1 = b_2 e_2 \qquad \cdots\cdots ②$$

式①，②より

$$b_1 = \sqrt{2}\,Pe_2/(\tau_a hc), \qquad b_2 = \sqrt{2}\,Pe_1/(\tau_a hc)$$

（5） 荷重 P により，図の上部溶接部に加わるせん断力 T は

$$T = P/2$$

T による直接せん断応力 τ は

$$\tau = T/A = P/(2ab) = \sqrt{2}\,P/(2hb) \qquad \cdots\cdots ③$$

また，曲げモーメント $M = PL$ の作用によってのど断面に加わる力を F とすれば

$$F(c+h) = PL$$

したがって，のど断面に加わる合力 $R = \sqrt{F^2 + T^2}$ による応力 σ は

$$\sigma = \frac{R}{A} = \frac{P}{hb(c+h)}\sqrt{2L^2 + \frac{1}{2}(c+h)^2}$$

4·4 接着継手

接着剤（adhesive）を用いて被着体（adherend）をある目的に従って結合することを接着（adhesion）という．

性能の高い接着剤の開発とその接着法の進歩によって，接着継手（adhesive bonding）は，カメラ，コンピュータ，自動車，航空機，宇宙船，建築などに用いられる工業的結合法として，近年，その使用範囲が拡大しつつある．

接着機構としては，① ファンデルワールス（Van der Waals）力，② 水素結合，③ 被着体と接着剤との共有結合，④ 液状高分子を被着体にはさんで圧力をかけることによって得られる機械的接着，⑤ 高分子同士の混ざり合いによる自着などが接着剤の種類に応じて考えられている[7)]．

しかし，接着が達成されるためには，接着剤は被着体の表面をぬらし（液体），接着後は固体にならなければならない．したがって，接着剤としては，① 溶剤に溶けている，② 接着剤自身が液体，しかし接着操作の間に化学反応で固化する，③ 接着剤は固体であるが加熱状態で液体であるものなどが考えられる．ただし，

液体状態において，接着剤の表面張力は，被着体表面のもつ表面張力よりも小さいことが必要である．

また，接着強さ（bond strength）は，外力に対する抵抗としての機械的強さと，水分・日光・温度変化などへの抵抗としての環境強さによって規定される．接着部の破壊形態は，① 接着剤自身の破壊である凝集破壊，② 被接着剤と接着剤間で破壊する界面破壊または接着破壊，③ 被着体の破壊に大別される．

なお，接着法の長所としては，次のようなことが掲げられる．

① 異種材料同士の接着が可能．
② 接着部の重量が小さい．
③ 面接合であるため応力集中が少ない．
④ 接着剤に防振やシール，防錆などの機能が付与できる．
⑤ 溶接やねじ締め作業が困難な部分での結合が可能．
⑥ 表面を平滑にし，美観を与える．
⑦ 加工工数が一般的に少ない．

一方，短所としては，次のようなことがある．

① せん断には強いが剝離に弱い．
② 耐久性，耐候性についての資料が乏しく，貯蔵安定性に問題がある．
③ 完全に接着するまでは，ずれ防止のための仮止めや加圧が一般的に必要．
④ 接着剤による汚れ．
⑤ 非破壊試験ができない．
⑥ 耐熱性に乏しい．

5

軸系

5・1　軸

5・1・1　軸の種類と機能

一般に回転によって動力を伝達する機械要素を軸という．しかし，動力を伝達しないで回転運動のみを行う軸，あるいは物体を支える役目のみをする軸もある．

（1）　**伝動軸**　回転によって動力を伝達する軸を伝動軸（shaft）という．この軸は，主としてねじりモーメント（トルク）を受けるので，ねじり強度とねじり剛性に注意しなければならない．また，ねじりモーメントのほかに，軸自身の重量，歯車，プーリ（ベルト車）などの付属物などによって曲げモーメントも受けるので，この点についても考慮する必要がある．すなわち，軸受間距離を短くするとともに，歯車，プーリなどはできるだけ軸受の近くに配置し，曲げ応力が大きくならないようにすることが必要である．往復運動を回転運動に変えるクランク軸では，曲げ応力とねじり応力が繰り返し衝撃的に作用する．プロペラ軸はねじり応力のほかに軸方向力を受けるので，座屈についての考慮も必要である．

（2）　**機械軸**　工作機械の主軸などに用いられている軸を機械軸（spindle）という．この軸には強度とともにねじり・曲げ剛性の高いことが要求される．また，高い回転精度が必要である．

（3）　**車軸**　車軸（axle）は支持軸とも呼ばれ，主として曲げモーメントを受けるもので，軸端の軸受で車輪を支え，軸自身が回転しないものと，鉄道車両のように車輪と軸とが一体で回転するものとがある．

上記のように，軸は，用途に応じて曲げ・ねじり・軸方向力が一様，変動，衝撃荷重として作用するので，荷重形態に応じた強度および剛性の評価が必要になる．また，軸の回転数が軸系の固有振動数と一致すると，軸系は共振状態となり，大きな振れまわり運動を起こすため，極めて危険である．このときの軸回転数を危険速度（critical speed）というが，設計においては，この危険速度を避けなければならない．一般には，軸の常用回転数が危険速度のおよそ20％の領域に入らないように軸受位置，軸径，軸長を調節する[1]．

軸の破損の大部分は形状変化部すなわち応力集中部の疲れ破損であるので，段付き部・キー溝部などの応力の評価を誤らないように注意するほか，取付け物との締結法，はめあいなどを考慮する必要がある．

なお，軸の直径，軸端の形状・寸法，回転軸の高さなどについては，JISによる規定がある．

5･1･2　軸の材料

軸の材料としては，ふつう，延性が大きく，強度・剛性の高い，炭素含有量が0.1～0.4％程度の炭素鋼が使用される．たとえば，安価な軸材料としては，SS 400，SS 490，S 10 C～S 30 Cの冷間引抜き鋼，大きい径では，熱間圧延あるいは鍛造によるものが多く使用されている．また，高荷重，高回転速度の軸，たとえばクランク軸，車軸，タービン軸などにはS 40 C～S 50 CやSNC，SNCM，SCr，SCMなどの合金鋼の熱間圧延材を機械加工後，熱処理をしたものが使用される場合が多い．

5･1･3　強度計算

次に，軸の強度計算について述べるが，軸の断面形状は必ずしも円形であるとは限らない．しかし，以下の議論は，簡単のために，円形断面の真直棒を対象にする．なお，応力，変形などは，外径 d_2，内径 d_1 の中空軸に対するものを主として求めているが，中実軸に対しては，内外径比 n（$n=d_1/d_2=$ 内径 / 外径）を0とすればよい．

ねじりモーメント（トルク）T（N･m）を回転角速度 ω（rad/s），すなわち回転速度 n（1/s，rps）$=\omega/(2\pi)$，または1分間の回転数 N（1/min，rpm）$=60n$ で伝達する伝動軸の**伝達動力** H（N･m/s，W）は，次式で求めることができる．

$$H=T\omega=T\cdot 2\pi n=T\cdot\frac{2\pi N}{60} \qquad (5\cdot 1)$$

（1）　静的強度を基礎にする計算式

①　ねじりモーメント T のみが作用する場合（図**5･1**）

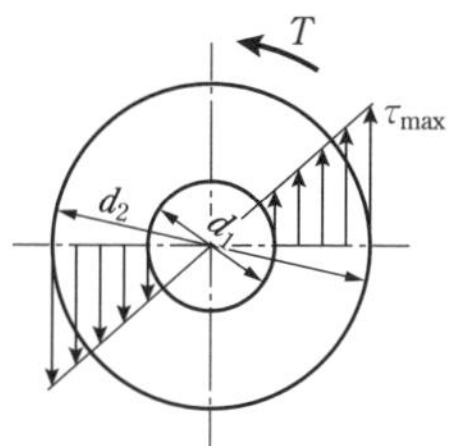

図 5·1　ねじりモーメント T が作用する場合のせん断応力分布

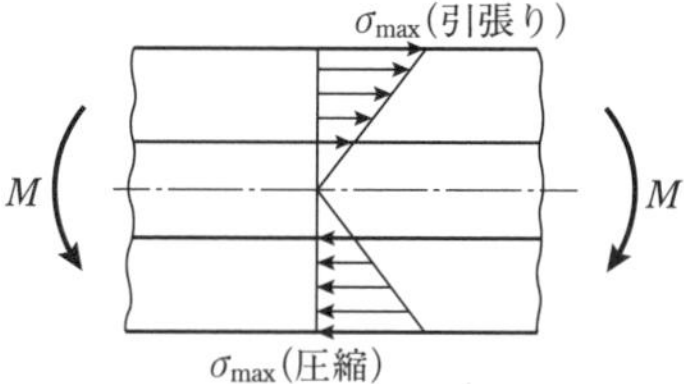

図 5·2　曲げモーメント M が作用する場合の垂直応力分布

$$\tau_{max}=\frac{16T}{\pi(1-n^4){d_2}^3}\leqq\tau_a \qquad (\tau_a：許容せん断応力) \tag{5·2}$$

② 曲げモーメント M のみが作用する場合（図 **5·2**）

$$\sigma_{max}=\frac{32M}{\pi(1-n^4){d_2}^3}\leqq\sigma_a \qquad (\sigma_a：許容垂直応力) \tag{5·3}$$

③ ねじりモーメント T，曲げモーメント M，軸方向力 P が同時に作用する場合…図 **5·3** の A 点での軸直角断面に作用する引張り応力 σ およびせん断応力 τ は

$$\sigma=\frac{32M}{\pi(1-n^4){d_2}^3}+\frac{4P}{\pi(1-n^2){d_2}^2}$$

$$\tau=\frac{16T}{\pi(1-n^4){d_2}^3}$$

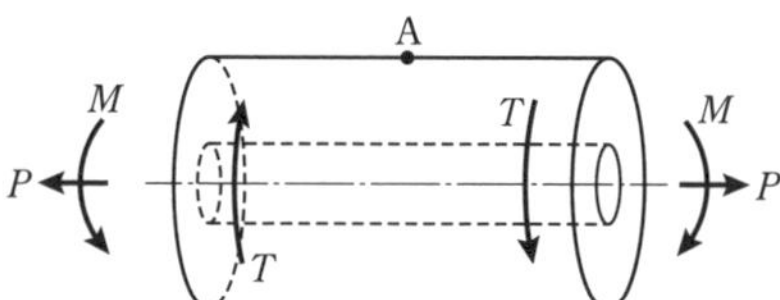

図 5·3　中空丸棒に引張り力 P，ねじりモーメント T，曲げモーメント M が同時に作用する場合

であるので，最大垂直応力 σ_{max} および最大せん断応力 τ_{max} は次のようになる．

$$\sigma_{max}=\frac{16}{\pi(1-n^4){d_2}^3}\left[M+\frac{P(1+n^2)d_2}{8}+\sqrt{\left\{M+\frac{P(1+n^2)d_2}{8}\right\}^2+T^2}\right]$$

$$=\frac{32M_{eq}}{\pi(1-n^4){d_2}^3} \tag{5·4}$$

$$\tau_{max}=\frac{16}{\pi(1-n^4){d_2}^3}+\sqrt{\left\{M+\frac{P(1+n^2)d_2}{8}\right\}^2+T^2}$$

$$=\frac{16T_{eq}}{\pi(1-n^4){d_2}^3} \tag{5·5}$$

ここで

$$M_{eq} = \frac{1}{2}\left[M + \frac{P(1+n^2)d_2}{8} + \sqrt{\left\{M + \frac{P(1+n^2)d_2}{8}\right\}^2 + T^2}\right] \qquad (5\cdot6)$$

$$T_{eq} = \sqrt{\left\{M + \frac{P(1+n^2)d_2}{8}\right\}^2 + T^2} \qquad (5\cdot7)$$

であり，M_{eq}を相当曲げモーメント，T_{eq}を相当ねじりモーメントという．

実際の軸には動荷重が加わるので，その影響を考慮する必要がある．そこで，ねじりモーメント，曲げモーメントに対して動的効果の係数k_t，k_bを乗じ，TおよびMをk_tT，k_bMと置き換えて式(**5·6**)，式(**5·7**)に代入する．また，軸荷重が圧縮である場合には座屈に対する考慮が必要となるので，軸方向力Pの代わりに座屈効果の係数ηを乗じたηPを式(**5·6**)，式(**5·7**)に代入する(表**5·1**，表**5·2**参照)．すなわち，式(**5·4**)，式(**5·5**)は次のようになる．

表5·1 動的効果の係数

荷重の種類	回転軸		静止軸	
	ねじり k_t	曲げ k_b	ねじり k_t	曲げ k_b
静荷重またはごく緩徐な変動荷重	1.0	1.5	1.0	1.0
変動荷重，軽い衝撃荷重	1.0～1.5	1.5～2.0	1.5～2.0	1.5～2.0
激しい衝撃荷重	1.5～3.0	2.0～3.0		

〔注〕 日本機械学会(編)：機械工学便覧 B1，日本機械学会，1985より．

表5·2 座屈効果の係数 η

荷重の種類	ηの値
引張り荷重	$\eta = 1$
圧縮荷重	$\eta = 1/\{1 - 0.004\ (l/k\sqrt{s})\}$．ただし $l/k < 110$ $\eta = (\sigma_s/s\pi^2E)(l/k)^2$．ただし $l/k \geqq 110$

〔注〕 l：軸受間距離，k：軸の断面二次半径（中実軸 $k = d/4$，中空軸 $k = \sqrt{1+n^2}\,d_2/4$），σ_s：圧縮降伏点，E：縦弾性係数，s：端末係数（玉軸受など自由支持に近い場合 $s = 1$，幅のある平軸受の場合 $s = 2.5$，完全固定の場合 $s = 4$）．
日本機械学会(編)：機械工学便覧 B1，日本機械学会，1985より．

$$\sigma_{\max} = \frac{16}{\pi(1-n^4){d_2}^3}\left[k_bM + \frac{\eta P(1+n^2)d_2}{8} + \sqrt{\left\{k_bM + \frac{\eta P(1+n^2)d_2}{8}\right\}^2 + (k_tT)^2}\right] \qquad (5\cdot8)$$

$$\tau_{\max} = \frac{16}{\pi(1-n^4){d_2}^3}\sqrt{\left\{k_bM + \frac{\eta P(1+n^2)d_2}{8}\right\}^2 + (k_tT)^2} \qquad (5\cdot9)$$

また，軸の材料には，通常，延性材料が使用されるので，軸の強度設計においては，最大せん断応力説を採用し

$$\tau_{max} \leqq \tau_a \qquad (5\cdot10)$$

を満足するように軸径を選択する．一方，稀ではあるが，脆性材料を使用する場合には，最大主応力説によって

$$\sigma_{max} \leqq \sigma_a \qquad (5\cdot11)$$

を満足するように軸径を選択する．

なお，式(**5·10**)，式(**5·11**)を用いて軸径を計算する場合，軸方向力 P が作用する場合には，繰り返し計算をして数値解を求めなければならない．その際，$P=0$ での d_2 を初期値として用いればよい．

【例題 5·1】 表 **5·1** において，回転軸では $k_b \geqq k_t$ になっている理由を説明せよ．

【解】 静荷重により一定の曲げモーメントを受ける軸の場合であっても，軸の回転にともない繰り返し曲げ応力が発生するため．

【例題 5·2】 図 **5·4** のように，プーリが 1800 rpm で回転し，質量 100 kg の材料を一定速度で持ち上げている．このとき必要な伝達動力，軸径を求めよ．ただし，軸は一様と仮定し，許容せん断応力 $\tau_a = 100$ MPa，$k_b = 1.5$，$k_t = 1.0$ とせよ．また，プーリ，軸，ロープの重量は無視する．

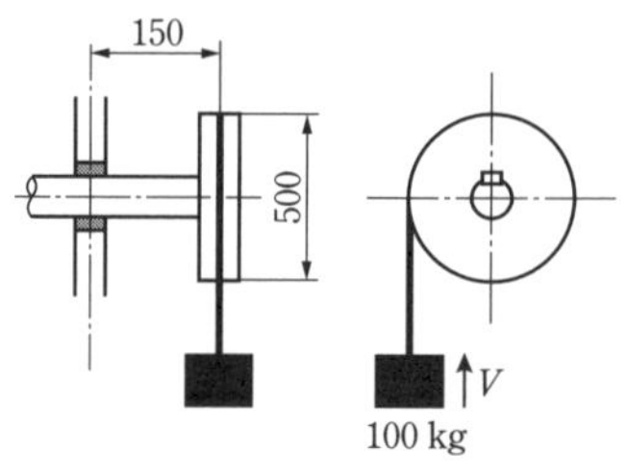

図 5·4〔例題 5·2〕の図

【解】 ロープ張力 F は

$$F = 100g = 100 \times 9.81 = 981 \text{ N} \qquad (g：重力加速度)$$

よって，プーリにかかるトルク T は

$$T = F(D/2) = 981 \times 500/2 = 2.45 \times 10^5 \text{ N·mm} = 245 \text{ N·m}$$

また，プーリの回転角速度 ω は

$$\omega = 2\pi \times 1800/60 = 188 \text{ s}^{-1}$$

したがって，伝達動力 H は

$$H = T\omega = 245 \times 188 = 4.61 \times 10^4 \text{ W} = 46.1 \text{ kW}$$

軸受中心に加わる曲げモーメント M は

$$M = 150F = 150 \times 981 = 1.47 \times 10^5 \text{ N·mm} = 147 \text{ N·m}$$

式(**5·9**)より，軸径を d とすれば

$$\tau_{\max} = \frac{16}{\pi d^3} + \sqrt{(k_b M)^2 + (k_t T)^2} = \tau_a = 100 \text{ MPa}$$

よって

$$d = \left\{ \frac{16}{\pi \tau_a} \sqrt{(k_b M)^2 + (k_t T)^2} \right\}^{1/3}$$

$$= \left\{ \frac{16}{100\pi \times 10^6} \sqrt{(1.5 \times 147)^2 + (1.0 \times 245)^2} \right\}^{1/3}$$

$$= 2.56 \times 10^{-2} \text{ m} = 25.6 \text{ mm}$$

ここに，得られた軸径は必要最小軸径である．実際には，軸受など他の機械要素を考慮して軸径は決定される．

【例題 5·3】 右図に示すウインチによって，荷重 $W = 800$ N の物体を一定速度で持ち上げている．モータで駆動されるVプーリの有効径 D は，モータ軸に直結されたVプーリの有効径と同じで 280 mm，Vベルト張力は $F_1 = 1600$ N，$F_2 = 1000$ N，モータの回転数は 1200 rpm である．軸は一様と仮定し，許容せん断応力を $\tau_a = 25$ MPa，曲げに対する動的効果の係数を $k_b = 1.5$，ねじりに対するそれを $k_t = 1.0$ として以下の問いに答えよ．なお，回転体の質量および軸受部の摩擦は無視し，各軸受はラジアル荷重のみ支持するものとする．

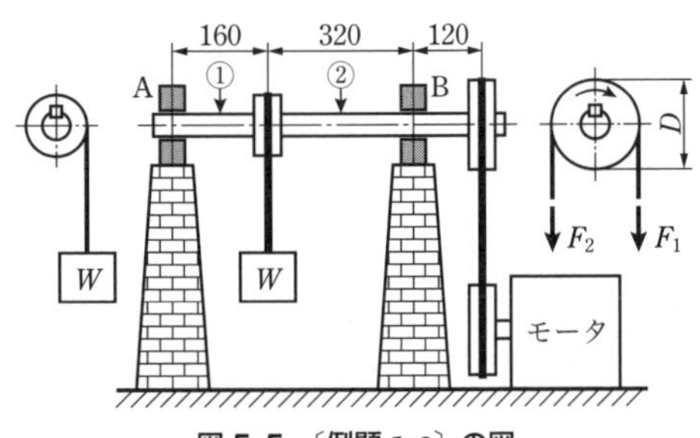

図 5·5 〔例題 5·3〕の図

（1） 軸の ①，② 部に作用するねじりモーメントを求めよ．

（2） 軸に作用する曲げモーメント線図を図内に記載し，最大曲げモーメントを求めよ．

（3） 軸径を最大せん断応力説によって求めよ．

（4） モータに要求される動力を求めよ．

【解】 （1） 軸受の摩擦は無視されているので，① 部に作用するねじりモーメントは 0，② 部に作用するねじりモーメント T は

$$T = F_1(D/2) - F_2(D/2) = (1600 - 1000) \times 280/2$$

$$= 8.4 \times 10^4 \text{ N·mm} = 84 \text{ N·m}$$

（**2**） 軸受部は単純支持と考えてよいので，軸受反力 R_A および R_B は図**5·6**を参考にして力およびモーメントのつり合い

力のつり合い　$W+F_1+F_2=R_A+R_B$

モーメントのつり合い　支点A　$Wa-R_B(a+b)+(F_1+F_2)(a+b+c)=0$

あるいは　支点B　$-R_A(a+b)+Wb=(F_1+F_2)c$

から，

$$R_A=-117\ \mathrm{N},\ R_B=3517\ \mathrm{N}$$

曲げモーメント線図は図**5·6**の破線のようになる．

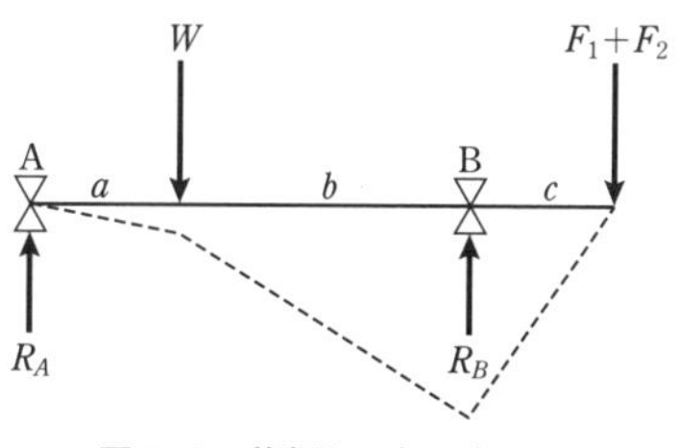

図 5·6　〔例題 5·3〕の解の図

したがって，最大曲げモーメント M は

$$M=(F_1+F_2)c=2600\times120$$
$$=3.12\times10^5\ \mathrm{N\cdot mm}$$
$$=312\ \mathrm{N\cdot m}$$

（**3**） 式(**5·9**)より，軸径を d とすれば

$$\tau_{\max}=\frac{16}{\pi d^3}\sqrt{(k_bM)^2+(k_tT)^2}=\tau_a=25\ \mathrm{MPa}$$

よって

$$d=\left\{\frac{16}{\pi\tau_a}\sqrt{(k_bM)^2+(k_tT)^2}\right\}^{1/3}$$
$$=\left\{\frac{16}{25\pi\times10^6}\sqrt{(1.5\times312)^2+(1.0\times84)^2}\right\}^{1/3}$$
$$=0.0459\ \mathrm{m}=46\ \mathrm{mm}$$

（**4**） モータの回転角速度 ω は

$$\omega=2\pi\times1200/60=125.7\ \mathrm{s^{-1}}$$

モータの出力軸に直結されているプーリならびに回転軸プーリの有効径は同じであるので，モータに要求される動力 H は

$$H=T\omega=84\times125.7=1.06\times10^4\ \mathrm{W}=10.6\ \mathrm{kW}$$

【例題 5·4】　軸径 d の中実軸と等しいねじり強さをもつ内外径比 $n=d_1/d_2=0.5$ の中空軸の外径 d_2 を求めよ．また，両者の断面積（重量）を比較せよ．

【解】　中実軸と中空軸の $\tau_{\max}$ が等しいので，式(**5·2**)から

$$\frac{16T}{\pi d^3} = \frac{16T}{\pi(1-n^4)d_2{}^3}$$

したがって

$$d_2 = \frac{d}{(1-n^4)^{1/3}} = (1-0.5^4)^{-1/3} d = 1.02d$$

中実軸の断面積 $A_o = \dfrac{\pi d^2}{4}$

中空軸の断面積 $A_1 = \dfrac{\pi}{4}(d_2{}^2 - d_1{}^2) = \dfrac{\pi}{4} d_2{}^2(1-n^2) = \dfrac{\pi}{4}(1.02d)^2(1-0.5^2)$

ゆえに

$$\frac{A_1}{A_o} = 1.02^2(1-0.5^2) = 0.78$$

よって，外径は2%増加するのみであるが，断面積，すなわち軸重量は22%も減少する．このように，中空軸は中実軸に比較して重量は減少するが，その製作費は高くなる．そのため，鋼管（たとえば，機械構造用合金鋼管）の使用も考慮すべきである．

（2） 疲れ強さを基礎にする計算式（2·8 節参照）

① 材料の疲れ強さから許容応力を決定する方法… まず，変動荷重によって軸に加わる曲げモーメント M，ねじりモーメント T，および軸方向力 P を，その平均値（M_m，T_m，P_m）と，変動分すなわち振幅（M_r，T_r，P_r）に分ける．

$$\begin{aligned} M &= M_m + M_r \\ T &= T_m + T_r \\ P &= P_m + P_r \end{aligned} \qquad (5 \cdot 12)$$

次に，これらの平均値，変動分に対する相当ねじりモーメント T_{meq}，T_{req}，および相当曲げモーメント M_{meq}，M_{req} を式(**5·6**)，式(**5·7**)を用いて計算する．次いで，疲れ限度線図の原点より T_{req}/T_{meq} あるいは，M_{req}/M_{meq} をこう配とする直線を引き，安全率を考慮した疲れ限度線との交点（τ_m，τ_r），あるいは（σ_m，σ_r）を求め，τ_m，σ_m および τ_r，σ_r に対する安全率 S_m，S_m' および S_r，S_r' を考慮して，許容応力を

$$\tau_a = \frac{\tau_m}{S_m} + \frac{\tau_r}{S_r}$$

$$\sigma_a = \frac{\sigma_m}{S_m{}'} + \frac{\sigma_r}{S_r{}'}$$

と求め，軸径を次式で決定する．

$$d_2 = \left\{\frac{16T_{0eq}}{\pi(1-n^4)\tau_a}\right\}^{1/3} \quad (5 \cdot 13)$$

$$d_2 = \left\{\frac{32M_{0eq}}{\pi(1-n^4)\sigma_a}\right\}^{1/3} \quad (5 \cdot 14)$$

ここで，$T_{0eq} = T_{meq} + T_{req}$，$M_{0eq} = M_{meq} + M_{req}$ である．

② 曲げ疲れ強さを基準とする簡易軸径式 … 多くの軸材料では，繰返しねじりの疲れ限度は回転曲げ疲れ限度の約半分であることから，軸の疲れ破損が最大せん断応力説に従うと仮定し，回転曲げ疲れ限度 σ_w と降伏応力 σ_s から決定できる近似疲れ限度線図（Soderberg line）から軸径を決定する（**2·2** 節 **2·2·2** 項 参照）．

この際，切欠き効果，寸法効果，表面効果などは両振り疲れ限度には影響を及ぼすが，静的強さには影響を及ぼさないと仮定し，また，疲れ限度 σ_w および降伏応力 σ_s に対する安全率 S_F は同一であると仮定する．**2** 章の図 **2·5** に示した近似疲れ限度線図より，平均応力 σ_m と応力振幅 σ_r との関係は次式で表示される．

$$\frac{\sigma_m}{\sigma_s/S_F} + \frac{\sigma_r}{\sigma_w/S_F} = 1 \quad (5 \cdot 15)$$

ここで

$$\sigma_w = \frac{\xi_1 \xi_2 \sigma_{w0}}{\beta} \quad (5 \cdot 16)$$

ただし，σ_{w0}：標準試験片で得られた回転曲げ疲れ限度．
β：切欠き係数（表 **5·3**）
ξ_1：寸法効果の係数（図 **5·7**）
ξ_2：表面効果の係数（図 **5·8**）

すなわち，軸径は次式によって求めることができる．

表 5·3　軸の切欠き係数

荷　重	段付き軸 すみ肉部	丸　形 環状溝	油　穴	ハブはめ あい部
回転曲げ β_b 繰返しねじり β_t	1.5 ～ 3.5 1.2 ～ 2.5	1.5 ～ 2.5 1.2 ～ 1.5	1.3 ～ 2.3 1.2 ～ 2.2	1.5 ～ 3.5

〔**注**〕日本機械学会（編）：機械工学便覧 B1，日本機械学会，1985 より．

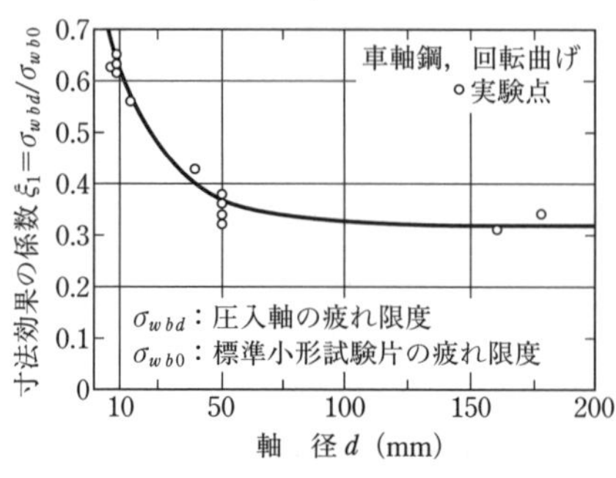

図 5·7 寸法効果の係数 ξ_1[2)]

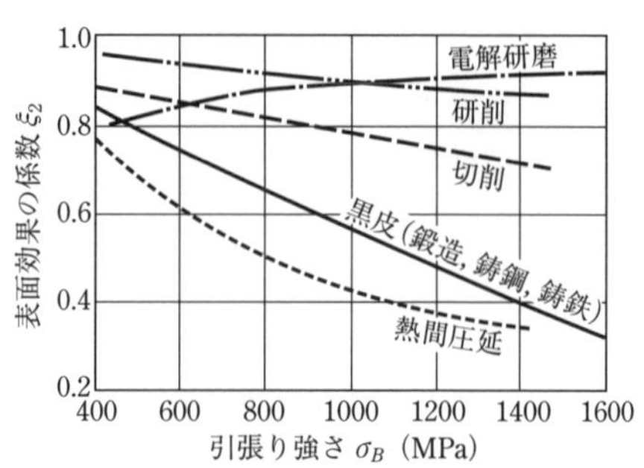

図 5·8 表面効果の係数 ξ_2[2)]

$$\frac{\sigma_S}{S_F}=\sigma_m+\frac{\beta}{\xi_1\xi_2}\frac{\sigma_S\sigma_r}{\sigma_{w0}}=\sigma_m+K\frac{\sigma_S\sigma_r}{\sigma_{w0}}$$

$$K=\frac{\beta}{\xi_1\xi_2} \tag{5·17}$$

また，組合わせ応力の場合には，まず，曲げモーメント M，ねじりモーメント T，および軸方向力 P を平均値（M_m，T_m，P_m）と変動分（M_r，T_r，P_r）とに分け，それぞれに対する応力を次のように求める（ただし，d は中実軸の直径）．

$$M=M_m+M_r,\quad \sigma_m=\frac{32M_m}{\pi d^3},\quad \sigma_r=\frac{32M_r}{\pi d^3} \tag{5·18}$$

$$T=T_m+T_r,\quad \tau_m=\frac{16T_m}{\pi d^3},\quad \tau_r=\frac{16T_r}{\pi d^3} \tag{5·19}$$

$$P=P_m+P_r,\quad \sigma_m'=\frac{4P_m}{\pi d^2},\quad \sigma_r'=\frac{4P_r}{\pi d^2} \tag{5·20}$$

さらに，変動する曲げモーメント，ねじりモーメント，軸方向力によって誘起されるそれぞれの等価応力 σ_{be}，τ_e，σ_{ae} は，式(5·17)を参考にすれば

$$\left.\begin{aligned}\sigma_{be}&=\sigma_m+K_b\frac{\sigma_S}{\sigma_{w0}}\sigma_r\\ K_b&=\left(\frac{\beta}{\xi_1\xi_2}\right)_b\end{aligned}\right\} \tag{5·21}$$

$$\left.\begin{aligned}\tau_e&=\tau_m+K_t\frac{\tau_S}{\tau_{w0}}\tau_r\\ K_t&=\left(\frac{\beta}{\xi_1\xi_2}\right)_t\end{aligned}\right\} \tag{5·22}$$

$$\left.\begin{aligned} \sigma_{ae} &= \sigma_m{}' + K_a \frac{\sigma_s}{A\sigma_{w0}} \sigma_r{}' \\ K_a &= \left(\frac{\beta}{\xi_1 \xi_2} \right)_a \end{aligned}\right\} \tag{5·23}$$

と評価される．ここで，式(**5·22**)の $A\sigma_{w0}$ は，標準試験片で得られた繰返し引張り圧縮疲れ限度であり，通常，A は 0.7 程度に見積られる．また，鋼では $\sigma_s/2 \fallingdotseq \tau_s$, $\sigma_{w0}/2 \fallingdotseq \tau_{w0}$ とみなされるので，式(**5·22**)は

$$\tau_e = \tau_m + K_t \frac{\sigma_s}{\sigma_{w0}} \tau_r \tag{5·24}$$

となる．なお，軸径 d は，式(**5·21**)～(**5·23**)の σ_{be}，τ_e および σ_{ae} の値を

$$\sqrt{\left(\frac{\sigma_{be} + \sigma_{ae}}{2} \right)^2 + \tau_e{}^2} \tag{5·25}$$

に代入して得られる最大せん断応力が許容せん断応力の $\sigma_s/(2S_F)$ に等しいとおいて，次式から求めることができる．

$$\frac{\pi d^3}{32} \frac{\sigma_s}{S_F} = \sqrt{\left\{ M_m + K_b M_r \frac{\sigma_s}{\sigma_{w0}} + \frac{d}{8} \left(P_m + K_a P_r \frac{\sigma_s}{A\sigma_{w0}} \right) \right\}^2 + \left\{ T_m + K_t T_r \frac{\sigma_s}{\sigma_{w0}} \right\}^2} \tag{5·26}$$

もし，軸方向力 P が 0 ならば，式(**5·26**)は次のようになる．

$$\frac{\pi d^3}{32} \frac{\sigma_s}{S_F} = \sqrt{\left(M_m + K_b M_r \frac{\sigma_s}{\sigma_{w0}} \right)^2 + \left(T_m + K_t T_r \frac{\sigma_s}{\sigma_{w0}} \right)^2} \tag{5·27}$$

【例題 5·5】〔例題 **5·2**〕の軸径を，疲れ強さを基礎とする簡易軸径式によって求めよ．ただし，軸材料の降伏応力 $\sigma_s = 400$ MPa，疲れ限度 $\sigma_{w0} = 240$ MPa とし，$\beta = 1.5$，$\xi_1 = 0.8$，$\xi_2 = 0.9$，$S_F = 2$ と仮定する．

【解】 $\sigma_s/S_F = 200$ MPa.

また，$T_m = 245$ N·m，$T_r = 0$ N·m，$M_m = 0$ N·m，$M_r = 147$ N·m となり，これらの値を式(**5·27**)に代入すれば

$$\frac{\pi d^3}{32} \times 200 = \sqrt{\left(\frac{1.5}{0.8 \times 0.9} \times 147000 \times \frac{400}{240} \right)^2 + 245000^2}$$

よって，$d = 30.7$ mm

5･1･4 剛性計算

ねじりモーメント T によるねじり角 θ，および曲げモーメント M によるたわみ量 δ，たわみ角 i をある許容値以内に設定すること，すなわち，軸剛性の確保は，円滑な動力の伝達のために必要である．また，軸に取り付けられる部品が所定の機能を発揮するうえでも不可欠であり，軸受の信頼性確保の面からも重要である．さらに，軸の剛性は危険速度にも直接関係する．

長さ L の中空丸棒のねじり角 θ は，次式で求められる．

$$\theta=\frac{32TL}{\pi G(d_2{}^4-d_1{}^4)} \tag{5･28}$$

ふつう，伝動軸のねじり剛性（θ/L）は，0.25°/m 以下に設計される．

また，曲げモーメント M が作用する場合のたわみ角 i およびたわみ量 δ は，軸方向およびたわみ方向座標を x，y としたとき

$$EI\frac{\partial^2 y}{\partial x^2}=M \tag{5･29}$$

を積分することによって計算できる．すなわち

$$\left.\begin{aligned} i&=\frac{dy}{dx}\\ \delta&=y \end{aligned}\right\} \tag{5･30}$$

となる．したがって，これらの値を許容値以内に抑えなければならない（**5･1･5** 項参照）．

なお，軸が転がり軸受あるいは滑り軸受によって支持されている場合の支持条件は，第一近似としては単純支持と仮定してよい．

【例題 5･6】 ねじりモーメント T の小さい細い軸では，剛性条件を満足すれば強度条件は満足され，逆に T の大きい太い軸は強度条件が支配的となることを示せ．

【解】 ねじりモーメント T（N･m）が作用する軸において，その軸径は，強度条件からは，式(**5･2**)より

$$d=\left(\frac{16T}{\pi\tau_a}\right)^{1/3} \quad \cdots\cdots①$$

また，剛性条件からは，式(**5･28**)において，θ/L は 0.25°/m，$G=79.4$ GPa（鉄鋼材料）*（次ページ参照）とすれば

$$d = 1.31 \times 10^{-2} T^{1/4} \ \text{(m)} \quad \cdots\cdots ②$$

となり，式①を実線，式②を破線として図に示すと，図**5・9**のようになる．この図からわかるように，破線と実線との交点が強度と剛性の両条件を同時に満足するものである．したがって，交点よりTが小さい細い軸では剛性条件によって，交点よりTが大きい太い軸では強度条件によって軸径が決定されることになる．

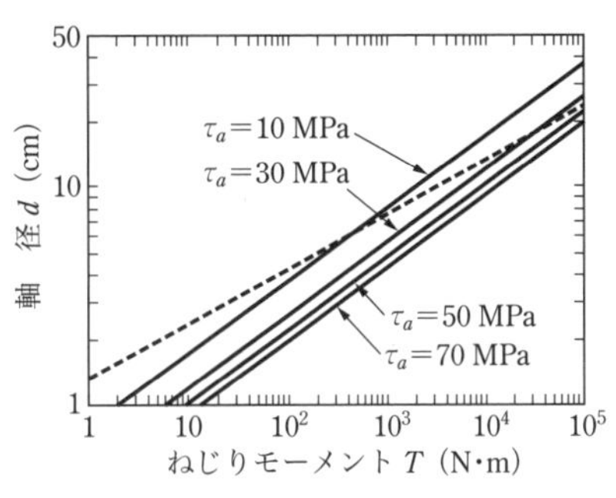

図5・9〔例題5・6〕の解の図

【例題5・7】〔例題5・5〕で求めた疲れ強さを基礎とした軸径30.7 mmは，ねじり剛性を満足しているかどうかをチェックせよ．

【解】 軸にかかるトルクT

$$T = 245 \ \text{N・m}$$

剛性基準の軸径dは

$$d = 1.31 \times 10^{-2} T^{1/4} \ \text{m}$$

$$= 5.18 \times 10^{-2} \ \text{m}$$

$$= 51.8 \ \text{mm}$$

軸径30.7 mmでは，軸剛性は不充分である．

5・1・5 軸受間距離の決定

軸に作用する垂直応力，曲げ剛性は，軸受間距離によって影響される．したがって，軸受間距離は，曲げ強さならびに曲げ剛性を基準として決定される．すなわち

$$M/Z \leqq \sigma_a \quad (Z：軸の断面係数) \tag{5・31}$$

ならびに

$$i \leqq i_a \quad (i_a：許容たわみ角) \tag{5・32}$$

$$\delta \leqq \delta_a \quad (\delta_a：許容たわみ量) \tag{5・33}$$

が満足されなければならない．歯車伝動軸では，i_aは1/1000 rad（5.7×10^{-2}度），

* 均質材の縦弾性係数Eおよび横弾性係数G，ポアソン比νの間には

$$2G = E/(1 + \nu)$$

の関係が成立する．

δ_a/L は 1/3000 程度にとられる[2)].

5·2　軸継手

軸継手（shaft coupling）は，原動軸と従動軸の軸端と軸端を結合して回転および動力を伝える機械要素である．

軸継手には，両軸端を完全に結合して，軸心の狂いを許さない**固定軸継手**（rigid coupling），わずかな軸心の狂いを許す**たわみ軸継手**（flexible coupling），平行食違い軸に使用可能な**オルダム継手**（Oldham coupling），軸方向の伸縮を吸収できる**伸縮継手**（expansion joint），同一平面上にある交差軸間に回転力を伝達できる**自在継手**（universal joint）などがある．

軸継手の設計の際に考慮すべき事項としては，① 2 軸の心合わせが完全に行えること，② 回転つり合いが良好なこと，③ 回転部に突起物がないこと，④ 振動でゆるまないこと，⑤ 構造が簡単で取付け，取外しが容易なことなどである．

5·2·1　固定軸継手

最も一般的な固定軸継手は図 **5·10** に示す**フランジ形固定軸継手**である．この固定軸継手は，軸にキーを介して取り付け，継手本体のフランジ同士をボルトによって結合するものである．継手本体には心合わせのためのはめ込み部を設け，ボルトにはリーマボルト，ゆるみ止めのためにばね座金を使用し，外周部には安全フランジを設けることが

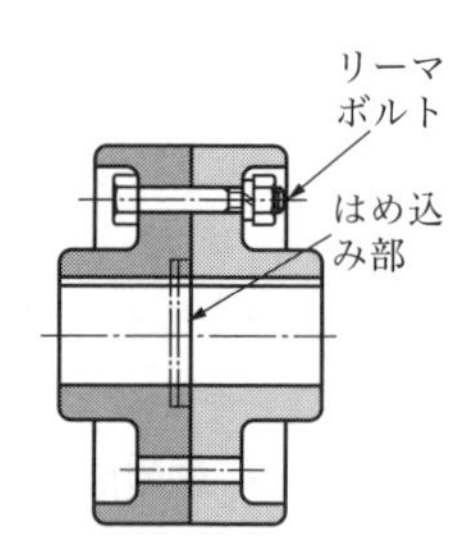

図 5·10　フランジ形固定軸継手

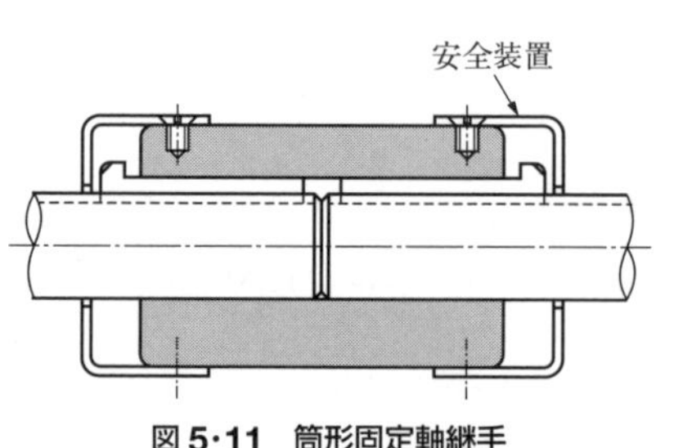

図 5·11　筒形固定軸継手

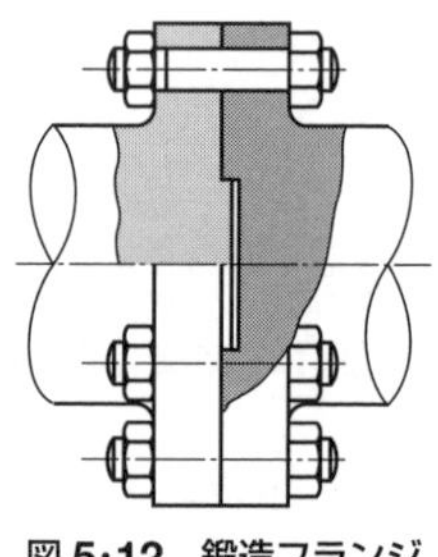
図 5·12　鍛造フランジ形固定軸継手

望ましい．

なお，小径の軸に対しては，両軸に筒をかぶせ，キーによって結合する**筒形軸継手**（図 5·11），大形の鍛造軸の場合には，軸の鍛造と同時に軸端にフランジを鍛造し，これをリーマボルトで結合する**鍛造フランジ形固定軸継手**などがある（図 5·12）．

5·2·2 たわみ軸継手

たわみ軸継手は，軸心のずれに備えるだけでなく，振動・衝撃の伝達の軽減，さらには熱膨張による軸方向移動を許容するものもある．

（1） **フランジ形たわみ軸継手** 図 5·13 に示すように，フランジ形継手の結合ボルトのまわりにゴムまたは皮のブシュを挿入し，その変形を利用して軸心のわずかな狂いを逃がすことができるようにした継手である．

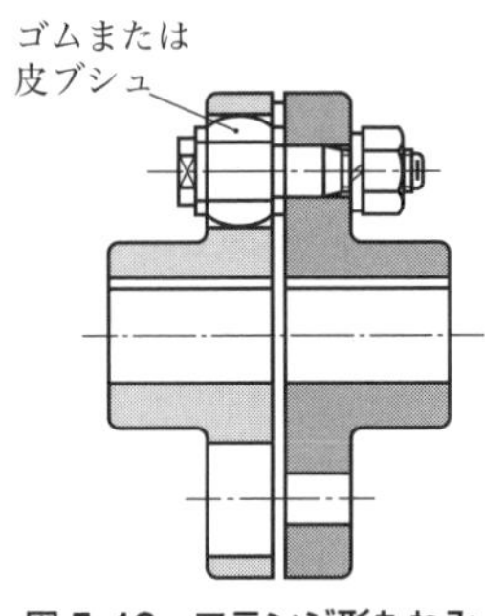

図 5·13 フランジ形たわみ軸継手

（2） **ゴム軸継手** 図 5·14 に示すように，ゴムの圧縮変形，せん断変形（ねじり変形）など，ゴムの変形によってトルクを伝達する軸継手である．構造が簡単なこと，比較的大きい軸心の狂いを許容すること，振動や衝撃を吸収できること，2 軸の電気絶縁が可能なこと，運転中騒音がないことなどの利点があるが，許容伝達トルクや許容回転数は小さい．

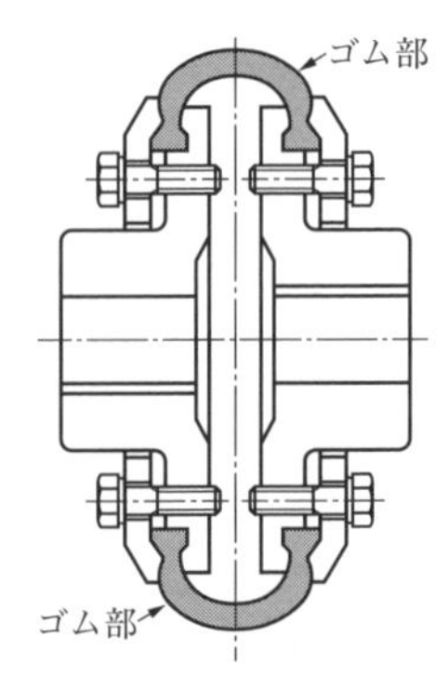

図 5·14 ゴム軸継手

（3） **金属ばね軸継手** 図 5·15 に示すように，板ばね，コイルばね，ダイヤフラム，ベローズなどの金属のたわみ体系を用いた軸継手で，ゴム軸継手よりも伝達トルクが大きい．**ダイヤフラム軸継手**は，トルクは伝達するが曲げモーメントは伝えない特徴をもっており，金属性ダイヤフラムの弾性変形によって軸心の狂いが調整できる．なお，**ベローズ軸継手**は 2 軸を直接ベローズで結合するもので，ベローズの変形によって軸心の狂

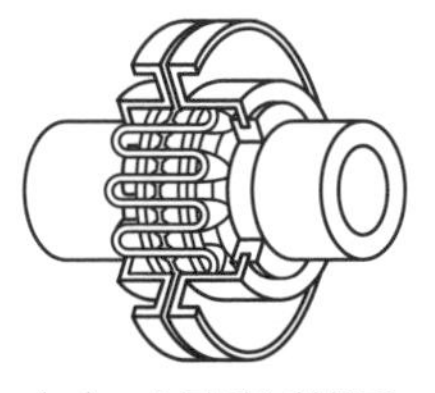

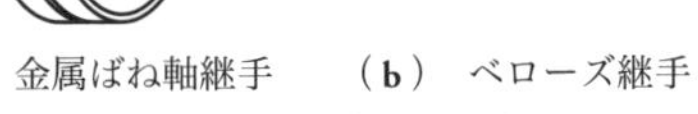

（a） 金属ばね軸継手　（b） ベローズ継手

図 5·15 金属ばね軸継手

い，軸の傾斜ばかりでなく，軸方向の変位も吸収できる．

（4） **歯車形軸継手** 図5・16に示すように，内筒にある外歯車と外筒の内歯車をかみ合わせてトルクを伝達する軸継手であり，ギヤカップリングともいう．この軸継手は極めて大きいトルクの伝達が可能であり，歯車のバックラッシと外歯の歯先と歯面に施したクラウニングによって軸心の狂いを逃がすことができる．ただし，歯車の潤滑のための潤滑油を外筒内部に封入する必要がある．

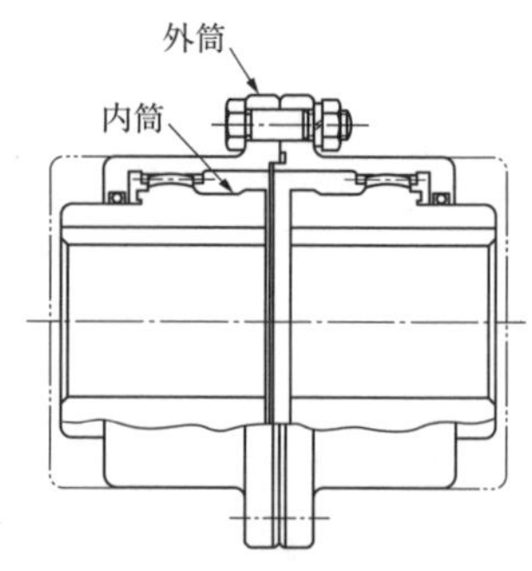

図5・16 歯車形軸継手

（5） **チェーン軸継手** 図5・17に示すように，結合する2軸のそれぞれにはめ込んだスプロケットを2列のローラチェーンで結合したもので，スプロケットの歯とローラ間の遊び，ローラとブシュ，ブシュとピンのすきまによって軸心のわずかな狂いを吸収する．ただし，摩耗を避けるために潤滑が必要であり，低速ではグリースの塗布でよいが，高速では飛散するのでカバーが必要となる．

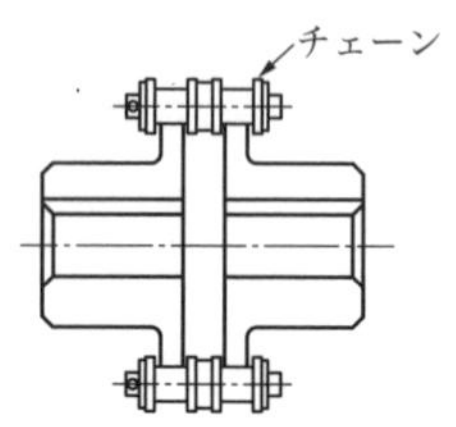

図5・17 チェーン軸継手

5・2・3 自在軸継手

自在軸継手は自在継手ともいい，交差する2軸を結合する軸継手である．作動中に軸継手の交差角が変化してもスプラインなどで軸方向にしゅう動を許す構造にすれば，回転を伝達できる．

この自在継手には，原動軸と従動軸の角速度比が1回転中に変わる不等速形と，変化しない等速形とがある．

（1） **不等速形自在軸継手**

（i） **フック形軸継手** フック形軸継手は，一般に**ユニバーサルジョイント**と呼ばれ，カルダン形軸継手や十字形軸継手などの種類がある．図5・18に示すように，十字軸と，両結合軸（原動軸，従動軸）に

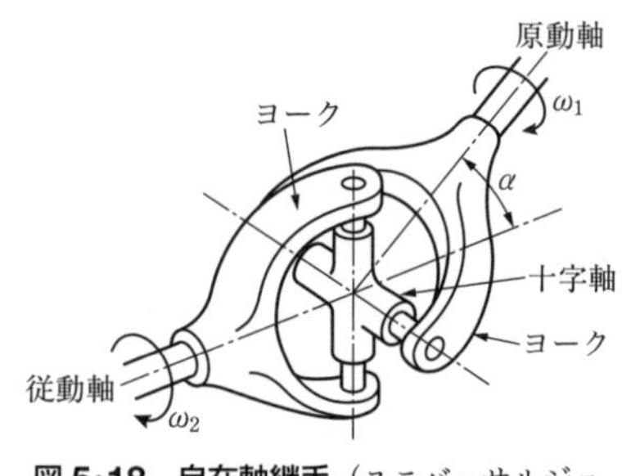

図5・18 自在軸継手（ユニバーサルジョイント）

取り付けられたヨークとから構成されており，十字軸とヨークとの間にはニードル軸受または軸受ブシュが挿入されており，グリース潤滑される．

この軸継手は不等速形継手であり，2軸の交差角をα，原動軸の回転角をθ，原動軸および従動軸の角速度をω_1およびω_2とすれば

$$\frac{\omega_2}{\omega_1}=\frac{\cos\alpha}{1-\sin^2\theta\sin^2\alpha} \tag{5・34}$$

の関係が成立する．したがって，原動軸が等速で1/4回転する間に従動軸の角速度は$\cos\alpha\sim 1/\cos\alpha$の範囲で変動し（交差角$\alpha$が大きくなるほど変動は大きくなる），伝達されるトルクも角速度比に反比例して変化することになる（図**5・19**）．その結果，高速回転機械では振動が発生することもある．

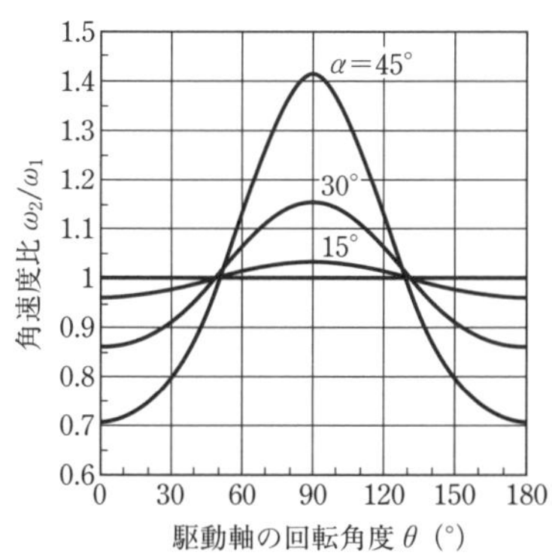

図 5・19　自在軸継手の不等速性

この欠点は，図**5・20**のように，自在継手を2組一対として使用することによって改善されるが，各継手ごとの速度変動によって振動が発生することがある．

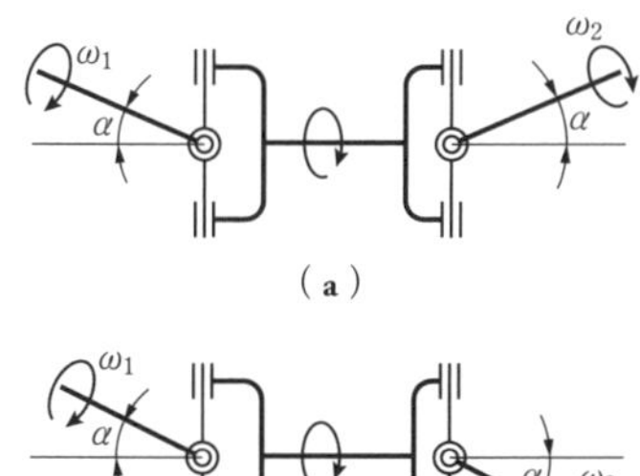

図 5・20　自在軸継手の使用法（等速）

（ii）　**こま形軸継手**　図**5・21**に示すこま形軸継手は，大トルクが伝達できるようにフック形軸継手を改良したもので，工作機械や産業機械に広く使用されている．

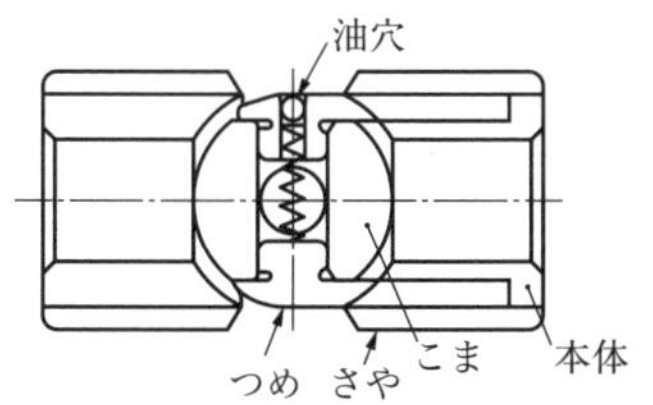

図 5・21　こま形軸継手（A形）

（2）　**等速自在軸継手**　等速自在軸継手は，不等速形の短所を継手機構を改良することによって取り除いたものである．たとえば，図**5・22**に示すベンディクス形では，左右のヨークで4個のボールを抱いており，常に2軸の交差角を2等分する平面上にボールが位置するようになっている．これによって2軸間の等速伝達を行うことができるが，トルク伝達にともなって軸に曲げモーメントが発生するので，注意を要す

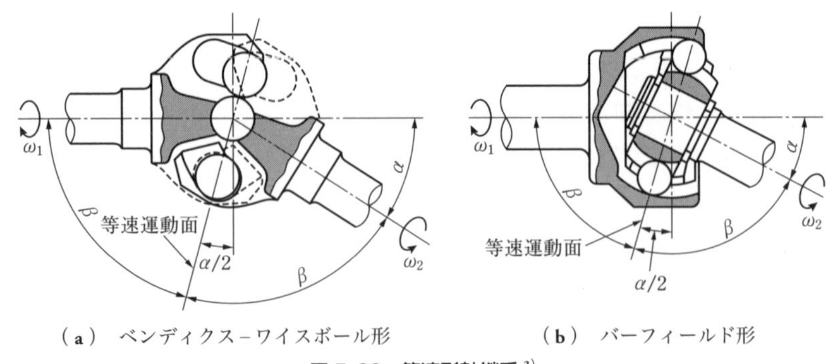

（a） ベンディクス－ワイスボール形　　（b） バーフィールド形

図 5･22　等速形軸継手[3)]

る．

なお，自在継手ではないが，結合する 2 軸が同一の直線上にない平行軸の場合においては，図 **5･23** に示す**オルダム軸継手**が使用できる．

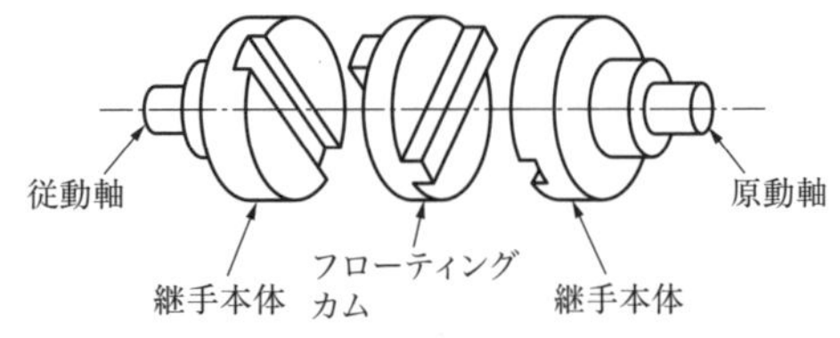

図 5･23　オルダム軸継手

5･3　軸と回転体の締結

歯車やプーリ，ポンプ・タービンなどの羽根などの回転体を軸と結合する手法には，キーをはじめ，スプライン，セレーション，テーパ締結，収縮締結などがある．

締結の際には，① 軸と回転体の回転中心とを一致させ，② 回転体の外周および側面の振れを小さくして，③ 軸の所定の場所に回転体を正確に取り付け，④ 軸および回転体のボスの強度を弱めず，⑤ 工作，組立調整，保全が容易で，⑥ 低コストであることが要求される．

テーパ締結は，図 **5･24** に示すように，同心が容易に得られるため高速回転が可能であるが，摩擦による締結であるため衝撃のない小トルクの伝達に限られる．

圧入・焼きばめなどによる収縮締結は，取付けが強固であるため，大トルクを高速で伝達するのに適している．焼きばめの締めしろは軸直径の 1/1000 程度で

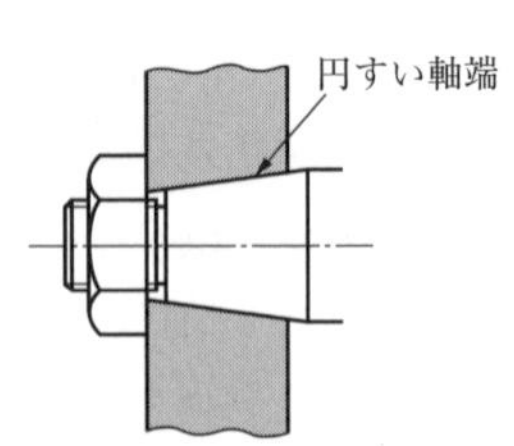

図 5･24　テーパ締結

あり，通常は穴側を加熱するが，大形の場合には軸を冷却（冷やしばめ）することもある．圧入は，油圧プレスなどを用いて常温で締結する手法であり，締めしろは軸直径の 1/2000 程度である．

【例題 5·8】 外径 $d_2 = 30$ mm，内径 $d_1 = 20$ mm，長さ $L = 30$ mm の円筒を，中実軸に焼きばめ代（焼きばめ前の円筒内径と中実軸外径の差）$\varDelta = 0.001d = 20$ μm で焼きばめする．

（1） 焼きばめ部の接触圧力を求めよ．

（2） 伝達トルクを求めよ．

ただし，円筒と軸の材料はともに炭素鋼であり，その縦弾性係数は $E = 206$ GPa，ポアソン比は $\nu = 0.3$ である．

【解】 （1） 円筒と軸との接触圧力 p は次のように与えられる[4]．

$$p = \frac{{d_2}^2 - {d_1}^2}{2d_1 {d_2}^2} E\varDelta$$

したがって，$E = 206$ GPa $= 206 \times 10^3$ N/mm^2 などを上式に代入すれば，接触圧力は

$$p = \frac{30^2 - 20^2}{2 \times 20 \times 30^2} \times 206 \times 10^3 \times 0.001 \times 20$$

$$= 57.2 \text{ N/mm}^2$$

なお，接合部の周方向応力に関しては，軸外面には接触圧力と等しい圧縮応力が作用するが，円筒内壁には $\dfrac{{d_2}^2 - {d_1}^2}{2d_1 {d_2}^2} E\varDelta$ の引張り応力が作用する．

（2） 円筒と軸間の摩擦係数 μ は 0.3 以上になると考えられるが，ここでは安全側の値として $\mu = 0.15$ とすると，接合部面積 A は

$$A = \pi d_1 L = 20 \times 30\pi = 1.88 \times 10^3 \text{ mm}^2$$

よって，伝達トルク T は

$$T = \mu p A \frac{d_1}{2} = 0.15 \times 57.2 \times 1.88 \times 10^3 \times 20/2$$

$$= 1.61 \times 10^5 \text{ N·mm}$$

$$= 161 \text{ N·m}$$

5·3·1 キー

キー（key）は，軸とボスとを回転方向に固定するための締結部品で，トルク伝達を主目的とするものであるから，軸方向の固定については別途考える必要がある．

（1） くらキー，平キー 図5·25に示すくらキー（saddle key），平キー（flat key）は，キー溝に打ち込んで固定するので，1/100のこう配を付けるのがふつうである．くらキーは，キー下面を軸に合わせて加工したキーであり，摩擦力のみでトルクを伝達する．平キーは軸の当たり面のみを平らにしたもので，くらキーよりも伝達トルクが大きい．

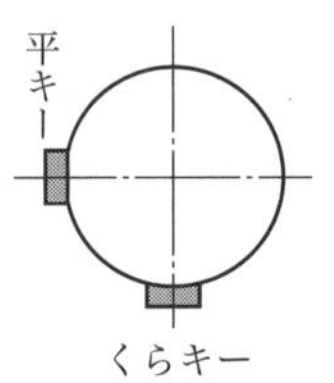

図5·25 くらキーと平キー

（2） 接線キー 図5·26に示す接線キー（tangent key）は，片側に1/100のこう配をもつ2本のキーを重ね合わせて，通常120°隔てて，軸の接線方向につけられたキー溝に打ち込んで使用する．キーの取付けにゆるみがまったくなく，大きな衝撃的トルクを伝達することができ，また，正逆回転にも対応できる．トルクを圧縮力として受けるので，キーを薄くすることができる．

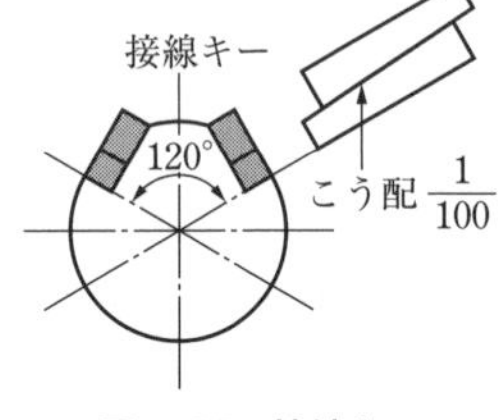

図5·26 接線キー

（3） 沈みキー 沈みキー（sunk key）は，最も代表的なキーで，あらかじめキーを溝にはめ込んでおいてハブ（従来，ボスと呼ばれた）を押し込む**平行キー**と，ハブを軸にはめた後にキーを打ち込む1/100のこう配をもった**こう配キー**とがある（図5·27）．前者は，精度を要せず，トルク伝達のみを行う場合に使用される．後者は，位置決めが可能であるが，ハブと軸の中心がずれやすいので，高速・高精度の回転が要求される場合には使用すべきではない．

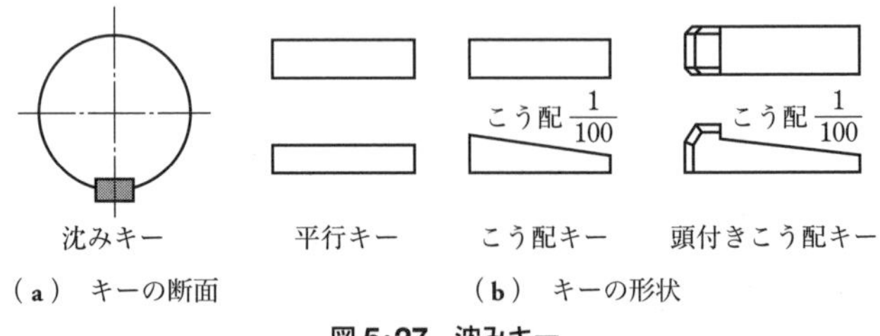

図5·27 沈みキー

（4） 滑りキー 滑りキー（sliding key, feather key）は平行キーの一種であり，トルク伝達を目的とするものであるが，ハブを軸方向にしゅう動させる必要があるときに用いられ，キーは軸またはハブに固定される（図 **5・28**）.

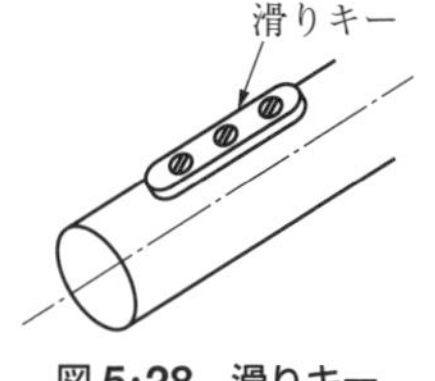

図 5・28　滑りキー

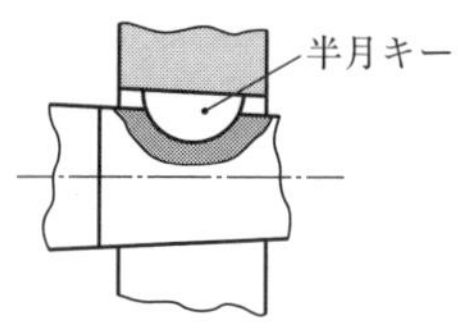

図 5・29　半月キー

（**5**）　**半月キー**　半月キー（woodruff key）は，図 **5・29** に示すように，半月形をしたキーで，キー溝の加工はフライス加工で容易にできるが，軸強度は低下する．しかし，ハブの取付け時にはキーの姿勢が自動的に調整されるので，とくにテーパ軸に便利である．自動車，電動機，工作機械などの伝達トルクの小さいところに多く使用される．

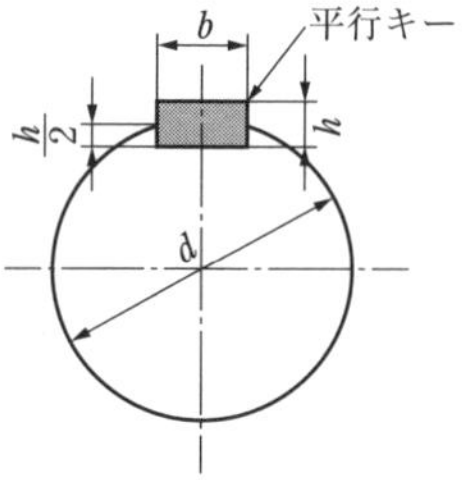

図 5・30　平行キー

（**6**）　**キーの寸法**　キーの寸法は，キー，キー溝ともに圧縮破壊もせん断破壊も生じないように決定する．以下に，図 **5・30** に示す平行キーを例にとって説明する．

まず，伝達トルクが T のとき，接線力を F，軸直径を d とすれば

$$F = \frac{T}{d/2} \tag{5・35}$$

と近似的に表される．そこで，キーの高さを h，キーの幅を b，長さを L とすれば，キーにかかる接触圧力（面圧）p，せん断応力 τ は

$$p = \frac{F}{hL/2} = \frac{4T}{dhL} \leqq p_a \tag{5・36}$$

$$\tau = \frac{F}{bL} = \frac{2T}{dbL} \leqq \tau_a \tag{5・37}$$

の関係を満足しなくてはならない．ここで，p_a は許容接触圧力，τ_a は許容せん断応力である．よって，もし $2\tau_a \fallingdotseq p_a$ であれば，せん断・圧縮の両方に同じ強度をもつキーの断面形状は $h \fallingdotseq b$ となる．

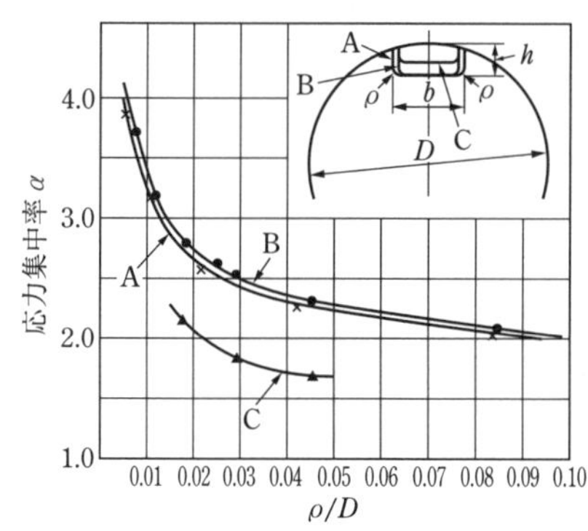

A：Nisida（$b/D = 0.30$，$h/D = 0.125$）
B：Leven（$b/D = 0.25$，$h/D = 0.125$）
C：Okubo（$b/D = 0.25$，$h/D = 0.085$）

図 5・31　キー溝の応力集中 [5)]

さて，図 **5・31** は，キー溝の応力集中係数 α を示したもので，溝底部の丸み ρ

によってαは大きい影響を受けることがわかる．したがって，この応力集中を考慮して軸径を決定することが必要となるが，キー溝付きの軸の強度とキー溝なしの軸の強度の比γは，次の簡便式によって評価できる．

$$\gamma = 1.0 - \frac{0.2b}{d} - \frac{1.1t}{d} \tag{5·38}$$

ただし，d：軸径，b：キー溝幅，t：キー溝の深さ．

よって，キー溝付きの軸の許容応力は，キー溝なしの場合の軸の許容応力のγ倍になる．また，軸の段付き部は高い応力集中を受ける．したがって，図**5·32**に示すように，軸の段付き部の近傍や段付き部にキー溝を切ることはとくにトルクが変動する軸では極めて危険であるので，避けなければならない[6]．

なお，キー溝は，フライスカッタまたはエンドミルで加工され（図**5·33**），前者のキー溝部の長さは後者よりも長くなるが，軸の疲れ強さの低下は少ない．

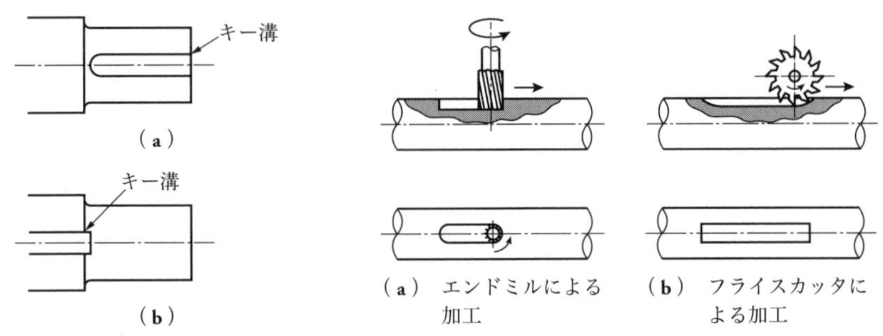

図5·32 不良キー溝設計の例

図5·33 キー溝の加工

【例題5·9】 通常は，キーのはまり具合の安定性を考慮して$L \geqq 1.5d$になるようにすることが多い．いま，軸とキーが同一材料でつくられ，両者に対する応力集中係数を同一と仮定し，$L = 1.5d$とすれば，$b \fallingdotseq d/4$になることを証明せよ．

【解】 許容伝達トルクTは，軸とキーで等しいから

$$T = (\pi d^3/16)\tau_{a\,\mathrm{shaft}} = (dbL/2)\tau_{a\,\mathrm{key}}$$

また，題意より，$\tau_{a\,\mathrm{shaft}} = \tau_{a\,\mathrm{key}}$，$L = 1.5d$．

よって

$$b = (\pi/12)d \fallingdotseq 0.26d \fallingdotseq d/4$$

【例題5·10】 回転数N（rpm）で動力H（W）を伝達する直径Dの軸がある．

この軸をフランジ形固定軸継手で同一直径の軸と接合した．軸と軸継手は幅 b，高さ h，長さ L のキーで固定され，フランジ間は中心から半径 R の円周上に等間隔に配置された μ 本の直径 d のリーマボルトによって結合した．キーに作用する最大せん断応力を求めよ．また，軸材料とボルト材料の許容せん断応力が等しいと仮定し，ボルト本数 n を d，D，R を用いて表示せよ．ただし，応力集中，フランジ面の摩擦は無視せよ．

【解】 軸回転角速度を $\omega(\mathrm{s}^{-1})$ とすれば，軸に作用するトルク T は

$$T = H/\omega = H/(2\pi N/60) = 30H/(\pi N) \qquad \cdots\cdots①$$

したがって，キーに加わる最大せん断応力 $\tau_{\max}$ は，式(**5·37**)より

$$\tau_{\max} = 2T/(DbL) = 60H/(\pi DbLN) \qquad \cdots\cdots②$$

軸材料とボルト材料の許容せん断応力が等しいので

$$\tau_{\max} = 16T/(\pi D^3) = \tau_a \qquad \cdots\cdots③$$

また，伝達トルク T はボルトを介して伝達されるので

$$T = nR(\pi/4)d^2\tau_a \qquad \cdots\cdots④$$

式③，④より

$$n = D^3/(4Rd^2)$$

5·3·2 スプライン，セレーション

（1） **スプライン** スプライン（spline）は，図**5·34**に示すように，複数個のキーを等間隔にならべ，軸と一体化したものである．自動車，建設機械，工作機械などの駆動系に使用されることが多く，キーに比較してはるかに大きいトルクの伝達が可能であり，軸強度の低下も少ない．また，軸方向に移動が可能な滑動用スプラインは，滑りキーよりもしゅう動は滑らかである．

スプラインには，歯の両面が平行である角形スプライン，歯の断面がインボリュート曲線をなすインボリュートスプライン，軸方向のしゅう動抵抗を小さくしたボールスプラインがある．

角形スプラインは歯数が3～10程度（JISでは6，8，10の3種が規定されている）であり，滑動用と固定用とがある．また，インボリュートスプラインは歯車切削工具で歯車と同様に製作できるため，角形スプラインに比べて精度がよく，円滑で大きい動力の伝達ができるうえ，回転力が働くと自動的に同心になる特徴を有する．

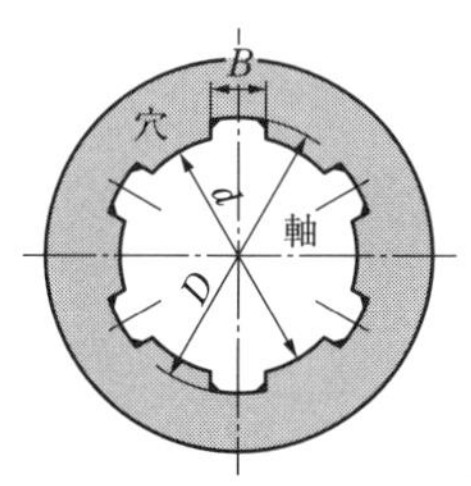

図**5·34** スプライン

歯数は 6 ～ 40 である.

（2） **セレーション**　セレーション（serration）もスプラインと同様に，軸に等間隔のキーを一体成形したものであるが，スプラインに比較して歯のピッチが狭く，歯数が多い（図 **5·35**）．そのため，結合の位相の調整が可能である.

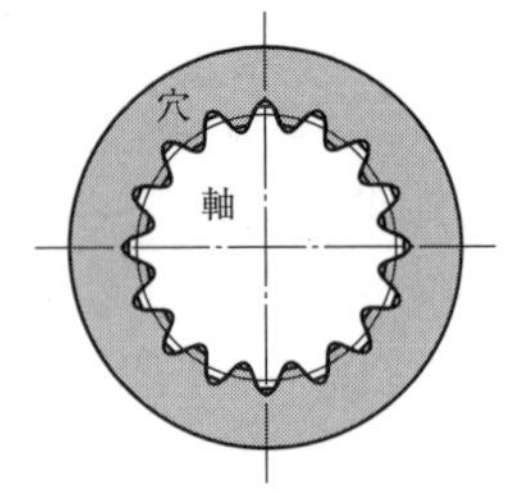

図 5·35　セレーション

セレーションは，軸方向の移動は行わず，トルク伝達のみを目的としているが，スプラインに比べて軸強度の低下が少なく，より大きいトルクの伝達が可能である.

歯の断面形状によってインボリュートセレーションと三角歯セレーションとに大別される.

6

軸受

運動物体を支持する機械要素を軸受（bearing）というが，往復運動を支える要素を案内（guide），回転軸を支える要素を軸受として区別することもある．

軸受の基盤技術は**トライボロジー**（tribology）である．トライボロジーは，相対運動にともなって接触二面間に発生する現象，あるいはそれに関連した諸問題を取り扱う学問分野である．摩擦・摩耗・潤滑などがその主たる対象分野である．

摩擦・摩耗を許容値以下に抑えながら運動物体を支持するためのトライボロジー的解答案としては，図**6･1**に示すように，① 自己潤滑，② 転がり接触，③ 流体潤滑（動圧形，静圧形），④ 磁気浮上，⑤ 固体潤滑，⑥ 境界潤滑が考えられる．

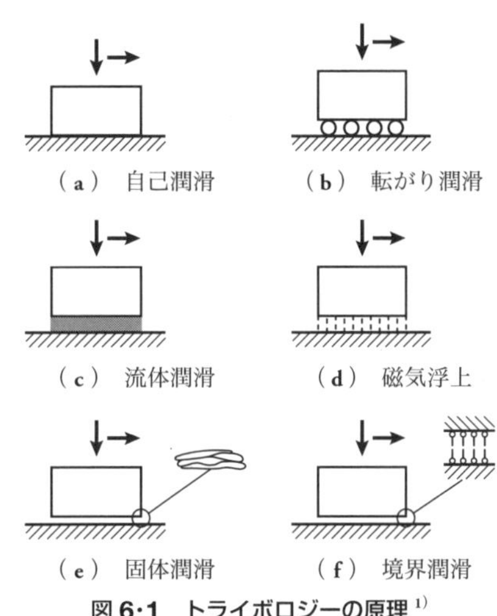

図 6･1　トライボロジーの原理 [1)]

6･1　軸受の形式

6･1･1　自己潤滑軸受

プラスチックのようなせん断強度の低い非金属や，焼結含油金属のように多孔質材料中に潤滑油を含浸させたものなどが軸受材料として使用される．これらを自己潤滑軸受（self-lubricating bearing）といい，一般に，安価で無潤滑で用いられるが，許容荷重，許容滑り速度が低いため，低荷重・低速度の軽い運転条件下での使用に限られる．

6·1·2 転がり軸受

玉・ころなどの転動体を介して転がり接触を行う軸受を転がり軸受（rolling bearing）という．この軸受は，規格化された高精度の製品が専門メーカーによって多量生産されており，組立・調整も容易であるため，設計・生産のトータルコストは低く，コストパフォーマンスが良好であるので，最も使用頻度が高い．しかし，転動体と内外輪との接触が点あるいは線接触であるため，その接触圧力は滑り軸受に比較してはるかに大きくなる．したがって，潤滑特性は，接触面の弾性変形と潤滑油粘度の増加を考慮した**弾性流体潤滑**（elastohydrodynamic lubrication；EHL と略す）理論によって記述される．なお，転がり軸受の長所は，次のようにとりまとめられる．

① 高精度の規格品が多量生産されており，組立，調整，交換が容易である．

② 荷重や回転速度などの使用条件が変化する場合においても，軸受性能が影響を受けにくい．

③ グリース潤滑が可能であるため，潤滑油供給装置，密封装置が簡単になる．

④ 1 個の軸受でラジアル荷重（軸に垂直方向の荷重）およびスラスト（アキシアル）荷重（軸に平行方向の荷重）を同時に支持することが可能である．

⑤ 軸受材料の選択によって高温でも使用できる．

6·1·3 滑り軸受

流体膜を介して運転される流体潤滑軸受が滑り軸受（sliding bearing）で，動圧形と静圧形とが存在する．前者は，しゅう動面間の相対運動を利用して流体膜を形成するもので，後者は，ポンプあるいは圧縮機を補助装置として高圧流体を軸受内に圧送することによって流体膜を形成するものである．なお，この軸受の長所は次のとおりである．

① 高速回転が可能である．

② 振動，衝撃に対する減衰能力が高い．

③ 騒音が低い．

④ 負荷能力が高い．

⑤ 潤滑状態がよければ半永久的寿命をもつ．

6･1･4　磁気軸受

磁石の反発力または吸引力を利用した軸受を磁気軸受（magnetic bearing）といい，軸の動きを検出し，電磁力によってフィードバックすることにより，能動的制御（active control）が可能となる．

ここで，各種軸受の使用頻度を概念的に図**6･2**に示す．同図からわかるように，荷重，速度，寿命などの使用条件が厳しくない場合には自己潤滑軸受が境界潤滑状態で使用されるが，使用条件が過酷になると，動圧形あるいは静圧形の滑り軸受や磁気軸受が非接触状態で使用される．また，転がり軸受の使用頻度が最も高いが，その大半は中くらいの使用条件下で用いられている．図**6･3**は，各種のラジアル軸受の使用限界を示したものである．

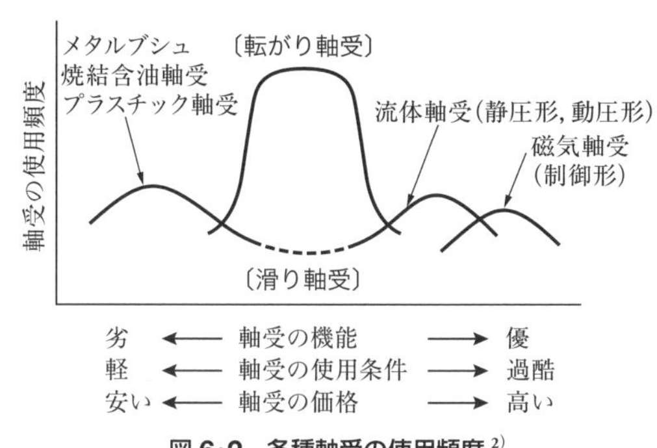

図 6･2　各種軸受の使用頻度 [2)]

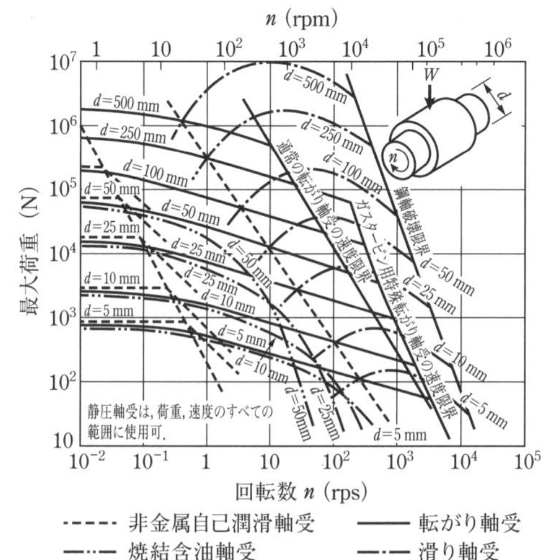

図 6･3　各種ラジアル軸受の使用限界 [3)]

6･2　潤滑および潤滑法

6･2･1　潤滑の形態

潤滑（lubrication）の目的は，荷重を支えている二面間に潤滑剤（lubricant）を供給することによって，摩擦の減少や制御，摩耗，焼付きなどの表面損傷の発生を防止または軽減することである．

潤滑の形態は，基本的には，**流体潤滑**（fluid film lubrication），**境界潤滑**（boundary lubrication)，**固体［膜］潤滑**（solid［film］lubrication）の三つに大別できる．

流体潤滑は，摩擦面間に，表面粗さに比べて充分に厚い流体膜が形成され，摩擦面間が完全に分離している潤滑状態である．この潤滑状態では，荷重は，流体膜内に発生する圧力によって支持されるが，その圧力の発生機構には，潤滑面間の相対運動によって流体力学的に油膜内に圧力を発生させる動圧形〔**動力学流体潤滑**（hydrodynamic lubrication)〕と，潤滑面間に外部より高圧流体を供給する静圧形〔**静圧潤滑**（hydrostatic lubrication)〕とがある．

境界潤滑は，摩擦面に吸着した単分子膜ないしは数分子膜程度（数 nm）の吸着膜（境界膜）による潤滑状態である．

固体潤滑は，摩擦表面に特殊な固体物質を付与することによって摩擦，摩耗を低減する潤滑法である．

また，流体潤滑，境界潤滑，および軸受が直接接触する部分が混在する潤滑状態を**混合潤滑**（mixed lubrication）という．

流体潤滑では，一般に摩擦も低く，摩耗も皆無に近くなるので，設計においては，まず，流体潤滑状態を目標とする．しかし，作動条件が過酷なときや設計上の制約のために充分な油膜を確保できなくなる場合には，摩擦面間には直接接触する部分が生じるようになる．この場合には，脂肪酸などの極性基を有する油性向上剤を潤滑油基油に添加し，摩擦面にその吸着膜を形成させることによって潤滑特性の改善を図る必要があるが，これらの吸着膜は，ある温度（**転移温度**）以上になると軟化あるいは接触面から脱離し，潤滑能力を失う．したがって，摩擦面温度が高くなる場合には，硫黄，りん，塩素などを含む**極圧添加剤**〔**EP 剤**（extreme pressure additive)〕を潤滑油に添加し，接触面に添加剤との化学反応膜を形成することによって摩擦面の保護が図られる．

なお，液体を潤滑剤として使用する軸受は，超高真空中で長時間使用することはできない．さらに，高温あるいは低温下での使用も制限される．このような場合には，金・銀・鉛のような軟質金属，せん断抵抗の低い PTFE（polytetrafluoroethylene）などの薄膜や，二硫化モリブデン・黒鉛・二硫化タングステンのような層状構造の固体が潤滑剤として使用される．これらを**固体潤滑剤**（solid lubricant）と呼ぶ．

6·2·2 潤滑方法

潤滑の必要な各しゅう動部分へ適時，適量の潤滑剤を供給するための給油，排油系および付属装置を潤滑系という．

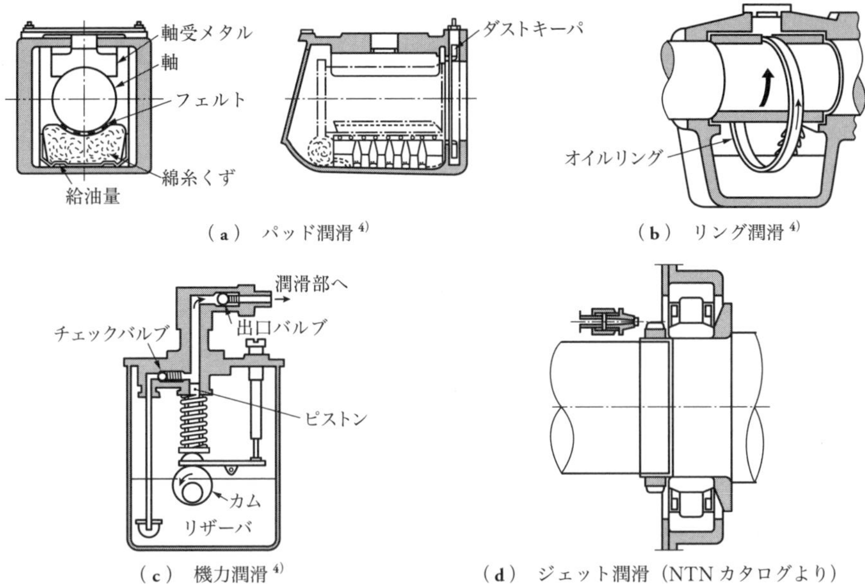

（a） パッド潤滑[4)]　　（b） リング潤滑[4)]

（c） 機力潤滑[4)]　　（d） ジェット潤滑（NTN カタログより）

図 6·4 潤滑方法

潤滑（給油）方法は，供給した油が回収されない全損式と，繰り返し使用する回収式（自己循環式），潤滑油をポンプによってしゅう動面間に圧送する強制潤滑，および滴下潤滑のような無圧給油，また個別給油と 1 台の給油装置で多数の潤滑箇所に潤滑油を供給する集中潤滑とに分類される．

油潤滑方法には次のような方法がある（図 **6·4** 参照）．

① **油浴潤滑**　潤滑面の一部または全部を潤滑油の中に浸す簡単な潤滑方法である．転がり軸受や縦形水車のスラスト軸受などに適用される．

② **滴下潤滑**　油タンクからの重力滴下，または灯心によるサイホン作用によって給油を行う潤滑法である．後者は灯心潤滑といい，灯心による潤滑油のろ過ができる．また，小形の油容器をもった灯心給油器がオイルカップである．

③ **パッド潤滑**　毛糸や木綿くずなどを束ねてつくったパッドの毛管作用を利用し，油だめの油を軸面に塗布し，潤滑を行う方法で，貨車の車軸用軸受などに適用されている．

④ **はねかけ潤滑**　内燃機関のクランクやディスク，歯車などの回転部分が油をはね上げ，その飛沫油によって，油面から離れたピストンやシリンダ，あるいは軸受などの潤滑を行う方法で，飛沫潤滑ともいう．

⑤ **リング潤滑，チェーン潤滑，つば潤滑** リング潤滑は，水平にかけたリングを油だめに浸し，軸の回転にともなう摩擦によって回転するリングを利用して，軸受への給油を行う方法である．リングの代わりにチェーンを用いたものをチェーン潤滑，大きいつばを軸に装着したものをつば潤滑という．

⑥ **機力潤滑** 機械のカム，斜板などによって駆動される小形のプランジャポンプにより，比較的少量で，高圧の潤滑油を供給するものである．大形の定置式エンジンや圧縮機のシリンダなどによく利用される．

⑦ **噴霧潤滑** 少量の油を噴霧給油器の圧縮空気で霧化し，油霧を含んだ空気を潤滑部に供給し，油霧によって潤滑を，圧縮空気によって冷却を行う方法である．高速，中荷重の中・小形の転がり軸受の潤滑に適する．

⑧ **ジェット潤滑** ノズルから潤滑剤をオイルジェットの形で噴射させる潤滑方法であり，冷却効果は大きい．とくに高速回転の転がり軸受や歯車に多く用いられる．

6･3 滑り軸受

滑り軸受は，軸方向荷重を支持する**スラスト軸受**（thrust bearing）と，軸直角方向荷重を支持する**ジャーナル軸受**（journal bearing）とに分類される．滑り軸受の特性は，**6･3･1** 項に述べる流体潤滑理論の基礎式であるレイノルズの潤滑理論式によって原理的には記述できる．なお，その軸受性能は転がり軸受よりすぐれているとされているが，一つの軸受でラジアル（radial），スラスト〔またはアキシアル（axial)〕両方向の荷重を支持することはできず，設計・生産の全コストを考えると，コストパフォーマンスは一般に転がり軸受よりも低い．しかし，次のような場合には滑り軸受が推奨される．

① プレスやエンジン軸受のように負荷が大きい場合や強い衝撃荷重が作用する場合．

② 回転軸の振動減衰を考慮しなければならない高速回転機械．

③ 剛性，軸心精度，回転安定性など静圧滑り軸受の特徴を利用したい場合．

④ 作動流体中で軸を支持したい場合．

⑤ 割らないと取付けが不可能である場合．

⑥ 軸受を薄くしたい場合．

6·3·1　レイノルズ方程式

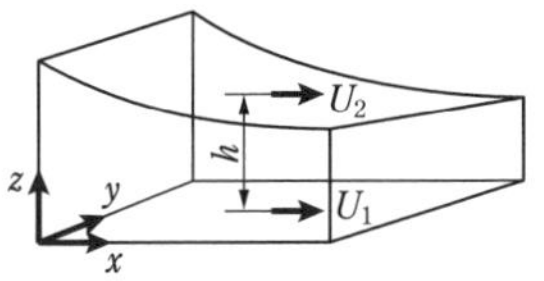

図 6·5　滑り軸受模式図

図 **6·5** に示すように座標軸をとり，x 方向にそれぞれ U_1，U_2 の速度で移動する二つの固体壁面間のすきま h が，密度 ρ，粘度 η の流体で満たされているとする．流れは層流であると仮定し，体積力と慣性力を無視すれば，力のつり合いから，圧力 p とせん断応力 τ_{zx}，τ_{zy} は次式によって関係付けられる．

$$\left.\begin{aligned}\frac{\partial p}{\partial x}=\frac{\partial \tau_{zx}}{\partial z}\\ \frac{\partial p}{\partial y}=\frac{\partial \tau_{zy}}{\partial z}\end{aligned}\right\} \tag{6·1}$$

また，**ニュートン流体**（Newtonian fluid）であるとすれば

$$\left.\begin{aligned}\tau_{zx}=\eta\frac{\partial u}{\partial z}\\ \tau_{zy}=\eta\frac{\partial v}{\partial z}\end{aligned}\right\} \tag{6·2}$$

式(**6·2**)を式(**6·1**)に代入し，密度，粘度および圧力は膜厚方向には変化しないと仮定して積分し，境界条件

$z=0$ で $u=U_1$，$v=0$

$z=h$ で $u=U_2$，$v=0$

を考慮すれば，x，y 方向の速度成分 u，v は

$$u=\frac{1}{2\eta}\frac{\partial p}{\partial x}(z^2-hz)+U_2+(U_1-U_2)\frac{h-z}{h} \tag{6·3}$$

$$v=\frac{1}{2\eta}\frac{\partial p}{\partial y}(z^2-hz) \tag{6·4}$$

となる．したがって，流量は次式によって求められる．

$$q_x=\int_0^h u dz=-\frac{h^3}{12\eta}\frac{\partial p}{\partial x}+\frac{U_1+U_2}{2}h \tag{6·5}$$

$$q_y=\int_0^h v dz=-\frac{h^3}{12\eta}\frac{\partial p}{\partial y} \tag{6·6}$$

また，連続の式

$$\frac{\partial(\rho q_x)}{\partial x}+\frac{\partial(\rho q_y)}{\partial y}+\frac{\partial(\rho h)}{\partial t}=0 \tag{6·7}$$

に式(**6·5**)，式(**6·6**)を代入すれば

$$\frac{\partial}{\partial x}\left(\frac{\rho h^3}{12\eta}\frac{\partial p}{\partial x}\right)+\frac{\partial}{\partial y}\left(\frac{\rho h^3}{12\eta}\frac{\partial p}{\partial y}\right)=\frac{U_1+U_2}{2}\frac{\partial(\rho h)}{\partial x}+\frac{\partial(\rho h)}{\partial t} \tag{6·8}$$

となる．これをレイノルズ方程式（Reynolds，1886）と呼び，流体潤滑理論の基礎式である．

なお，軸受が流体膜を介して荷重 W を支持するためには

$$W=\iint p dxdy \tag{6·9}$$

を満足する正の圧力 p が油膜内に発生する必要がある．すなわち，流体の入口，出口側では圧力が0であるので，圧力分布は上に凸（$\partial^2 p/\partial x^2+\partial^2 p/\partial x^2<0$）でなければならない．式(**6·8**)の左辺は

$$\frac{\rho h^3}{12\eta}\left(\frac{\partial^2 p}{\partial x^2}+\frac{\partial^2 p}{\partial y^2}\right)+\frac{\partial p}{\partial x}\frac{\partial(\rho h^3/12\eta)}{\partial x}+\frac{\partial p}{\partial y}\frac{\partial(\rho h^3/12\eta)}{\partial y}$$

と書き換えられるが，一般に $\rho h^3/12\eta$ の変化量は小さいので，$(\rho h^3/12\eta)(\partial^2 p/\partial x^2+\partial^2 p/\partial y^2)$ の項のみを考えればよい．よって，式(**6·8**)の右辺が負の場合に正の圧力が発生することになる．

以下に，式(**6·8**)の右辺が負になる条件について述べる．

まず，右辺第一項が負なる条件は，$\partial(\rho h)/\partial x<0$ である．ρ が x 方向に変化しない（非圧縮性流体）と仮定すれば，この条件は，油膜厚さが流れ方向に減少，すなわち狭まりすきまであることを意味する．壁面の移動にともない流体は接触域内に引き込まれるが，入口側すきまのほうが出口側すきまよりも厚いために，流体分子同士が押し合って圧力を発生することになる．これを**くさび［膜］作用**（wedge［film］action）と呼び，流体潤滑膜の基本原理である．滑り軸受はこの原理を基盤に設計されている．

スラスト軸受の場合には，図**6·6**に示すように，回転する平滑面に対して傾斜したパッドによって流体膜が形成される．負荷容量が小さくてよい場合には平行二平面の軸受を使用することもあるが，この場合には，面のうねりや傾き，ある

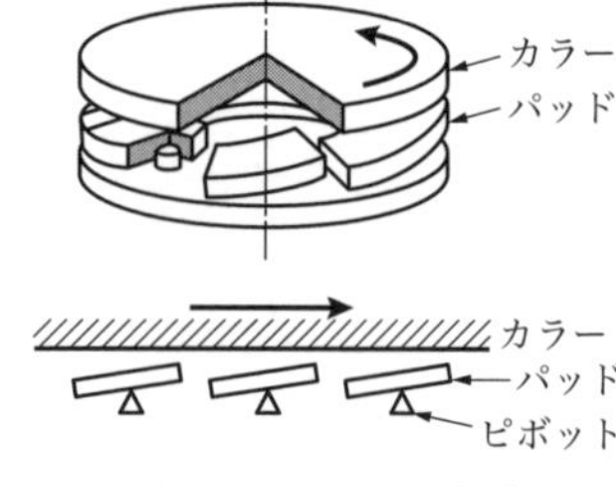

図6·6　スラスト軸受

いは熱変形によってくさび膜が形成される．また，ジャーナル軸受では，軸受内径を軸（ジャーナル）外径よりもわずかに大きくすることによって形成されるくさび形状が流体膜を生成する．

次に，右辺第二項が負なる条件は，$\partial(\rho h)/\partial t < 0$ である．すなわち，すきま h が減少すれば流体は接触面外へ流出するが，流出にともなう粘性抵抗のために圧力が発生する．これを**スクイズ［膜］作用**（squeeze［film］action）と呼び，動的負荷を受ける軸受や，一時的に相対運動が 0 になる往復運動あるいは揺動する機械要素などではこの効果が圧力発生に大きく寄与する．

なお，$(\partial p/\partial y)$ の項は，運動方向に直角方向の流れ〔**側方流れ**（side leakage)〕の存在を意味し，油膜厚さの低下をもたらす．しかし，軸受幅 L が軸受の運動方向長さ B の 4 倍以上あれば（$L/B \geqq 4$)，側方流れの影響は実用上無視できる．

6・3・2 スラスト軸受

潤滑油は接触域内で大きいせん断変形を受けるため，潤滑油温度は流体入口側より出口側のほうが高く，それに応じて出口側の潤滑油粘度は低下する．また，温度の上昇は接触面に熱変形をもたらす．そこで，滑り軸受の特性を評価するためにはレイノルズ方程式である式(**6・8**)のみならず，エネルギー方程式，流体の物性値の変化，および弾性変形の影響を考慮することが必要である．

以下，軸受幅 L，軸受長さ B をもつ傾斜平面軸受の場合を考える．しかし，簡単化のために，y 方向の圧力変化を無視し〔無限幅軸受（$L=\infty$)，$L/B > 4$ では妥当な仮定である〕，粘度の変化はなく，定常状態と仮定する．

① **油膜圧力** … レイノルズ方程式(**6・8**)は

$$\frac{d}{dx}\left(\frac{h^3}{12\eta}\frac{dp}{dx}\right)=\frac{U}{2}\frac{dh}{dx} \tag{6・10}$$

となり，容易に積分でき，次のようになる．

$$\frac{dp}{dx}=6\eta U\frac{h-h_m}{h^3} \tag{6・11}$$

ここで，h_m は積分定数であり，$dp/dx=0$ に対応する膜厚に相当する．したがって，境界条件を，$x=0$，$x=B$ で $p=0$ とすれば，圧力分布は次のように求まる．

$$p=6\eta U\left(\int_0^x\frac{dx}{h^2}-h_m\int_0^x\frac{dx}{h^3}\right)=\frac{6\eta UB}{h_o{}^2}\left(\int_0^\xi\frac{d\xi}{H^2}-H_m\int_0^\xi\frac{d\xi}{H^3}\right)$$

$$= \frac{\eta U B}{{h_o}^2} K_p \tag{6·12}$$

$$H_m = \int_0^1 \frac{d\xi}{H^2} \Bigg/ \int_0^1 \frac{d\xi}{H^3}$$

$$K_p = 6\left(\int_0^\xi \frac{d\xi}{H^2} - H_m \int_0^1 \frac{d\xi}{H^3}\right)$$

ここに，$\xi = x/B$，$H = h/h_o$，$H_m = h_m/h_o$ であり，h_i および h_o は入口および出口膜厚である（図**6·7** 参照）．図**6·8** に $L/B = 1$ の場合の圧力分布を示す．ただし，$m = h_i/h_o$ である．

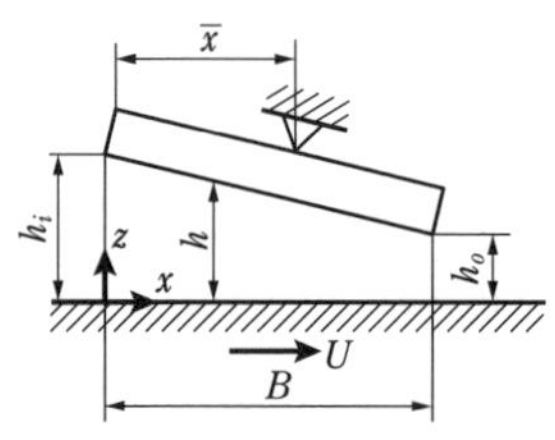

図 6·7　無限幅傾斜平面軸受

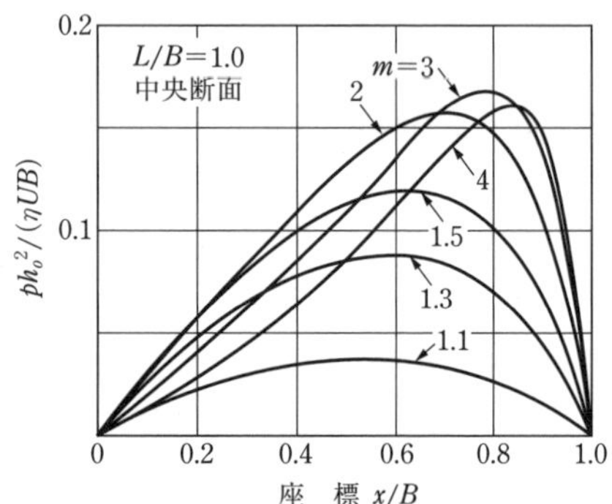

図 6·8　傾斜平面軸受の圧力分布 [5)]

② **負荷容量** … 負荷容量は次式で計算できる．

$$W = \iint p\,dx\,dy = \frac{6\eta U B^2 L}{{h_o}^2} \int_0^1 \left(\int_0^\xi \frac{d\xi}{H^2} - H_m \int_0^\xi \frac{d\xi}{H^3}\right) d\xi$$

$$= \frac{\eta U B^2 L}{{h_o}^2} K_W \tag{6·13}$$

$$K_W = 6 \int_0^1 \left(\int_0^\xi \frac{d\xi}{H^2} - H_m \int_0^\xi \frac{d\xi}{H^3}\right) d\xi$$

また，負荷容量係数 K_W は，式(**6·13**)からわかるように，軸受の幾何形状のみによって規定される無次元量である．実際の軸受は有限幅であるので，側方漏れが発生し，負荷容量は低下する．たとえば，$L/B = 1$ における負荷容量は，無限幅軸受の場合（$L = \infty$）の 1/2 以下になる．したがって，式(**6·13**)を変形すれば

$$\frac{h_o}{B} = \sqrt{K_W} \sqrt{\frac{\eta U}{W/L}} \tag{6·14}$$

となり，最小膜厚（出口膜厚）h_o が $\sqrt{\eta U/(W/L)}$ に比例することがわかる．

③　**摩擦力**… 摩擦力 F は，壁面に作用するせん断応力

$$\tau_{z=\,^h_0} = -\frac{\eta U}{h} \pm \frac{h}{2}\frac{dp}{dx} \qquad \begin{bmatrix} + : \text{固定面}\ (z=h) \\ - : \text{運動面}\ (z=0) \end{bmatrix} \tag{6·15}$$

を積分することによって次のように求められる．

$$F_0^h = \iint \tau_{z=\,^h_0}\,dxdy = \frac{\eta UBL}{h_o} K_{F_0}^{F_h} \tag{6·16}$$

式(**6·16**)の摩擦力係数 K_{F0}，K_{Fh} は，軸受形状のみによって規定される無次元量であるが，運動面（K_{F0}）と固定面（K_{Fh}）でその値は相違する．これは，一見，作用反作用の法則と矛盾すると考えられるが

$$F_0 - F_h = -L\int_0^B h\frac{dp}{dx}dx = L\int_{h_i}^{h_o} p\,dh > 0 \tag{6·17}$$

からわかるように，壁面の傾斜部の運動面に平行方向に作用する圧力の影響が K_{Fh} に含まれていないためである．

④　**摩擦係数**… 摩擦係数 μ は次のようになる．

$$\mu = \frac{F}{W} = \frac{K_F}{K_W}\frac{h_o}{B} = \frac{K_F}{\sqrt{K_W}}\sqrt{\frac{\eta U}{W/L}} \tag{6·18}$$

n が h_o と同様に $\sqrt{\eta U/(W/L)}$ に比例することは注目すべきである．なお，$G = \eta U(W/L)$ を**軸受特性数**と呼ぶ．G によりスラスト軸受の特性が規定される．

⑤　**圧力中心**… 圧力中心 $\overline{x}$ は，モーメントのつり合いより

$$\overline{x} = \int_0^L \int_0^B \frac{xp\,dxdy}{W} = K_C B \tag{6·19}$$

で与えられる．K_C は支点係数と呼ばれる無次元量である．軸回転の方向が固定されている可動パッドの場合には，この位置にピボットを設ければよい．

⑥　**流量**… 流量 Q は，流量係数（無次元量）K_Q を用いれば，次式で求まる．

$$Q = q_x L = K_Q \cdot U h_o L \tag{6·20}$$

次に，潤滑油の温度上昇 $\Delta\theta$ について考える．

粘性抵抗に起因する発熱は，潤滑油の温度を上昇させるとともに，熱伝導によって軸および軸受を通して放散される．安全側に考え，発熱量のすべてが潤滑油によって持ち去られると仮定すれば，$\rho c_P Q\Delta\theta = FU$ であるから

$$\Delta\theta = \frac{K_t}{\rho c_P}\frac{E}{BL}, \qquad K_t = \frac{K_{F_0}}{K_W K_Q} \tag{6·21}$$

となる．ここで，ρ および c_P は潤滑油の密度および比熱である．

なお，鉱油では，大気圧下での c_P の値は 1.84 〜 2.13 kJ/kg°C 程度であり，$\rho c_P \fallingdotseq$ 1.36 MPa/°C 程度である（1 cal/kgf°C = 4.18 kJ/kg°C，熱の仕事当量 = 427 kgf·m/kcal = 4.1868×10^3 J/kcal）．実際には，発生熱は軸受面からの熱伝導でも取り去られるので，温度上昇は式(**6·21**)で算定される値よりも減少する．

スラスト軸受の設計において，負荷容量 W を最大に，摩擦係数 μ および温度上昇 $\Delta\theta$ を最小にする場合には，K_W を最大に，$K_{F_0}/\sqrt{K_W}$ および K_{F_0}/K_W を最小にしなければならない．傾斜平面軸受（図 **6·7** 参照）の場合には，K_W の最大値は $m = 2.19$ の場合に得られ，$K_W = 0.160$ であり，このときの K_C の値は 0.577 である．また，$K_{F_0}/\sqrt{K_W}$ および K_{F_0}/K_W の最小値はそれぞれ $m = 3.07$（$K_C = 0.610$，$K_W = 0.146$）および $m = 2.53$（$K_C = 0.591$，$K_W = 0.157$）の場合に得られる[6]．

このように，それぞれに最適値を与える m の値が比較的近いことは，設計作業を容易にしており，自然の冥利といえる．

なお，最大の負荷容量は，図 **6·9**(**b**)に示すような段付き平行軸受〔レーレーステップ（Rayleigh step）軸受〕において，$m = 1.87$，$B_i/B_0 = 2.588$（$B_i/B = 0.718$）の場合に得られることが証明されており[7]，そのときの K_W の値は 0.206 である．この値は，傾斜平面軸受の場合の最大値と大差ない．この事実は，入口膜厚および出口膜厚が規定されれば，軸受形状や工作上の誤差があっても負荷容量はほとんど変わらないことを示唆している．

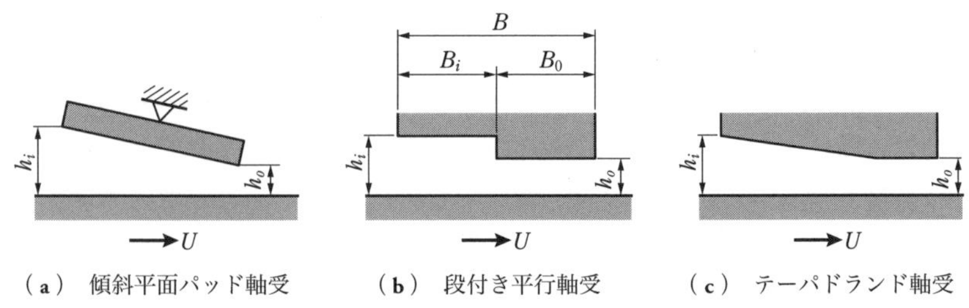

図 6·9 スラスト軸受（B：軸受長さ，h：すきま，U：速度）

【例題 6·1】 以下の条件で作動している無限幅傾斜平面軸受の最小油膜厚，パッド傾斜角，摩擦係数を求めよ．

パッド長さ：0.05 m，パッド幅：0.1 m，ピボット位置：0.03 m

滑り速度：10 m/s，荷重：3000 N

潤滑油粘度：0.03 Pa·s

【解】 無限幅傾斜平面軸受の場合には，式(**6·10**)～式(**6·17**)に関係する値は次のように求まる[6)]．ただし，log は自然対数である．

$$\left.\begin{aligned} p &= \frac{\eta UB}{{h_o}^2} K_p \\ K_p &= \frac{6(m-1)(1-\xi)\xi}{(m+1)(m-m\xi+\xi)^2} \end{aligned}\right\} \quad \cdots\cdots①$$

$$K_W = \frac{6}{(m-1)^2}\left\{\log m - \frac{2(m-1)}{m+1}\right\} \quad \cdots\cdots②$$

$$K_{F_0} = \frac{4\log m}{m-1} - \frac{6}{m+1} \quad \cdots\cdots③$$

$$K_{F_h} = -\frac{2\log m}{m-1} + \frac{6}{m+1} \quad \cdots\cdots④$$

$$K_C = \frac{2m(m+2)\log m - (m-1)(5m+1)}{2(m^2-1)\log m - 4(m-1)^2} \quad \cdots\cdots⑤$$

題意より，$K_C = \dfrac{\text{ピボット位置}}{\text{パッド長さ}} = \dfrac{0.03}{0.05} = 0.6$

よって，式⑤を用いて繰り返し計算すれば

$$m = 2.8$$

が求まる．式②，③より $K_W = 0.15$，$K_{F_0} = 0.71$

したがって，式(**6·14**)から

$$\frac{h_o}{B} = \sqrt{K_W}\sqrt{\frac{\eta UL}{W}} = \sqrt{0.15}\cdot\sqrt{0.03\times10\times0.1/3000} = 1.22\times10^{-3}$$

よって，最小膜厚（出口膜厚）

$$h_o = 1.22\times10^{-3}\times0.05 = 61.2\times10^{-6}\ \text{m} = 61.2\ \mu\text{m}$$

また，入口膜厚 $h_i = mh_o = 171\ \mu\text{m}$ より

パッド傾斜角：$\theta = \tan^{-1}\{(h_i - h_o)/B\} = 2.20\times10^{-3}\ \text{rad} = 0.126°$

摩擦力：$F = (\eta ULB/h_o)K_{F_0} = 6.2\ \text{N}$

よって，摩擦係数 $f = F/W = 0.0021$

6·3·3 ジャーナル軸受

ラジアル荷重を支持する滑り軸受をジャーナル軸受という．図**6·10**に示すようにいろいろな形状のもの*(次ページ参照)があるが，以下では真円軸受について記述する．

図**6･11**は，ジャーナル軸受の定常状態での，軸と軸受の相対位置関係と油膜圧力分布を模式的に示したものである．ただし，$\psi = c/R_1$ で規定される**すきま比**は，ふつう，0.001程度であるので，図**6･11**はすきまをかなり誇張して描いていることに注意しなければならない．ここで，c（$=R_2-R_1$，R_1：軸半径，R_2：軸受半径）は，**半径すきま**である．なお，軸受中心Bと軸（ジャーナル）中心Jとの距離 e を**偏心量**，$\varepsilon = e/c$ を**偏心率**と呼ぶ．ϕ は，荷重方向とBJを結ぶ直線とのなす角度で，**偏心角**という．

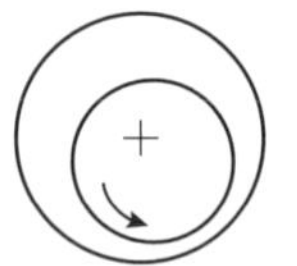

（a）真円軸受

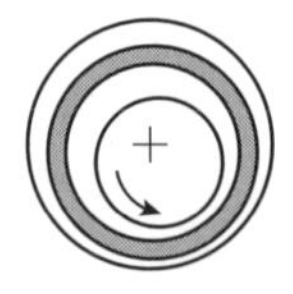

（b）浮動ブシュ軸受

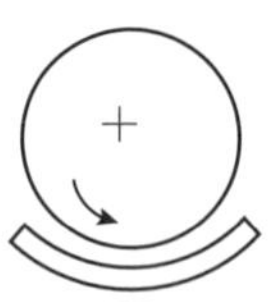

（c）部分軸受

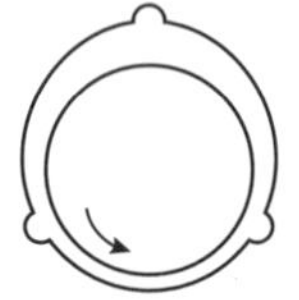

（d）3円弧軸受

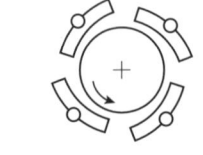

（e）ティルティングパッド軸受

図6･10　ジャーナル軸受の形状

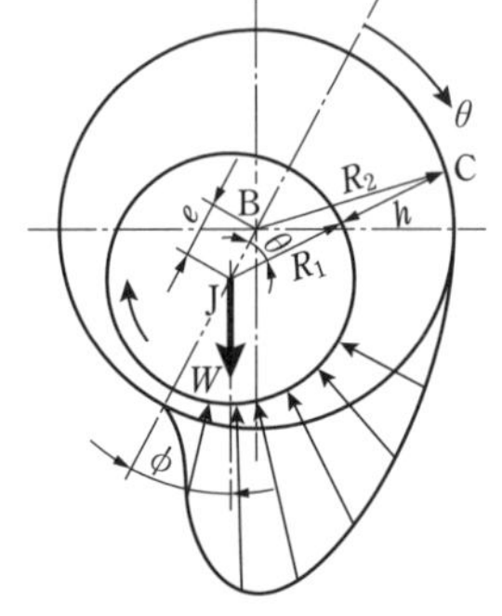

B：軸受中心
J：ジャーナル中心
e：偏心量
ϕ：偏心角

図6･11　ジャーナル軸受

たとえば，図**6･11**に示す最大すきまの位置からジャーナルの回転方向にはかった角度を θ とし，θ での膜厚を h とすれば

$$\overline{\mathrm{JC}} = R_1 + h = \overline{\mathrm{BJ}}\cos\theta + \overline{\mathrm{BC}}\cos\angle\mathrm{BCJ}$$

となる．三角公式より，$(\sin\angle\mathrm{BCJ})/e = \sin\theta/R_2$ であるので

$$h = -R_1 + e\cos\theta + R_2\sqrt{1-(e/R_2)^2\sin^2\theta} \tag{6･22}$$

となる．

ここで，$(e/R_2)^2$ は 10^{-6} のオーダであるから，1に比較して無視でき

$$h \fallingdotseq R_2 - R_1 + e\cos\theta = c(1+\varepsilon\cos\theta) \tag{6･23}$$

---

*　軸回転数が危険速度の2倍以上の高速回転になると，危険速度と等しい振動数の**オイルホイップ**（oil whip）と呼ばれる自励振動が発生し，回転数の広い範囲にわたって持続することがある．また，低回転速度において，回転数の約1/2の速度で軸が旋回する**オイルホワール**（oil whirl）と呼ばれる自励振動が発生することもある．

真円軸受は自励振動に対して安定性が低く，多円弧軸受，浮動ブシュ軸受では安定性が向上する．なお，ティルティングパッド軸受は，原理的に自励振動は発生しない．

となる．

この膜形状をレイノルズ方程式(**6·8**)に代入し，$x=R_1\theta$ と変数変換して解けば，圧力分布 p が求まり，その結果を用いて軸受特性も算定できる．この際，圧力 $p(\theta,\ y)$ に関する境界条件は，軸受幅両端 $y=\pm L/2$ では大気圧がとられ，$p(\theta,\ \pm L/2)=0$ となるが，円周方向については，通常，次の三つが提案されている．

① **ゾンマーフェルト**（Sommerfeld）**の条件**

$$p(0,\ y)=0,\ \ p(2\pi,\ y)=0$$

② **ギュンベル**（Gümbel）**の条件，ハーフゾンマーフェルト**（half Sommerfeld）**の条件**

$$p(0,\ y)=0,\ \ p(\pi,\ y)=0,\ \ p(\theta,\ y)=0 \qquad (\pi\leqq\theta\leqq 2\pi)$$

③ **レイノルズの条件**

$$p(0,\ y)=0,\ \ p(\theta^*,\ y)=0,\ \ dp/d\theta\,|_{\theta=\theta^*}=0$$

ただし，θ^* は運転条件によって決まる $\theta>\pi$ を満足する未知数である．

① のゾンマーフェルトの条件では，$0\leqq\theta\leqq\pi$ のくさび形すきまにおける正圧分布と対称の負圧が $\pi\leqq\theta\leqq 2\pi$ の逆くさびすきま部に発生する．しかし，絶対圧力には負圧は存在し得ず，発生した負圧部には外気の吸込みやキャビテーションが起こり，油膜が破断する．そこで，負圧の影響を完全に無視し，ゾンマーフェルトの条件で得られた圧力分布において，正圧部分のみを採用した境界条件が使われる．これがギュンベルの条件で，第一近似としては充分な精度で軸受特性を評価することが可能であるが，$\theta=\pi$ で流量の連続性が崩れる．この点を補正したものがレイノルズの条件であり，一般的にはこの境界条件が採用されている．ただし，レイノルズの境界条件では，$\theta>\pi$ において発生する可能性のある負圧の存在を予見することができないので，他の境界条件が使用されることもある．

実用上は，粘性抵抗による発熱ならびに軸受への熱伝達を考慮して，エネルギー方程式をレイノルズ方程式と連立して解かなければならない．また，周速が高速である場合や使用潤滑油粘度が低い場合には，流れを乱流として取り扱う必要がある．

なお，レイノルズ方程式(**6·8**)の次元解析によって

$$S=\eta n_0/(\psi^2 p_m) \qquad (6\cdot 24)$$

で定義される**ゾンマーフェルト数**と呼ばれる軸受特性数 G に相当する無次元量が得られる．ここで，$p_m=W/(DL)$，D は軸直径 $2R_1$，n_0 は軸回転数（rps）である．S が与えられればジャーナル軸受の諸特性は一義的に規定される．

無限幅近似（$L/D>4$）のもとで，ギュンベルの境界条件を用いれば

$$S=\frac{(2+\varepsilon^2)(1-\varepsilon^2)}{6\pi\varepsilon\sqrt{4\varepsilon^2+\pi^2(1-\varepsilon^2)}} \tag{6·25}$$

$$\phi=\tan^{-1}\frac{\pi\sqrt{1-\varepsilon^2}}{2\varepsilon} \tag{6·26}$$

$$\mu\frac{R}{c}=\frac{\pi(2+\varepsilon^2)\sqrt{1-\varepsilon^2}}{6\varepsilon\sqrt{4\varepsilon^2+\pi^2(1-\varepsilon^2)}}\frac{4+5\varepsilon^2}{2+\varepsilon^2}=\frac{\pi^2 S}{\sqrt{1-\varepsilon^2}}\left(2+\frac{3\varepsilon^2}{2+\varepsilon^2}\right) \tag{6·27}$$

のようになる[6)]．ただし，式(**6·27**)のμはジャーナル側の摩擦係数である．

粘性抵抗によって発生した熱は伝導・対流・ふく射によって運ばれるが，スラスト軸受の場合と同様に安全側に考え，発生した熱はすべて油によって運ばれる（対流）とすれば，発生熱量Hは

$$H=2\pi n_0\mu WR_1 \tag{6·28}$$

であるから，温度上昇$\Delta\theta$は

$$\rho c_P Q\,\Delta\theta=H \tag{6·29}$$

によって計算される．ゆえに

$$\Delta\theta=\frac{H}{\rho c_P Q}=\frac{4\pi}{\rho c_P}p_m\frac{(R_1/c)\mu}{Q/(R_1 cLn_0)} \tag{6·30}$$

となる．しかし，一般に側方漏れQ_sが発生する．そこで，側方漏れ流体の温度を$\Delta\theta/2$（入口と出口温度の平均）とすれば

$$H=\rho c_P(Q-Q_s)\Delta\theta+\frac{1}{2}\rho c_P Q_s\Delta\theta \tag{6·31}$$

であるので，側方漏れを考慮した温度上昇$\Delta\theta$は

$$\begin{aligned}\Delta\theta&=\frac{H}{\rho c_P Q\{1-(1/2)(Q_s/Q)\}}\\&=\frac{4\pi p_m}{\rho c_P Q\{1-(1/2)(Q_s/Q)\}}\cdot\frac{(R_1/c)\mu}{Q/(R_1 cLn_0)}\end{aligned} \tag{6·32}$$

となる．

すなわち，軸受内温度は，入口温度θ_{inlet}と相違するため，膜厚を正確に評価するためには，温度上昇を考慮した有効粘度を算定しなければならない．軸直径が細く，油膜厚さが相対的に薄い場合には，軸および軸受への熱伝導による冷却が期待できるが，油膜厚さが相対的に厚く，軸直径が大きい場合には，それが期待できない．そこで，有効粘度を求めるために使用される有効油膜温度θ_{eff}は

$$\theta_{\mathrm{eff}} = \theta_{\mathrm{inlet}} + \frac{\Delta\theta}{2}$$
$$(D \leqq 75\ \mathrm{mm})$$
$$\theta_{\mathrm{eff}} = \theta_{\mathrm{inlet}} + \Delta\theta$$
$$(D > 75\ \mathrm{mm})$$
$$(6 \cdot 33)$$

で近似することができる[8]．また，$\theta_{\mathrm{eff}} = \theta_{\mathrm{inlet}} + 0.8\Delta\theta$ で精度よく近似できるともいわれる[9]．

なお，図**6·12**～図**6·14**は，レイノルズの境界条件を用いて計算された軸受特性の例である[10]．

図**6·15**は，軸中心位置を偏心率 ε と偏心角 ϕ で示したものである．S が大きくなるにつれて偏心角は増大し，軸心は軸受中心に近づくことがわかる．

【例題6·2】 荷重 W を受け

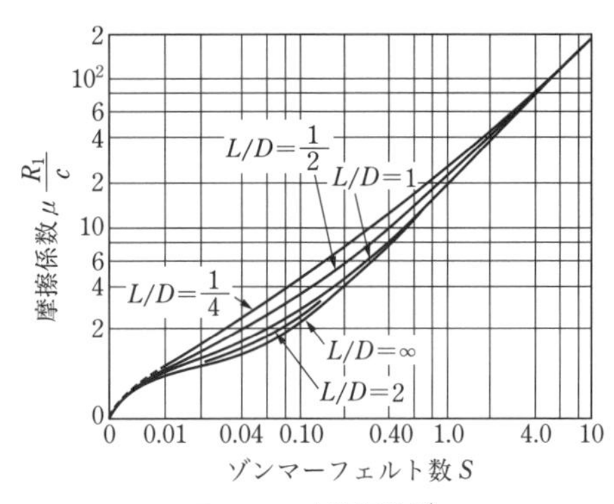

図6·12 摩擦係数[10]

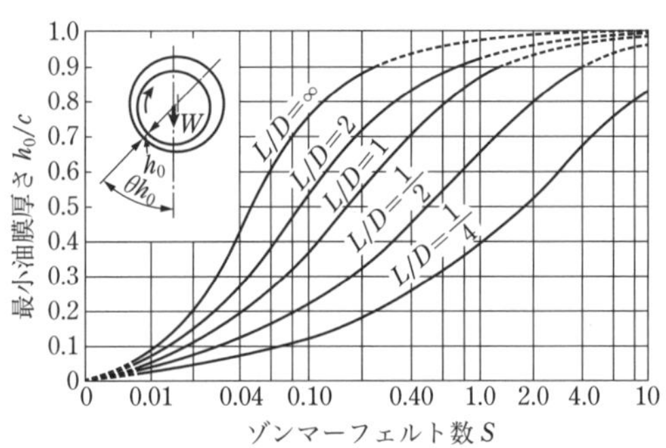

図6·13 最小膜厚[10]

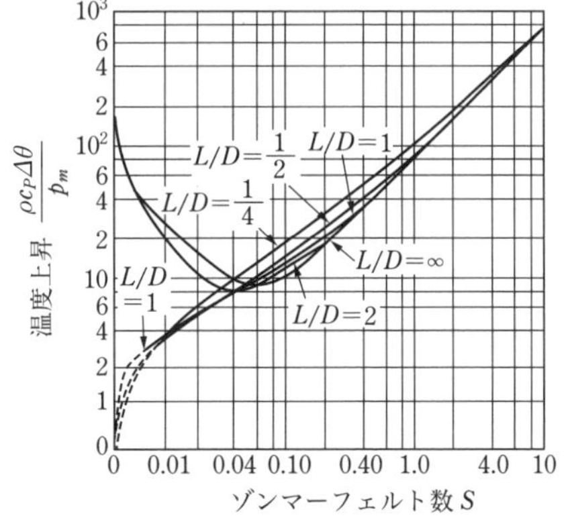

図6·14 温度上昇[10]

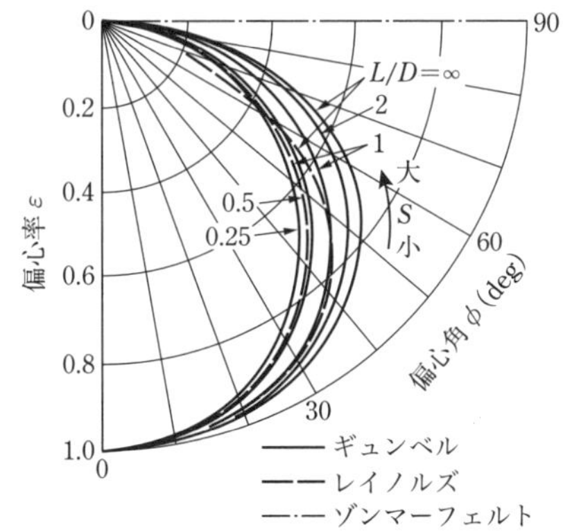

図6·15 軸心軌跡[11]

る半径 R の軸が軸受幅 L の軸受と同心状態で n_0（rps）で回転している．このときの摩擦係数を求めよ．ただし，半径すきまを c，潤滑油粘度を η とする．

【解】 油膜厚さ c は R に比較して小さいので，曲率の影響は無視できる．したがって，壁面に作用するせん断応力 τ は

$$\tau = 粘度 \times \frac{速度}{すきま} = \eta \times \frac{2\pi n_0 R}{c}$$

摩擦力 F は，τ に壁面積 $2\pi RL$ を乗ずることによって求めることができる．すなわち

$$F = \frac{4\pi^2 \eta R^2 L n_0}{c}$$

よって，摩擦係数 μ は，$\phi = c/R$，$p_m = W/(2RL)$，および式(**6·24**)の $S = \eta n_0/(\phi^2 p_m)$ を考慮すれば

$$\mu = \frac{F}{W} = 2\pi^2 S\left(\frac{c}{R}\right)$$

となる．この式を**ペトロフ**（Petroff）**の式**と呼ぶ．

この結果は，式(**6·27**)において $\varepsilon = 0$ として求めることができ，この場合の S は無限大となる．すなわち，軽負荷の軸が高速回転する場合には，図 **6·15** からもわかるように，軸は軸受とほぼ同心で回転し，その摩擦係数はペトロフの式で近似できる．

6·3·4 滑り軸受の設計

滑り軸受の設計は，軸受の機械的強度の確保，流体潤滑状態の確保，摩擦損失の低減などを考慮して実施される．以下に，軸受設計の際に考慮すべき主要パラメータについて述べる．

（1） **最大許容圧力** 最大油膜圧力 p_{max} が軸受強度以下になるように設計すべきであるが，一般には，平均接触圧力 $p_m = W/(DL)$ が許容圧力を超えないように設計される．

（2） **$\mu p_m V$ 値または $p_m V$ 値** 滑り速度を V とすれば，$\mu p_m V$ は，単位面積当たりの摩擦発熱量であるので，これが温度上昇の目安を与える．したがって，$\mu p_m V$ 値は，軸受冷却のための軸受構造や油溝，油量の決定のために必要となる．しかし，摩擦係数 μ は大幅には変化せず，またその正確な見積りが困難であるため，便宜上 $p_m V$ 値が使用されている．

（3） **軸受特性数〔$G=\mu U/(W/L)$〕** 図 **6・16** は，軸受特性数 G（ジャーナル軸受の場合にはゾンマーフェルト数 S を用いる）と摩擦係数 μ との関係を示したもので，**ストライベック曲線**（Stribeck curve）と呼ばれる．また，形成される油膜厚さは，式(**6・14**)からわかるように，G の増加とともに増大する．

なお，滑り軸受の設計においては，図 **6・16** に示すように，$G > G_C$ で流体潤滑が確保され，この領域で作動するように設計すべきである．しかし，図からわかるように，大きい G の採用は摩擦係数の増大を招くことになるので，注意する必要がある．

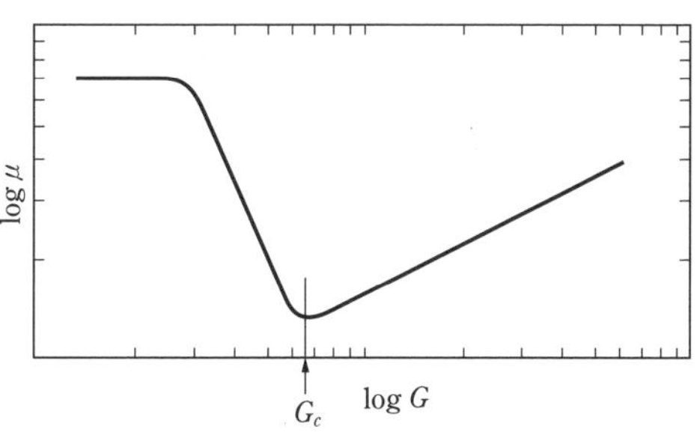

図 6・16 ストライベック曲線

一般に，限界軸受特性数 G_C の値は，軸および軸受の表面粗さの増大とともに増大する．滑り軸受の場合には，軸および軸受の表面粗さの最大高さを，それぞれ $R_{\max 1}$，$R_{\max 2}$ とすれば

$$3(R_{\max 1}+R_{\max 2}) \leqq h_{\min} \tag{6・34}$$

なる関係が満足されれば直接接触は発生しないといわれている．したがって，軸受面のなじみを考慮して，軸の表面粗さはできるだけ小さくなるように加工することが望ましい*．

なお，潤滑油粘度は，G_C および摩擦損失を考慮して適正な粘度を有するものを選択すべきである．

（4） **幅径比（L/D）** 通常のジャーナル軸受の幅径比（L/D）は 0.5 ～ 4.0 の範囲にある．幅径比の減少は，接触面積の減少および側方漏れの増大をもたらし，膜厚の減少，供給油量の増加，面圧の増大，油膜剛性・振動減衰能力の低下などを誘起するため，軸受性能にとって不利である．しかし，片当たり順応性，冷却能力の増大，軸受スペースの縮小，自励振動の発生防止など有利な点もある．

一般に，油膜剛性が重視される工作機械などでは幅径比の大きい軸受が，片当た

* タービンなどの一定荷重の高速滑り軸受では，油膜の局所的破断にともなう直接接触が軸受メタルの融解，粗さ増大に発展しがちであるので，直接接触を極力避けなければならないため，式(**6・34**)の条件が設計の指針とされることが多い．一方，エンジンなどの変動荷重，低速滑り軸受では局所的な直接接触が直ちに焼付きの発生にはつながりにくい（直接接触の結果として表面粗さが低下することが多い）ため，$R_{\max 1}+R_{\max 2} \leqq h_{\min}$ または $R_{\max 1}$(軸粗さ) $\leqq h_{\min}$ が設計に採用される場合が多い．

りあるいは自励振動の発生が安全性に重大な影響を及ぼすような場合には，幅径比の小さい軸受が使用される．

6·3·5　静圧軸受

外部から加圧流体を圧送することによって負荷容量を得る軸受を静圧軸受と呼ぶ．圧送の方法には定流量方式と定圧方式とがある．定圧方式では軸受の剛性を高めるために絞りが必要となり，この絞りには，毛細管絞り，オリフィス絞り，多孔質絞りなどが利用されている．

ここでは，図6·17に示すような毛細管絞りをもつスラスト軸受を例にして，その特徴を説明する．

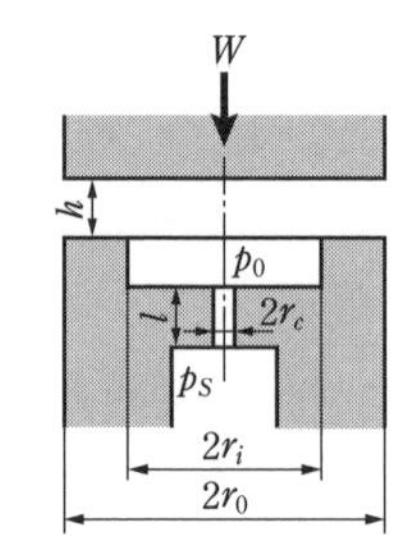

図6·17　静圧軸受（毛細管絞り）

図に示すように，毛細管絞りをもつスラスト軸受では，圧力 p_S で供給された流体は絞りを通過して軸受ポケット（圧力 p_0）に入り，軸受すきまを通って外部（圧力 p_a）に流出することになる．この軸受ポケットは，流体の静圧を有効に利用して大きい負荷容量を得るために設けられているもので，絞りは流体の通過抵抗を大きくする役目をもち，静圧軸受の剛性を高める働きをしている．

ここで，絞り部流量を Q_C，毛細管半径を r_C，長さを l とすれば

$$Q_C=\int_0^{r_c}2\pi rvdr=\int_0^{r_c}2\pi r\frac{1}{4\eta}\frac{dp}{dz}(r^2-r_C{}^2)dr=-\pi\frac{r_C{}^4}{8\eta}\frac{dp}{dz} \tag{6·35}$$

となる．ただし，v は毛細管内の流速である．また

$$-\frac{dp}{dz}=\frac{p_S-p_0}{l}$$

であるので

$$Q_C=\frac{\pi r_C{}^4}{8\eta l}(p_S-p_0)=K_C\frac{p_S-p_0}{\eta} \tag{6·36}$$

さらに，軸受すきまを流れる流量 Q は，レイノルズの式を導いた場合と同様にして求めることができる．すなわち

$$\frac{dp}{dr}=\frac{d\tau}{dz}$$

であるので，流体がニュートン則に従うとすれば，半径方向流速 u は

$$u=\frac{dp}{dr}\frac{z^2-hz}{2\eta} \tag{6·37}$$

となる．そこで，流量 Q は

$$Q=2\pi r\int_0^h udz=-\frac{\pi rh^3}{6\eta}\frac{dp}{dr} \tag{6·38}$$

によって計算される．

$$\left.\begin{array}{l} r=r_i \text{ で } p=p_0 \\ r=r_0 \text{ で } p=p_a=0 \end{array}\right\} \tag{6·39}$$

なる境界条件を考慮して上式を積分すれば，次のようになる．

$$Q=\frac{\pi h^3 p_0}{6\eta\log(r_0/r_i)}=K_B\frac{h^3 p_0}{\eta} \tag{6·40}$$

また，負荷容量 W は，次式によって与えられる．

$$W=\int_{r_i}^{r_0}2\pi rpdr+\pi r_i{}^2 p_0=\frac{\pi(r_0{}^2-r_i{}^2)}{2\log(r_0/r_i)}p_0=A_e p_0 \tag{6·41}$$

流れの連続性より $Q=Q_c$ であるので，W は次のように書き換えられる．

$$W=\frac{A_e p_s}{1+K_B h^3/K_C} \tag{6·42}$$

上式は，p_s が一定ならば h のわずかの増加・減少に対応して W が著しく減少・増加することを示しており，荷重の変動に対し h を一定に保つ作用が存在することがわかる．通常の設計条件として採用される軸受剛性（$k=-\partial W/\partial h$）最大の条件は，$\partial^2 W/\partial h^2=0$ から

$$\left.\begin{array}{l} p_0/p_s=2/3 \\ h^3=0.5K_C/K_B \end{array}\right\} \tag{6·43}$$

となる．

なお，気体を作動流体として使用する静圧気体軸受では，潤滑剤の圧縮性に依存する自励振動の発生を避けるため，大きい容積のポケットを設けることは避けなければならない．

6·3·6 滑り軸受材料

滑り軸受材料としては，下記のような事項にすぐれていることが要求される．

① 耐焼付き性

② 機械的強度（疲れ強さ，圧縮強さ，耐摩耗性など）

③ 順応性〔なじみ性（片当たり適合性，表面粗さの改善），埋込み性など〕

④ 環境適合性（耐食性など）

⑤ コストパフォーマンス（価格，性能を含めた経済性）

滑り軸受の材料としては，以上の ①～⑤ を同時に満足するものが一番よいのであるが，現段階ではこれらの事項を同時に満足する材料はない．一般に，① と ③ は同時に満足しやすいが，これらは ② とは両立しにくいことが多い．したがって，これらの要求の中でどの特性が重要であるかを考慮して材料を選択しなければならない．

軸受材料としては，強い素地に軟らかい低融点金属の点在するアルミニウム合金（Al，Sn の合金）や銅－鉛合金〔ケルメット（kelmet）という〕，軟らかい素地に硬い銅やアンチモンの化合物が点在するすず基ホワイトメタル（white metal），鉛基ホワイトメタルなどがある．

なお，軸受性能と構造物としての強度を保持するために，一般的には，使用条件に応じて，適切な軸受材料の裏金（一般に鋼）にライニング（たとえば，厚さ 0.01 ～ 1 mm）した二層軸受が使用される．これは，順応性を軸受材料が受けもち，裏金が負荷を支持することになる．また，銅－鉛合金は，順応性，耐食性に劣るため，表面をホワイトメタルなどのめっきで被覆した三層メタル（表面層／銅－鉛合金／裏金）として使用されるのがふつうである．

【例題 6･3】 軸受幅 50 mm，すきま比 1/1000 のジャーナル軸受（軸直径 50 mm）に荷重 5000 N が作用している．このときの雰囲気温度を 60°C として最小膜厚を求めよ．ただし，軸回転数 1800 rpm，潤滑油は SAE 20〔粘度 49 mPa･s (40°C)〕を使用する．

【解】 $p_m = W/(LD) = 2$ MPa，$N = 30$ rps，$c = 0.025$ mm，$\psi = 1/1000$，60°C に対応する粘度は，図 **6･18** から，$\eta = 18.2$ mPa･s であるので，ゾンマーフェルト数 S は

$$S = \eta N/(\psi^2 p_m) = 0.273$$

となる．したがって，図 **6･13** から，$L/D = 1$ を考慮すれば，$h_0/c = 0.66$ である．よって，$h_0 = 16.5\ \eta$m となる．

しかし，温度上昇 $\Delta\theta$ は粘度 η の低下をもたらし，ゾンマーフェルト数 S に影響を与える．また，無次元温度上昇 $\rho c_P \Delta\theta / p_m$ は，図 **6･14** に示したように，S と L/D の関数である．さらに，ρc_P の値は **6･3･2** 項で述べたように，鉱油に対しては

1.36 MPa/°C で近似できることを考慮すれば，有効油膜温度 θ_{eff} は次のようにして求めることができる．すなわち，本例題の場合には，粘度の単位を（Pa·s）とすれば，S は次のように表される．

$$S = 15\eta$$

したがって，入口温度を 60°C として，粘度を適当に仮定することにより，有効油膜温度 θ_{eff} を式(**6·33**)から算定して，粘度－温度図表（図 **6·18**）にその結果をプロットする．この曲線と SAE 20 の曲線との交差点に対応する値が有効温度および有効粘度となる．すなわち，本例題では，$\theta_{\text{eff}} = 72.6$°C，$\eta_{\text{eff}} = 11.5$ mPa·s 程度となる．これに対応するゾンマーフェルト数 S は，S = 0.173 であるので，図 **6·13** から，$h_0/c = 0.48$ となる．

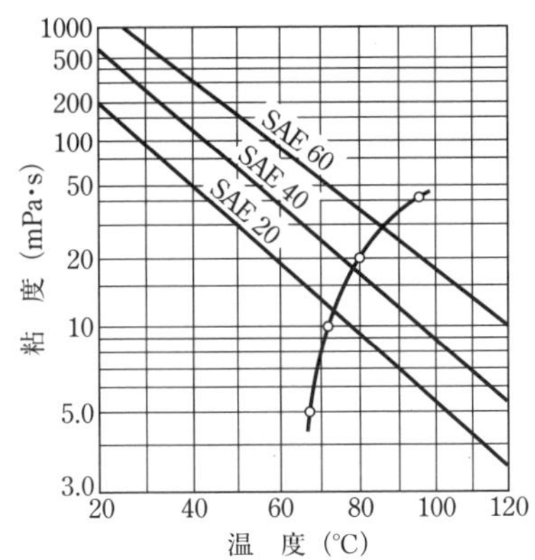

図 6·18 〔例題 6·3〕の解の図
（粘度–温度線図）

表 6·1 〔例題 6·3〕の解の表（有効温度の算定）

粘度 η (10^{-3} Pa·s)	ゾンマーフェルト数 S	無次元温度上昇 $\rho c_P \Delta\theta / p_m$	温度上昇 $\Delta\theta/2$ (°C)	有効温度 θ_{eff} (°C)
5	0.075	10.7	7.8	67.8
10	0.15	16.2	11.9	71.9
20	0.30	26.4	19.4	79.4
40	0.60	48.4	35.6	95.6

よって，温度上昇を考慮した最小膜厚は，$h_0 = 12\ \mu$m と求められる．なお，この値は，軸の荷重によるたわみを考慮せずに求められていることを忘れてはならない．実際には，軸のたわみを考慮した補正が必要となる．

6·4 転がり軸受

転がり軸受は，軸に垂直に作用する荷重を主として支持するラジアル軸受と，軸に平行方向の荷重を支持するスラスト軸受に大別される．国際的にも互換性のある

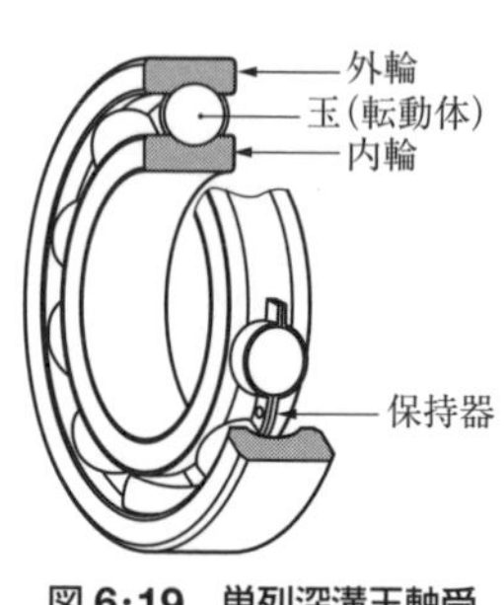

図 6･19 単列深溝玉軸受（NSK カタログより）

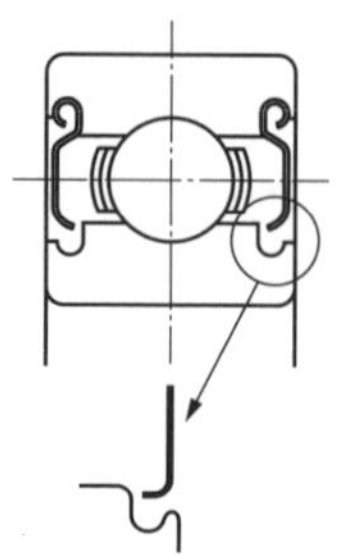

（a） シールド玉軸受

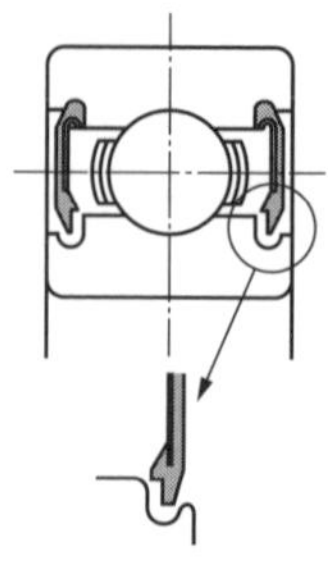

（b） 非接触形シール玉軸受

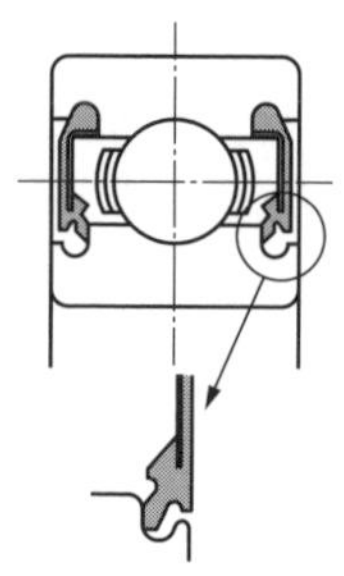

（c） 接触形シール玉軸受

図 6･20 グリース密封軸受

規格化された形式・寸法のものが専門メーカーによって準備されている．したがって，設計者は，軸受そのものを設計，製作する必要はなく，機械回転部の機能，性能を維持できる軸受をメーカー出版のカタログから選定すればよい．ただし，潤滑システム，軸受の交換あるいは保守を考慮した軸受取付け部の設計をする必要があるが，これらの設計の要点もメーカーカタログに記載されている．このため，転がり軸受の設計においては，メーカーカタログを座右の書とすべきである．

転がり軸受は，図 **6･19** に示すように，① **内輪**（inner ring），② **外輪**（outer ring），③ **転動体**（rolling elements：玉，ころ，円すいころ），および ④ **保持器**（retainer, separator）から構成されている．

深溝玉軸受（図 **6･19**）は，最も一般的に使用される転がり軸受であるが，外部からの異物混入や最適必要量が封入されたグリースの漏洩防止のために金属性のシールド（shield）やゴムシール（seal）を標準装備したものもある（図 **6･20** 参照）．

表 6･2 転がり軸受システムの設計手順

軸受システムの設計	検討の手順
軸受選定の設計	① 軸受形式の選定 ② 転がり疲れ寿命による選定 ③ 軸受寸法の選定 ④ 耐圧痕性の検討 ⑤ 軸受材料の選定 ⑥ 回転速度限界の検討 ⑦ 軸受すきまの選定 ⑧ 軸受精度の選定 ⑨ 予圧の決定
潤滑システムの設計	⑩ 潤滑剤と潤滑法の選定 ⑪ 密封装置の検討 ⑫ 軸受摩耗
軸とハウジングの設計	⑬ はめあいの決定 ⑭ 軸とハウジングの精度の検討
組立と保守の設計	⑮ 取扱い・取付けの検討 ⑯ 試運転の検討 ⑰ 保守面からの設計の検討

〔**注**〕 角田和雄：潤滑，**32**（7） P.642，1987 より．

転がり軸受系設計のための標準的な手順を表 **6·2** に示す．順序は必ずしも表に従う必要はないが，表にあるすべての項目をチェックしなければならない[12)]．

以下に，転がり軸受の選定に関して必要となる事項について述べる[12, 13)]．

6·4·1 軸受の呼び番号

転がり軸受の形式，主要寸法，精度をはじめとする多くの情報は，**基本番号**と**補助記号**からなる呼び番号によって表示される．呼び番号の構成を表 **6·3** に，補助記号を表 **6·5** に示す．**接触角記号**（表 **6·4** 参照）および補助記号は該当するものだけを表示し，該当しないものは省略する．**軸受系列記号**は，表 **6·6** に示すように，形式記号（1 字のアラビア数字または 1 字以上のラテン文字）と軸受の幅（ラジアル軸受）または高さ（スラスト軸受）の大きさを示す幅，または高さ系列記号と軸受外径の大きさを示す直径系列記号からなる寸法系列記号（2 字のアラビア数字）から構成されている．表 **6·7** は内径番号に対応する軸受内径の実寸法を示したものである．内径番号 04 以上では，内径番号を 5 倍すれば軸受内径（mm）が求まる．ただし，スラッシュのあるものは，その番号が軸受内径に対応している．

表 **6·8** に呼び番号の記載例を示す．

表 6·3　呼び番号の構成（JIS B 1513 より）

表 6·4　接触角記号（JIS B 1513 より）

軸受の形式	呼び接触角	接触角記号
単列アンギュラ玉軸受	10° を超え 22° 以下 22° を超え 32° 以下 32° を超え 45° 以下	C A* B
円すいころ軸受	17° を超え 24° 以下	C
	24° を超え 32° 以下	D

〔注〕 1.　* 省略することができる．
　　　2.　接触角：図 **6·25** の α．

6·4·2 軸受形式の選択

転がり軸受は，荷重の種類・方向・大きさ・軸受挿入空間などを考慮して選択するが，構造も簡単で，他の軸受よりも高精度に製作でき，ラジアル荷重，スラスト（アキシアル）荷重を比較的高速回転で同時に支持できる深溝玉軸受をまず考えてみるべきである．また，軸方向のガタを嫌う場合には，アンギュラ玉軸受や円す

表 6·5　補助記号（JIS B 1513 より）

仕様	内容または区分	補助記号
内部寸法	主要寸法およびサブユニットの寸法が ISO 355 に一致するもの	J 3 *1
シール・シールド	両シール付き 片シール付き 両シールド付き 片シールド付き	UU *1 U *1 ZZ *1 Z *1
軌道輪形状	内輪円筒穴 フランジ付き 内輪テーパ穴 (基準テーパ比 1/12) 内輪テーパ穴 (基準テーパ比 1/30) 輪溝付き 止め輪付き	なし F *1 K K30 N NR

仕様	内容または区分	補助記号
軸受の組合せ	背面組合せ 正面組合せ 並列組合せ	DB DF DT
ラジアル内部すきま	C2 すきま CN すきま C3 すきま C4 すきま C5 すきま	C2 CN *2 C3 C4 C5
精度等級	0 級 6X 級 6 級 5 級 4 級 2 級	なし P6X P6 P5 P4 P2

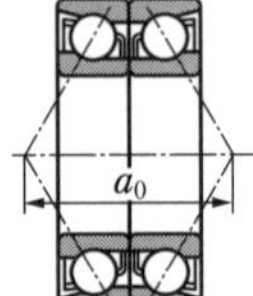

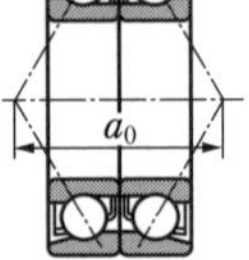

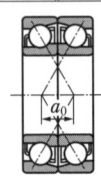

背面合せ DB　　正面合せ DF

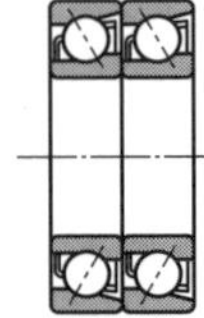

並列合せ DT

組合せアンギュラ玉軸受

〔注〕 *1　他の記号を用いることができる.
　　　*2　省略することができる.

表 6·6　軸受系列記号（JIS B 1513 より）

軸受の形式		断面図	形式記号	寸法系列記号	軸受系列記号
深溝玉軸受	単列入れ溝なし 非分離形		6	17 18 19 10 02 03 04	67 68 69 60 62 63 64
アンギュラ玉軸受	単列非分離形		7	19 10 02 03 04	79 70 72 73 74

（次ページへ続く）

<table>
<tr><th colspan="2">軸受の形式</th><th>断面図</th><th>形式記号</th><th>寸法系列記号</th><th>軸受系列記号</th></tr>
<tr><td>自動調心玉軸受</td><td>複列
非分離形
外輪軌道球面</td><td></td><td>1</td><td>02
03
22
23</td><td>12
13
22
23</td></tr>
<tr><td rowspan="8">円筒ころ軸受</td><td>単列
外輪両つば付き
内輪つばなし</td><td></td><td>NU</td><td>10
02
22
03
23
04</td><td>NU 10
NU 2
NU 22
NU 3
NU 23
NU 4</td></tr>
<tr><td>単列
外輪両つば付き
内輪片つば付き</td><td></td><td>NJ</td><td>02
22
03
23
04</td><td>NJ 2
NJ 22
NJ 3
NJ 23
NJ 4</td></tr>
<tr><td>単列
外輪両つば付き
内輪片つば付き
内輪つば輪付き</td><td></td><td>NUP</td><td>02
22
03
23
04</td><td>NUP 2
NUP 22
NUP 3
NUP 23
NUP 4</td></tr>
<tr><td>単列
外輪両つば付き
内輪片つば付き
L 形つば輪付き</td><td></td><td>NH</td><td>02
22
03
23
04</td><td>NH 2
NH 22
NH 3
NH 23
NH 4</td></tr>
<tr><td>単列
外輪つばなし
内輪両つば付き</td><td></td><td>N</td><td>10
02
22
03
23
04</td><td>N 10
N 2
N 22
N 3
N 23
N 4</td></tr>
<tr><td>単列
外輪片つば付き
内輪両つば付き</td><td></td><td>NF</td><td>10
02
22
03
23
04</td><td>NF 10
NF 2
NF 22
NF 3
NF 23
NF 4</td></tr>
<tr><td>複列
外輪両つば付き
内輪つばなし</td><td></td><td>NNU</td><td>49</td><td>NNU 49</td></tr>
<tr><td>複列
外輪つばなし
内輪両つば付き</td><td></td><td>NN</td><td>30</td><td>NN 30</td></tr>
<tr><td rowspan="2">針状ころ軸受</td><td>内輪付き
外輪両つば付き</td><td></td><td>NA</td><td>48
49
59
69</td><td>NA 48
NA 49
NA 59
NA 69</td></tr>
<tr><td>内輪なし
外輪両つば付き</td><td></td><td>RNA</td><td>—</td><td>RNA 48 *1
RNA 49 *1
RNA 59 *1
RNA 69 *1</td></tr>
</table>

（次ページへ続く）

軸受の形式		断面図	形式記号	寸法系列記号	軸受系列記号
円すいころ軸受	単列分離形		3	29 20 30 31 02 22 22 C 32 03 03 D 13 23 23 C	329 320 330 331 302 322 322 C 332 303 303 D 313 323 323 C
自動調心ころ軸受	複列 非分離形 外輪軌道球面		2	39 30 40 41 31 22 32 03 23	239 230 240 241 231 222 232 213 *2 223
単式スラスト玉軸受	平面座形 分離形		5	11 12 13 14	511 512 513 514
複式スラスト玉軸受	平面座形 分離形		5	22 23 24	522 523 524
スラスト自動調心ころ軸受	平面座形 単式 分離形 ハウジング軌道盤軌道球面		2	92 93 94	292 293 294

〔注〕 *1 軸受系列 NA 48，NA 49，NA 59 および NA 69 の軸受から内輪を除いたサブユニットの系列記号である．
*2 寸法系列からは 203 となるが，慣習的に 213 となっている．

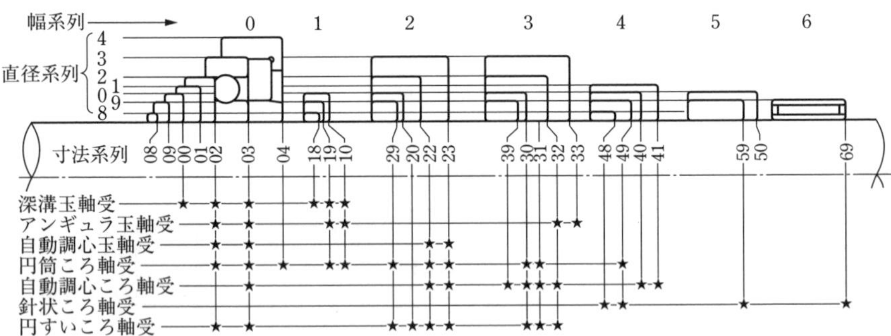

〔注〕 ★は選択可能な軸受を示している．寸法系列が同じならば，軸，ハウジングなどの寸法を変えることなく，軸受の形式を変更することができる．

図 6·21 ラジアル軸受の寸法系列と軸受形式（NSK カタログより）

表6·7　内径番号（JIS B 1513 より抜粋）

内径番号	呼び軸受内径 mm	内径番号	呼び軸受内径 mm
/0.6*	0.6	05	25
1	1	/28	28
/1.5*	1.5	06	30
2	2	/32	32
/2.5*	2.5	07	35
3	3	08	40
4	4	09	45
5	5	10	50
6	6	11	55
7	7	12	60
8	8	13	65
9	9	14	70
00	10	15	75
01	12	16	80
02	15	17	85
03	17	18	90
04	20	19	95
/22	22	20	100

〔**注**〕　* 他の略号を用いることができる

いころ軸受のような分離形軸受を対向して2個用い，組立時に予圧を与えてすきまをなくす工夫が必要である．スラスト軸受の場合は，一般にラジアル荷重を支持できないので，注意が必要である．さらに，軸両端のハウジングの同軸度が保証されていない場合には，自動調心軸受を選択する．

軸受形式と荷重能力，および許容回転数の比較を表**6·9**および表**6·10**に，軸受形式選定の基本を図**6·22**に示す．

表6·8　呼び番号の記載例（JIS B 1513 より抜粋）

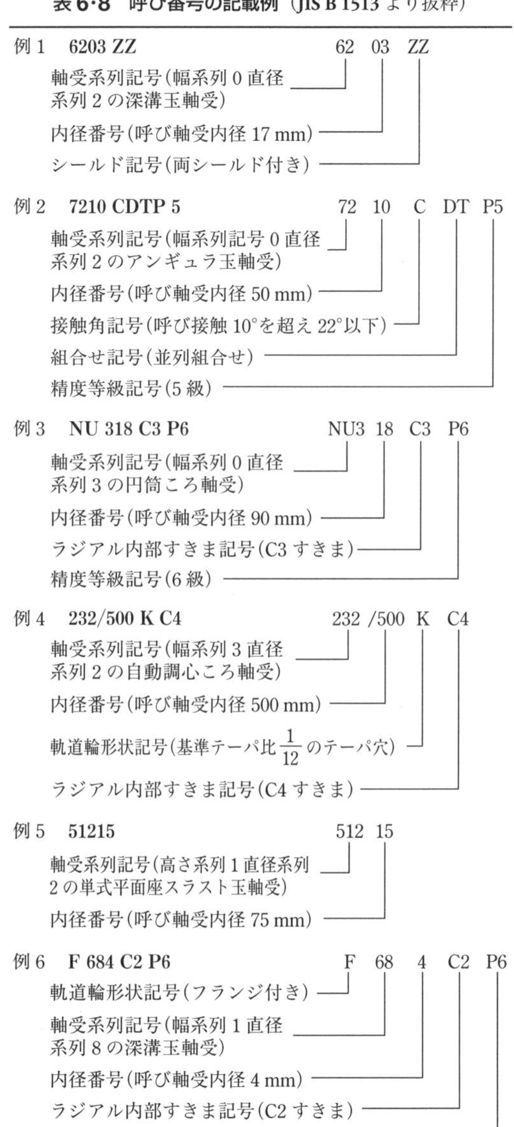

例1　**6203 ZZ**　　62　03　ZZ
- 軸受系列記号（幅系列0直径系列2の深溝玉軸受）── 62
- 内径番号（呼び軸受内径 17 mm）── 03
- シールド記号（両シールド付き）── ZZ

例2　**7210 CDTP 5**　　72　10　C　DT　P5
- 軸受系列記号（幅系列記号0直径系列2のアンギュラ玉軸受）── 72
- 内径番号（呼び軸受内径 50 mm）── 10
- 接触角記号（呼び接触 10°を超え 22°以下）── C
- 組合せ記号（並列組合せ）── DT
- 精度等級記号（5級）── P5

例3　**NU 318 C3 P6**　　NU3　18　C3　P6
- 軸受系列記号（幅系列0直径系列3の円筒ころ軸受）── NU3
- 内径番号（呼び軸受内径 90 mm）── 18
- ラジアル内部すきま記号（C3 すきま）── C3
- 精度等級記号（6級）── P6

例4　**232/500 K C4**　　232　/500　K　C4
- 軸受系列記号（幅系列3直径系列2の自動調心ころ軸受）── 232
- 内径番号（呼び軸受内径 500 mm）── /500
- 軌道輪形状記号（基準テーパ比 $\frac{1}{12}$ のテーパ穴）── K
- ラジアル内部すきま記号（C4 すきま）── C4

例5　**51215**　　512　15
- 軸受系列記号（高さ系列1直径系列2の単式平面座スラスト玉軸受）── 512
- 内径番号（呼び軸受内径 75 mm）── 15

例6　**F 684 C2 P6**　　F　68　4　C2　P6
- 軌道輪形状記号（フランジ付き）── F
- 軸受系列記号（幅系列1直径系列8の深溝玉軸受）── 68
- 内径番号（呼び軸受内径 4 mm）── 4
- ラジアル内部すきま記号（C2 すきま）── C2
- 精度等級記号（6級）── P6

〔**注**〕
1. 寸法系列が22および23の自動調心玉軸受では，形式記号は慣習的に省略されている．
2. 幅系列0または1の深溝玉軸受，アンギュラ玉軸受，円筒ころ軸受は幅系列記号が慣習的に省略されることがある．

表 6·9　軸受形式による負荷能力の比較

軸受形式	ラジアル負荷能力 (1　2　3　4)	スラスト負荷能力 (1　2　3　4)
単列深溝玉軸受	━━	━━
単列アンギュラ玉軸受	━━━	━━━━━
円筒ころ軸受*	━━━━	
円すいころ軸受	━━━━━	━━━━━━
自動調心ころ軸受	━━━━━━━━	━━

〔注〕 * つば付き円筒ころ軸受は，ある程度のスラスト負荷能力をもっている．
NSK カタログより．

転がり軸受の配列に際しては，一方の軸受を軸方向に動かないように固定し（固定側軸受），他方を，軸の熱膨張，軸と**軸受箱（ハウジング）**の製作誤差などを考慮して軸方向に可動できる（自由側軸受）のようにするのがふつうである．内輪あるいは外輪が軸方向に滑りうる円筒ころ軸受の採用は自由側軸受として有効である．なお，軸受系の剛性を高めるために，軸受は，荷重点になるべく近くなるように配置する．高精度を要しない軸の場合には，軸受と軸受箱とを組み合わせた各種**軸受ユニット**（図 **6·23**）の利用が有効である．また，軸受寸法に合わせて製作されて

表 6·10　軸受形式による許容回転数の比較

軸受形式	許容回転数の比較割合 (1　4　7　10　13)
深溝玉軸受	━━━➡——————→
アンギュラ玉軸受	━━━━━━➡———→
円筒ころ軸受	━━━➡————→
針状ころ軸受	━➡————→
円すいころ軸受	━➡———→
自動調心ころ軸受	━➡—→
スラスト玉軸受	➡

〔注〕 ➡ … 油浴潤滑の場合．
→ … 軸受および軸受まわりに高速対策をした場合．
NSK カタログより．

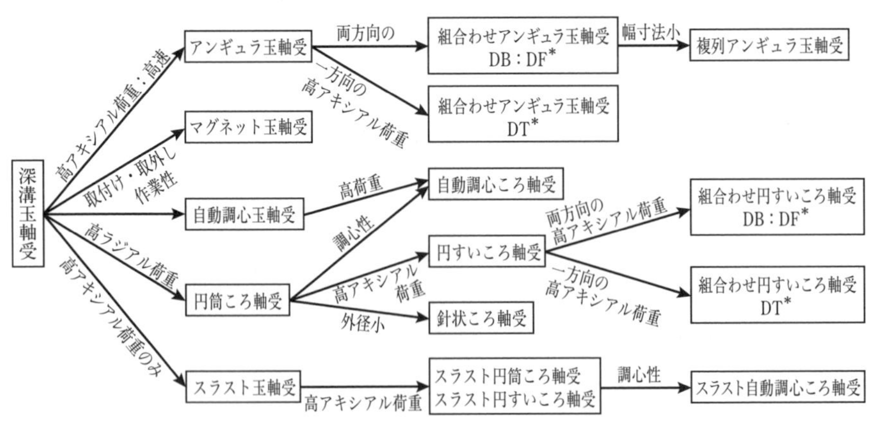

〔注〕 *軸受の組合わせの種類を示す（表 **6·5** 参照）．

図 6·22　軸受形式選定の基本 [12)]

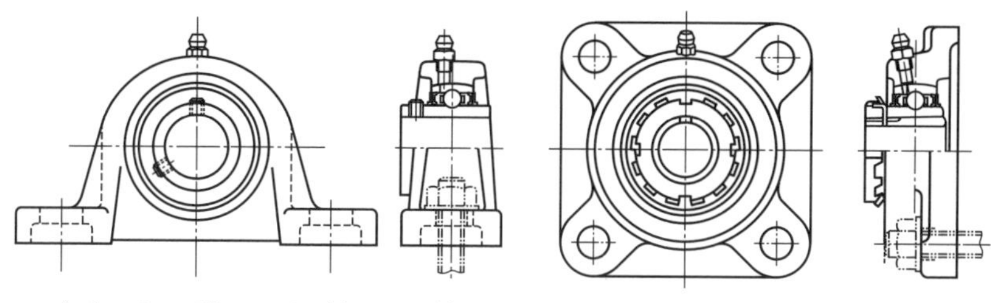

（a） ピロー形ユニット（止めねじ式）　（b） 角フランジ形ユニット（テーパ穴形）

図 6·23 軸受ユニットの例（JIS B 1557 より）

いる取付け部のある軸受箱（**プランマブロック**）の選択も便利である（図 6·24）．さらに，機械の小形・軽量化，部品点数の減少などのために，軸やハウジングを直接内外軌道輪とする設計を採用することも考慮すべきである．

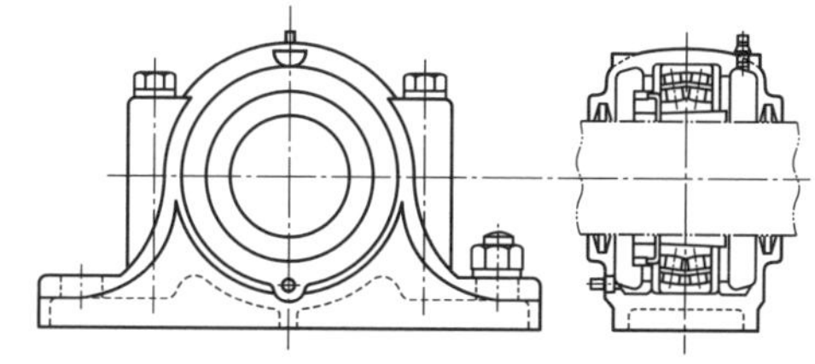

図 6·24 軸受箱の例（JIS B 1551 より）

6·4·3 転がり軸受の損傷

転がり軸受の損傷は，機能上の損傷と強度上の損傷とに大別される．前者は，軸受精度の低下，音響・振動の発生，摩擦損失の増大などとして検知され，情報機械や工作機械などに対して致命的な機能低下あるいは性能低下をもたらす．このような損傷は，潤滑剤の劣化や外部からの異物の混入による転送面の損傷が主原因であり，潤滑法や密封装置の改良によって防止が可能である．後者は，自動車や産業機械など高荷重下で作動する機械類の軸受で考慮すべき損傷であり，転動体および軌道輪の永久変形量で規定される静的な損傷と，転動体の転がり運動にともなう動的な転がり疲れ損傷とがある．

機械装置の中でとくに重要な転がり軸受にはセンサが取り付けられ，温度，振動，AE（acoustic emission）信号*などによってその運転状態が常時監視され，

* き裂の発生や伝ぱなど材料組織に変化が起こると，ひずみエネルギーが急速に解放され，それに付随して弾性波が放出される．このような現象および放出される弾性波を AE と呼ぶ．AE 信号は，応答が速く，減衰が著しいため，異常の発生部位の同定がしやすいこと，周波数領域が高いために機械振動などと区別しやすいことなどの特徴をもっているので，広い分野で非破壊検査法として活用されている[14)]．

軸受の寿命や故障の予知がなされている．また，潤滑油中の摩耗粉の定期的解析も運転状態の把握に有効であり，摩耗粒子を磁場で分離し，大きさの順に配列することができるフェログラフィ（ferrography）などが実際に利用されている．

転がり疲れは，転送面が高い接触応力を繰り返し受けることにより，転送面または転送面下にき裂が発生し，それが伝ぱすることによって接触表面の一部が薄片となって剝離する現象である．転がり疲れの結果，軌道面または転動面に**フレーキング**（flaking）と呼ばれるうろこ状の損傷が現れる．このフレーキングの発生をもって**軸受寿命**（あるいは単に寿命）としている．

転がり軸受では，繰返し応力による転送面下の疲れ機構と確率理論，ならびに実際の転がり軸受の実験結果をもとにした寿命計算法が確立されており，軸受の選択にあたっては，必ずこの寿命計算を実施する必要がある．なお，このような寿命の計算法が確立されている機械要素は転がり軸受だけである．

先に述べたフレーキングの発生は，疲れによるものであり，一般には防止することができないと考えられている．しかし，鉄鋼材料に疲れ限度が存在することを考慮すれば，転がり疲れにおいても疲れ限度が存在すると推測され，この点に関する今後の研究が期待される．

なお，転がり疲れ寿命は，転動体と軌道輪との間に形成される弾性流体潤滑（EHL）油膜厚さの最小値 $h_{\min}$ と，両表面の**合成粗さ** σ $(=\sqrt{{\sigma_1}^2+{\sigma_2}^2}$．$\sigma_1, \sigma_2$：各表面の自乗平均平方根粗さ）との比によって定義される**膜厚比** $\Lambda = h_{\min}/\sigma$ によって支配される．すなわち，充分な EHL 油膜厚さが確保される $\Lambda > 3$ では，寿命は長く，き裂の発生は，接触表面に平行に作用するせん断応力の変動振幅が最大になる内部を起点とするが，油膜形成が不充分な $\Lambda < 1$ では表面起源のき裂が発生し，寿命は著しく短くなる．

6·4·4 耐圧痕性の検討

荷重によって転動体と軌道との接触面に永久変形が発生すると，軸受の円滑な回転が妨げられる．その限界荷重を**基本静定格荷重** C_0 と呼んでいる（表 **6·11**）．基本静定格荷重は，最大荷重を受けている転動体と軌道との接触部中央において，

自動調心玉軸受　：4600 MPa
その他のラジアル玉軸受：4200 MPa
ラジアルころ軸受　：4000 MPa
スラスト玉軸受　：4200 MPa

スラストころ軸受　　　：4000 MPa
なる計算上の接触応力を生じさせるような静荷重（内輪と外輪とが相対的に回転していない軸受にかかる荷重）で定義される．なお，これらの接触応力のもとで生じる転動体の永久変形量と軌道の総永久変形量との和は転動体の直径のほぼ1万分の1となる．

表 6·11　基本静定格荷重 C_0 および基本動定格荷重 C の例（単列深溝玉軸受）

番号	主要寸法 (mm)				基本定格荷重				係数 f_0
					(N)		{kgf}		
	d	D	B	r (最小)	C	C_0	C	C_0	
6805	25	37	7	0.3	4500	3150	455	320	16.1
6905		42	9	0.3	7050	4550	715	460	15.4
16005		47	8	0.3	8850	5600	905	570	15.1
6005		47	12	0.6	10100	5850	1030	595	14.5
6205		52	15	1	14000	7850	1430	800	13.9
6305		62	17	1.1	20600	11200	2100	1150	13.2
60/28	28	52	12	0.6	12500	7400	1270	755	14.5
62/28		58	16	1	16600	6500	1700	970	13.9
63/28		68	18	1.1	26700	14000	2730	1430	12.4
6806	30	42	7	0.3	4700	3650	480	370	16.4
6906		47	9	0.3	7250	5000	740	510	15.8
16006		55	9	0.3	11200	7350	1150	750	15.2
6006		55	13	1	13200	8300	1350	845	14.7
6206		62	16	1	19500	11300	1980	1150	13.8
6306		72	19	1.1	26700	15000	2720	1530	13.3
60/32	32	58	13	1	15100	9150	1530	935	14.5
62/32		65	17	1	20700	11600	2120	1190	13.6
63/32		75	20	1.1	29900	17000	3050	1730	13.2
6807	35	47	7	0.3	4900	4100	500	420	16.7
6907		55	10	0.6	10600	7250	1080	740	15.5
16007		62	9	0.3	11700	8200	1190	835	15.6
6007		62	14	1	16000	10300	1630	1050	14.8
6207		72	17	1.1	25700	15300	2620	1560	13.8
6307		80	21	1.5	33500	19200	3400	1960	13.2
6808	40	52	7	0.3	4900	4350	500	445	17.0
6908		62	12	0.6	13700	10000	1390	1020	15.7
16008		68	9	0.3	12600	9650	1290	985	16.0
6008		68	15	1	16800	11500	1710	1180	15.3
6208		80	18	1.1	29100	17900	2970	1820	14.0
6308		90	23	1.5	40500	24000	4150	2450	13.2
6809	45	58	7	0.3	5350	5250	550	535	17.2
6909		68	12	0.6	14100	10900	1440	1110	15.9
16009		75	10	0.6	14900	11400	1520	1160	15.9
6009		75	16	1	20900	15200	2140	1550	15.3
6209		85	19	1.1	31500	20400	3200	2080	14.4
6309		100	25	1.5	53000	32000	5400	3250	13.1

B　r　r　φD　φd

単列深溝玉軸受の形状寸法

〔注〕
* d：軸受内径
D：軸受外径
B：内輪幅
r：内・外輪面取り寸法
NSK カタログより．

耐圧痕性を検討するときに使用する軸受荷重を静等価荷重 P_0 といい，F_r および F_a を軸受に作用するラジアル荷重およびアキシアル荷重とするとき，次のように定義される．

ラジアル軸受では，下記の値のうち大きいほうの値．

$$P_{0r} = X_0F_r + Y_0F_a$$

$$P_{0r} = F_r$$

スラスト軸受の場合は

$$P_{0a} = 2.3F_r \tan\alpha + F_a \qquad (\alpha \neq 90^\circ \text{ のとき})$$

$$P_{0a} = F_a \qquad (\alpha = 90^\circ \text{ のとき})$$

ただし，これらの式において，X_0：静ラジアル荷重係数，Y_0：静アキシアル荷重係数，α：接触角である．いずれも軸受カタログに軸受ごとに記載されている．

ところで，軸受にかかる荷重には，軸受が支える物体の重量，歯車やベルトの伝達力などのほかに，振動や衝撃など機械の運転にともなって発生する荷重など正確に評価できないものもあり，荷重の算定にあたっては，経験によって得られた係数を考慮することが必要になる．したがって，軸受カタログに掲載されているこれらの係数を配慮して，F_r および F_a を決定することが必要である．

なお，軸受に許容される静等価荷重は，基本静定格荷重と軸受の使用条件などによって規定され，静許容荷重係数 f_s が次式で規定されている（表**6·12**）．

表6·12　静許容荷重係数 f_s の値

軸受の使用条件	f_s の下限	
	玉軸受	ころ軸受
音の静かな運転をとくに必要とする場合	2	3
振動・衝撃がある場合	1.5	2
ふつうの運転条件の場合	1	1.5

〔**注**〕 * スラスト自動調心ころ軸受：ふつうは $f_s \geq 4$.
NSK カタログより．

$$f_s = \text{基本静定格荷重} / \text{静等価荷重}$$

6·4·5　疲れ寿命の計算

（1）　定格寿命と基本動定格荷重　転がり軸受の寿命は，一般に，フレーキングが発生するまでの総回転数で表す．軸受の寿命は，寸法，構造，材料，熱処理，加工方法などを同じにし，同一条件で運転してもばらつくので，統計的現象として寿命を取り扱い，次のように定義された**定格寿命**（rating life）を用いる．

定格寿命とは，信頼度90％の寿命であり，一群の同じ呼び番号の軸受を同じ条件で運転したとき，その90％の軸受が転がり疲れによる材料損傷を起こすことなく回転できる総回転数（または，一定回転数の場合にはその総運転時間）をいう．また，内輪を回転させ，外輪を静止させた条件で，定格寿命が100万回転になるような作用方向と大きさが変動しない荷重を**基本動定格荷重**Cといい，軸受ごとにカタログに記載されている．

なお，基本動定格荷重については，前出の表**6·11**に，単列深溝玉軸受を例にして載せてあるので，参照されたい．

表6·13　荷重係数（単列深溝玉軸受）

$\frac{f_0 F_a}{C_{0r}}$	e	$\frac{F_a}{F_r} \leqq e$		$\frac{F_a}{F_r} > e$	
		X	Y	X	Y
0.172	0.19	1	0	0.56	2.30
0.345	0.22	1	0	0.56	1.99
0.689	0.26	1	0	0.56	1.71
1.03	0.28	1	0	0.56	1.55
1.38	0.30	1	0	0.56	1.45
2.07	0.34	1	0	0.56	1.31
3.45	0.38	1	0	0.56	1.15
5.17	0.42	1	0	0.56	1.04
6.89	0.44	1	0	0.56	1.00

〔注〕
1. f_0は軸受各部の形状，最大接触応力によって規定される係数（**JIS B 1519** 参照）．
2. eは係数XおよびYの選定のためのF_a/F_rの限界値．
3. この表の荷重係数XおよびYは，動等価荷重Pを求める場合の係数値である．
4. 表に示されていない数値は1次補間法によって求める．
5. 静等価荷重の場合は
   $P_0 = 0.6F_r + 0.5F_a$
   から求める．ただし，$F_r > 0.6F_r + 0.5F_a$のときは$P_0 = F_r$とする．

（**2**）　**動等価荷重**　動等価荷重は定格寿命の計算に際して使用する仮想荷重であり，実際の荷重および回転の条件のときと同じ寿命が得られるような，軸受にかかる大きさと方向が一定の荷重をいう．

たとえば，ラジアル軸受の**動等価荷重**Pは，次式で計算される（表**6·13**参照）．

$$P = XF_r + YF_a \quad \text{（動等価ラジアル荷重）} \qquad (6\cdot 44)$$

ただし，F_r：ラジアル荷重，F_a：アキシアル（スラスト）荷重

X：ラジアル荷重係数，Y：アキシアル荷重係数

アンギュラ玉軸受と円すいころ軸受では*，軸受荷重の作用点は転動体の接触線の延長と軸中心線との交点になる（図**6·25**）．したがって，これらの軸受にラジア

* これらの軸受は，一方向のアキシアル荷重しか受けられないので，対で使用されることが多い．また，高い精度・剛性を必要とする場合には，図**6·26**に示されるように，組合わせ軸受として使用される．さらに，軸心が狂いやすいときや取付け誤差のある場合には正面組合わせ，モーメント荷重が作用する場合には背面組合わせが採用される．

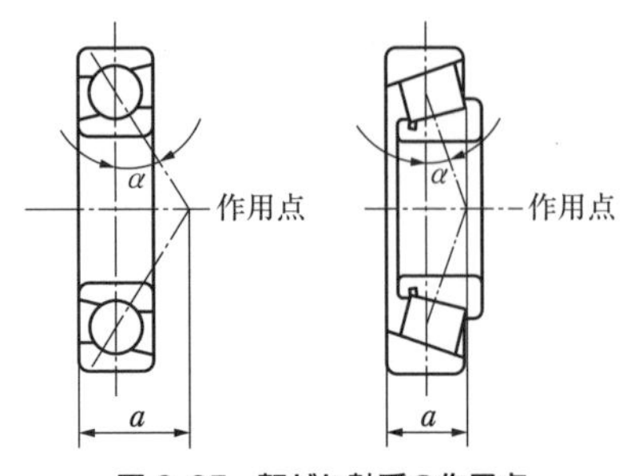

図 6·25　転がり軸受の作用点

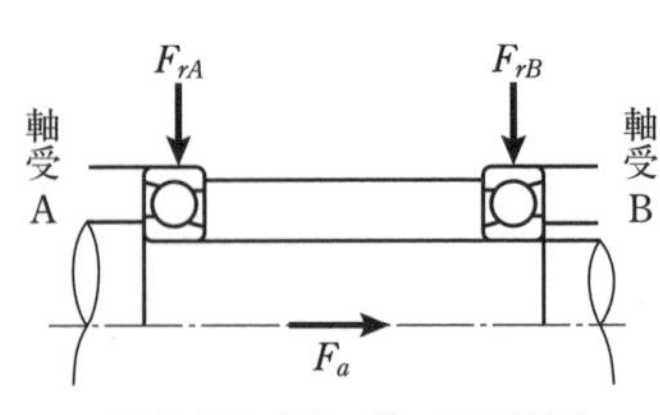

図 6·26　アンギュラ玉軸受

ル荷重 F_r が作用すると，自動的に $F_{ai} \fallingdotseq \beta F_r/Y$ で算定されるアキシアル分力が発生する．ここで，β は各軸受メーカーによって異なるが，平均的には 0.5 〜 0.6 の値をとる．また，図 **6·26** に示すアンギュラ玉軸受において，軸受 A，B にそれぞれラジアル荷重 F_{rA}，F_{rB} が作用し，外部から矢印の方向にアキシアル荷重 F_a が加わるとする．ラジアル荷重係数を X，アキシアル荷重係数を Y_A，Y_B とすれば，動等価荷重 P_A，P_B は次式で求められる．

① $F_a + \beta F_{rB}/Y_B \geqq \beta F_{rA}/Y_A$ の場合

$$P_A = XF_{rA} + Y_A(F_a + \beta F_{rB}/Y_B)$$
$$P_B = F_{rB} \tag{6·45}$$

② $F_a + \beta F_{rB}/Y_B < \beta F_{rA}/Y_A$ の場合

$$P_A = F_{rA}$$
$$P_B = XF_{rB} + Y_B(\beta F_{rA}/Y_A - F_a) \tag{6·46}$$

（3） **定格寿命の計算式**　定格寿命は次式によって計算される．

$$L_{10} = \left(\frac{C}{P}\right)^p \tag{6·47}$$

ただし，L_{10}：定格寿命（10^6 回転），C：基本動定格荷重（N），P：動等価荷重（N），p：指数（$p = 3$：玉軸受，$p = 10/3$：ころ軸受）．

回転速度を N_0（rpm）として，L_{10} を時間（h）を単位とした L_h（定格寿命時間）で表示すると

$$L_h = L_{10} \times \frac{10^6}{60N_0} = 500 \times \frac{100L_{10}}{3N_0}$$

であるので

$$\left(\frac{L_h}{500}\right)^{1/p}=\left(\frac{100}{3N_0}\right)^{1/p}\left(\frac{C}{P}\right) \tag{6·48}$$

ここで

$$f_h=\left(\frac{L_h}{500}\right)^{1/p} \quad \text{：寿命係数}$$

$$f_n=\left(\frac{100}{3N_0}\right)^{1/p} \quad \text{：速度係数}$$

と定義すれば

$$C=\frac{f_h}{f_n}P \tag{6·49}$$

と書き直すことができる．

つまり，設計寿命 L_h，回転数 N_0，荷重 P が与えられれば，基本動定格荷重 C が定まり，軸受カタログから軸受の選定が可能になる．

（4） 定格寿命の計算法

① ラジアル荷重 F_r およびアキシアル荷重 F_a を算定し，F_a/F_r を計算する．

② カタログの荷重係数算定表（表**6·13**）から $F_a/F_r>e$ を満足する e に対する X，Y を仮定する．なお，表**6·13**に示す e の中央値に対する X，Y を仮定してもよい．

③ $P=XF_r+YF_a$，$C=(f_h/f_n)P$ を計算し，カタログから対応する軸受を選び，C，C_0 を求める．

④ f_0F_a/C_0 を計算し，比例配分によって新たに X，Y を算出する*．

⑤ P を求め，寿命時間 $L_h=500f_n{}^p(C/P)^p$ をチェックする．

⑥ もし，不充分であれば，1段大きい軸受を選び，④に返る．

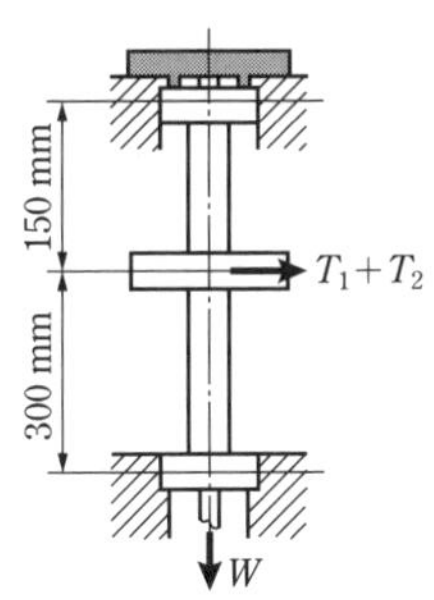

図6·27 〔例題6·4〕の図

【例題6·4】 図6·27に示す垂直軸の下部軸受に単列深溝玉軸受を使用したい．Vベルトに作用している荷重は $T_1+T_2=6000$ N，軸とプーリの重量は $W=650$ N，軸回転速度は $n=300$ rpm，強度計算によって得られた下部軸

* X，Y の求めかたは軸受の形式によって多少異なるので，カタログを参照のこと．

受部の最小軸径は$d=25$ mmである．定格寿命を9000時間として軸受を選定せよ．

【解】 軸受に関する値は表**6･11**，表**6･13**を使用する．

① 下部軸受にかかるラジアル荷重は

$$F_r=(T_1+T_2)\times 150/(150+300)=2000\ \mathrm{N}$$

② $F_a/F_r=650/2000=0.325$

表**6･13**より，$e=0.3$の値$X=0.56$，$Y=1.45$を仮定する．

③ $P=XF_r+YF_a=0.56\times 2000+1.45\times 650=2063$ N

$$f_h=(L_h/500)^{1/p}=(9000/500)^{1/3}=2.62$$

$$f_n=\{100/(3N_0)\}^{1/p}=\{100/(3\times 300)\}^{1/3}=0.481$$

$$C=\{f_h/f_n)P=(2.62/0.481)\times 2063=11240\ \mathrm{N}$$

表**6･11**より6205を選ぶ．よって

$$C=14000\ \mathrm{N},\quad C_0=7850\ \mathrm{N}$$

④ $(f_0F_a)/C_0=(13.9\times 650)/7850=1.15$．表**6･13**より$e\cong 0.28$．

$F_a/F_r=0.325>0.28$であるから

$$X=0.56,\qquad Y=1.52$$

ただし，Yは，表中の値から比例配分によって求める．

⑤ $P=XF_r+YF_a=0.56\times 2000+1.52\times 650=2108$

$$L_h=500{f_n}^p(C/P)^p=500\times\{100/(3\times 300)\}\times(14000/2108)^3$$
$$=16300>9000\ \mathrm{hr}$$

よって，6205で充分である．

また，このときの定格寿命を総回転数で表すと

$$L_{10}=(C/P)^p=(14000/2108)^3=293\ (\times 10^6\ \text{回転})$$

（5） 疲れ寿命の補正 疲れ寿命の計算式が国際規格として採用された1962年当時と比較し，軸受用鋼材の改良は格段に進み，材料の内部欠陥，とくに非金属介在物は極めて少なくなっている．それに対応して，疲れ寿命は飛躍的に延びている．また，1960年代に確立された弾性流体潤滑理論により，軌道と転動体間に形成される潤滑油膜の厚さの計算が可能になり，油膜厚さ，厳密にいえば油膜厚さと表面粗さの比（膜厚比Λ）が疲れ寿命に大きく影響することが明らかになった．これらの成果をとり入れ，次のような寿命補正式が用いられるようになった．

$$L_{na}=a_1a_2a_3L_{10} \tag{6･50}$$

ここで，L_{na}：補正疲れ寿命

L_{10}：定格寿命

a_1：信頼度係数（表 **6·14**）

a_2：材料係数（材料の改良による寿命増加，材料の化学成分，製鋼法，成形法，熱処理法などの影響）

大気溶解鋼 … $a_2 = 1$

真空脱ガス鋼 … $a_2 = 3$

真空溶解鋼 … $a_2 = 5$

（ただし，$a_3 < 1$ では $a_2 = 1$）

a_3：使用条件係数

油膜厚さが期待できる場合（$\Lambda \geqq 3$）… $a_3 = 1$

油膜厚さが期待できない場合（$\Lambda < 3$）… $a_3 < 1$

表 6·14　信頼度係数 a_1 の値

信頼度（%）	L_n	a_1
90	L_{10}	1
95	L_5	0.62
96	L_4	0.53
97	L_3	0.44
98	L_2	0.33
99	L_1	0.21

〔**注**〕日本機械学会(編)：機械工学便覧 B1，日本機械学会，1985 より．

【例題 6·5】〔例題 **6·4**〕で選定した深溝玉軸受が真空脱ガス鋼によって製作され，良好な潤滑条件下（$\Lambda \geqq 3$）で使用された場合の，信頼度 90%，および 99% の疲れ寿命を求めよ．

【解】〔例題 **6·4**〕より，定格寿命 $L_{10} = 310 \times 10^6$ 回転

表 **6·14** より，$a_1 = 0.21$（99%信頼寿命 L_1），$a_1 = 1$（90%信頼寿命 L_{10}）

題意より，$a_2 = 3$，$a_3 = 1$

式(**6·50**)の $L_{na} = a_1 a_2 a_3 L_{10}$ に各係数を代入すると

$$L_1 = 0.21 \times 3 \times 1 \times 310 = 195 \ (\times 10^6 \text{回転})$$

$$L_{10} = 1 \times 3 \times 1 \times 310 = 930 \ (\times 10^6 \text{回転})$$

6·4·6　転がり軸受材料の選定

一般の転がり軸受材料は，ロックウェル硬さ HRC 60 〜 63 の軸受鋼（SUJ 2，焼入れ後に 160 〜 180°C で焼戻しを行った高炭素クロム鋼）であり，130°C 以下で使用される．また，130 〜 180°C では焼戻し温度を高めた軸受鋼，180 〜 300°C 程度までは高速度鋼に成分構成が近い M 50，耐食性が要求される場合にはステンレス鋼 SUS 440 C が使用される．

なお，保持器は，一般には冷間または熱間圧延鋼板のプレス加工でつくられるが，切削によってつくられるもみ抜き保持器には鋼，銅合金，プラスチック材料が使用される．また，プラスチックの射出成形品も使用される．真空用軸受の保持器には，PTFE（フッ素樹脂），二硫化モリブデンなど固体潤滑剤を含有した合成樹

脂が使用され，固体潤滑剤の転動体，軌道輪への移着が軸受の円滑な作動を可能にしている．

6·4·7 許容回転速度

軸受内径を d（mm），外径を D（mm），回転速度を n（rpm）とし

$$d_m = (d + D)/2$$

とすれば，dn あるいは $d_m n$ は，軸受の回転周速の基準値とみなすことができる．これらの値が増加すると，軸受温度が増加し，軸受が焼き付く危険性が増大する．

そこで，軸受の回転速度限界の目安として，限界 dn 値あるいは限界 $d_m n$（dn 値よりも約40％大きい）が使用される．これらの限界値は，軸受の種類，潤滑法，軸受寸法，軸受荷重などによって相違する（表 **6·15**）．軸受の高速化のためには，遠心力に抗して潤滑油を軸受内に確実に導き，潤滑と冷却を図ることが必要である．なお，$d_m n$ 値が極めて高い場合には，潤滑法の改善によって温度上昇が抑えられたとしても，遠心力の増加による接触圧力の増加や円周方向引張り応力(フープ応力)の増大が軸受の破損をもたらすため，これらが $d_m n$ 値の限界を規定することになる．

表 6·15 限界 *dn* 値（単位：10000 mm·rpm）

軸受の形式	グリース潤滑*	油潤滑			
		油浴	霧状	噴霧	ジェット
単列深溝玉軸受	18	30	40	60	60
アンギュラ玉軸受	18	30	40	60	60
自動調心玉軸受	14	25	—	—	—
円筒ころ軸受	15	30	40	60	60
保持器付き針状ころ軸受	12	20	25	—	—
円すいころ軸受	10	20	25	—	30
自動調心ころ軸受	8	12	—	—	25
スラスト玉軸受	4	6	12	—	15

〔注〕 * グリースの寿命は1000時間程度を基準としている．
日本機械学会(編)：機械工学便覧 B1，日本機械学会，1985 より．

スラスト軸受の場合の回転速度限界は，通常，遠心力による潤滑油の流出によって規定される．なお，dn 値あるいは $d_m n$ 値以外に $\sqrt{DH} \cdot n$〔D：軸受外径（mm），H：軸受高さ（mm）〕が用いられることもある．

6·4·8 潤滑法

転がり軸受の潤滑の主目的は，① 摩擦・摩耗の低減，② 焼付き防止，③ フレーキングの発生防止，④ 外部からの異物の侵入防止（グリース潤滑），⑤ 冷却（油潤滑），⑥ 防錆である．

転がり軸受の潤滑には，まず，グリース（grease）を検討する．しかし，グリースの詰め過ぎ，粘度の高い潤滑油の使用は，かくはん抵抗，粘性抵抗の増大による動力損失や軸受温度の上昇をもたらすため注意しなければならない．なお，グリースの劣化速度は，運転温度，回転速度の増加とともに速くなる．これは，酸化防止剤の消耗，基油の分離，漏れなどが温度上昇によって促進されるためである．摩耗粉や異物の混入もグリース寿命を著しく低下させる．

油潤滑を採用する場合には，適切な密封装置を設置し，潤滑剤の漏洩を防ぐとともに，外部からのゴミ，水分，異物・摩耗粉の侵入を防ぐことが軸受の損傷を防ぐために重要である．

（1） **グリース潤滑**　グリース潤滑は，その半固体特性により，軸受の冷却効果はないため，許容回転速度，許容荷重は，油潤滑に比べて劣り，潤滑剤の交換も面倒である．しかし，密封装置がとくに必要でないため，ハウジング構造は簡単となり，保全，運転コストが低い．

グリース潤滑ができるということは，転がり軸受の大きな特徴の一つといえる．

（2） **油潤滑**　油潤滑の場合には，油浴潤滑，飛沫潤滑，滴下潤滑，循環潤滑，噴霧潤滑，ジェット潤滑などが使用されている．噴霧潤滑の噴霧条件は，ふつう，空気圧力 0.15 MPa，空気量 10 l/min，給油量 1 ml/h 程度である．また，噴霧潤滑以上の冷却を目的としたジェット潤滑は，口径 0.5 ～ 2 mm のノズルから，0.1 ～ 0.5 MPa の圧力で，0.5 l/min 以上の潤滑油を内輪外径面周速の 20％以上で噴射する．

6・4・9　軸受すきま

軸受すきまは，

① はめあいによる軸受すきまの減少に対する余裕．

② 内外輪の温度差による軸受すきまの減少に対する余裕．

③ 軸受取付け誤差への逃げ．

を考慮して設けられているが，軸受運転時に 0 またはわずかに正になる程度がよい．

すきまが大きい場合には少数の転動体のみが荷重を分担することになり，軸受損傷を早めるうえに振動・騒音を増長するので好ましくない．一般的な使用では，外輪にすきまばめ，内輪にしまりばめが採用される．

6・4・10　予圧

工作機械の主軸など回転軸の高剛性を必要とするとき，回転軸の振れを小さくしたいとき，低振動低騒音を必要とする場合などでは，軸受にアキシアル荷重を加え，軸受すきまをなくす．これを予圧という．予圧が大きすぎると，転がり疲れ寿命を短くし，摩擦トルクや温度上昇も大きくなるので，予圧量は必要最小の大きさに設定することが必要である．

6･4･11　軸受精度

軸受精度には，軸受各部の寸法許容値を規定する寸法精度と，軸受が回転したときの振れの大きさを規定する回転精度とがある．一般の機械は，普通精度（JIS 0級）の軸受で充分である．

なお，回転軸の振れを小さくしたい場合，振動騒音を小さくしたい場合，高速回転の場合などでは，高い精度等級の軸受を採用しなければならない．しかし，この場合には，軸およびハウジングの製作精度ならびに取付け精度を軸受の精度と同等あるいはそれ以上にするとともに，軸受系内に異物を混入させないようにしなければならない．

6･5　転がり直動案内

転がり運動を利用した直線運動が可能な機械要素を転がり直動案内という（図6･28）．転がり直動案内は，いろいろな形式のものが生産されており，下記のような長所をもっている．

① 静摩擦と動摩擦の差が小さいので，起動の際にスティックスリップ運動が発生しにくい．

② 摩擦力が小さいので，機構の小形化・軽量化が容易である．

③ 摩耗が少ない．

④ グリース潤滑が可能であるため，密封装置が簡単であり，保守も容易である．

⑤ 転がり疲れ寿命の予測が可能である．

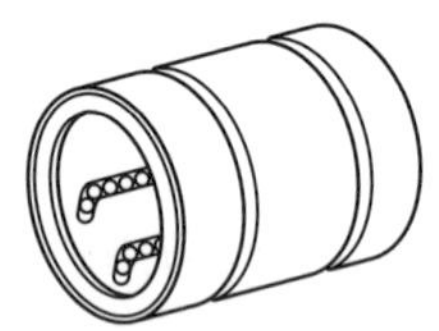

図6･28　転がり直動案内

7

密封装置

密封装置はシール（seal）とも呼ばれ，機器から流体の漏洩を防止または軽減すること，あるいは外部から固形異物や流体の侵入を防止することを目的として用いられる機械要素の総称である．図**7･1**に示すように，現在では種々の密封装置があり，用途・作動条件に応じて作動原理・形状・材質の異なる多様なシールが開発され，使用されている．

なお，シールの信頼性および耐久性は直接，機器の機能・性能を支配するので，使用条件に応じた適切な選定をしなければならない．

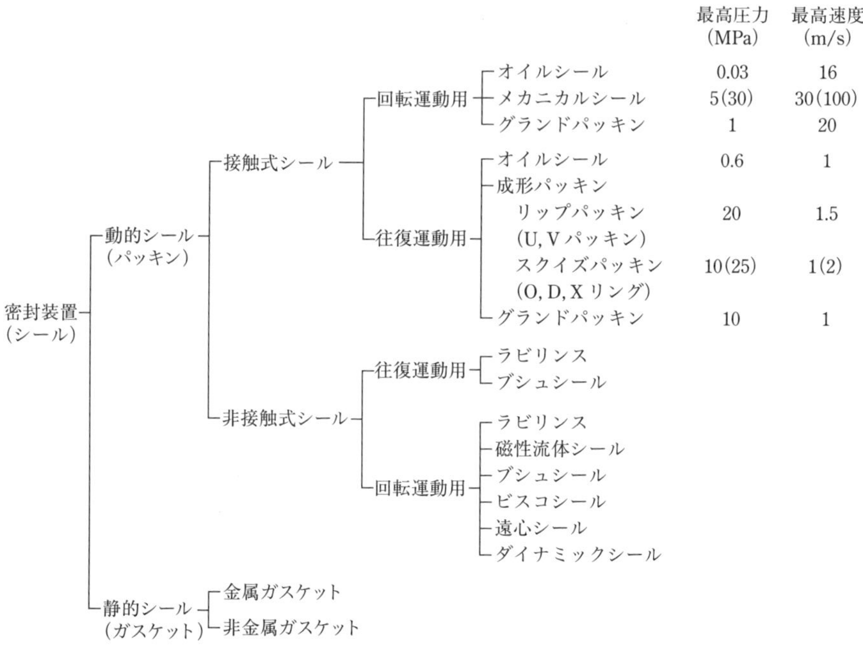

図 7･1　密封装置の分類

7·1 静的シール（ガスケット）

静止面の密封に用いるものを**静的シール**（static seal）または**ガスケット**（gasket）と呼ぶ．このガスケットは，固定接合面の間にはさみ，ボルトなどで締め付けることによって流体の漏れを防ぐシールで，いろいろな材質・形状のものが使用されている．

密封装置としてガスケットを使用する場合，使用条件に適した材質の選択が重要である．すなわち，変形・復元性が良好で，密封面によくなじみ，締付け力に耐えうる強さと，耐食性・耐熱性などの良好なものが望ましい．さらに，漏れ流量はすきまの3乗に比例するので，接合面の仕上げ程度，締付けの均一性なども問題となる．

7·2 動的シール（パッキン）

運動面の密封を行うシールを**動的シール**（dynamic seal）または**パッキン**（packing）という．このパッキンには，運動面と静止面との間に有限のすきまを保持したままで密封を行う**非接触式シール**（clearance seal）と，少なくとも静止状態ではしゅう動面と接触状態にある**接触式シール**（contact seal）とがあり，さらに，それぞれのシールは，回転用と往復動用シールに分かれる．非接触シールでは漏れの発生は避けられない．また，接触式シールでは，密封作用と潤滑作用（しゅう動面の密封流体による保護）という互いに相反する要件を両立させる機能が要求される．

7·2·1 非接触式シール

（1） **ラビリンス**　ラビリンス（labyrinth）は代表的な非接触式シールであり，すきま部分を複雑な流路とし，拡大縮小抵抗，粘性摩擦抵抗などを利用して漏れ出る流体の量を減少させる装置である（図7·2）．

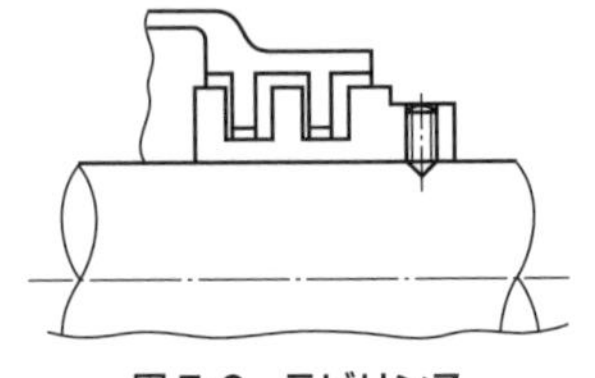

図7·2　ラビリンス

（2） **磁性流体シール**　密封間隙に磁性流体（界

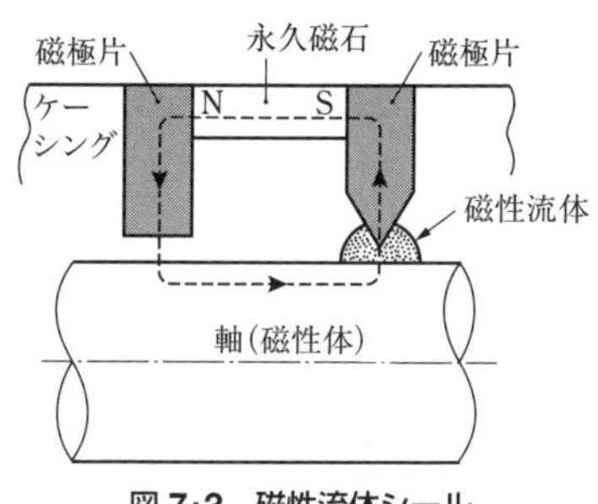

図 7·3　磁性流体シール

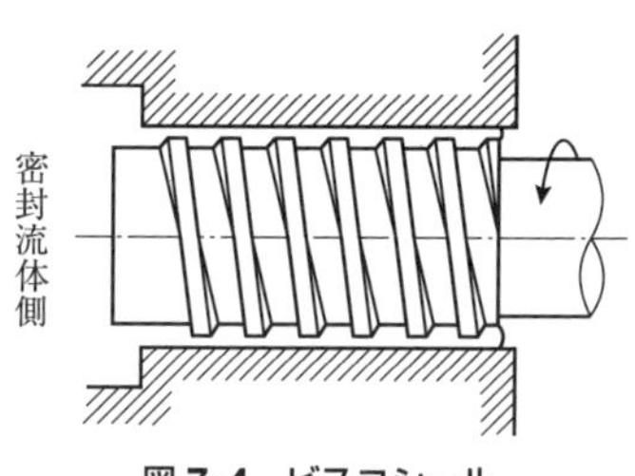

図 7·4　ビスコシール

面活性剤で被覆された直径 0.01 μm 程度の強磁性体の固体微粒子を液体中に高密度に分散させたコロイド溶液）を充てんし，磁場によってその流出を防止することで密封を果たす回転用のシールを磁性流体シール（magnetic fluid seal）といい（図 **7·3**），主として低圧のガスシールとして用いられている．

（**3**）**ビスコシール（ねじシール）**　密封部分の相対する 2 面の，少なくとも一方にねじ面を設け，ねじのポンプ作用を利用して漏れを防止するシールをビスコシール（visco-seal）またはねじシール（screw seal）と呼ぶ（図 **7·4**）．外気を巻き込んでシール不能となる場合がある．

（**4**）**遠心シール**　遠心シール（centrifugal seal）は，軸に固定された回転円板または回転羽根により，円環状の空間の中のシール作動流体に遠心力を発生させる方式のシールで，シールすべき内部流体圧とバランスさせる方式（図 **7·5**）と，密封流体を回転円板で振り切る方式とがある．

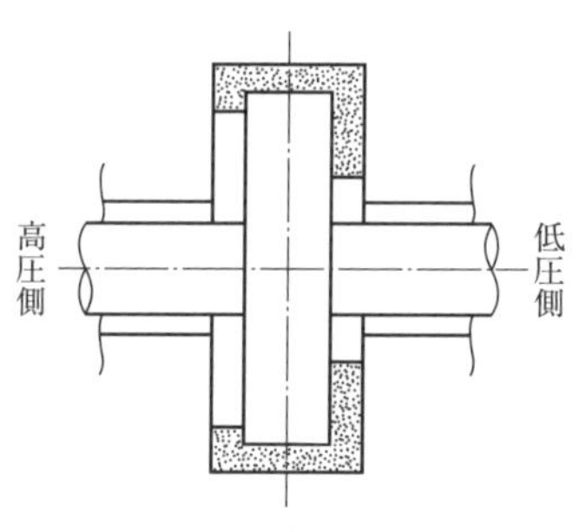

図 7·5　遠心シール

（**5**）**その他**　密封面の相対運動に基づく動圧作用，あるいは密封圧力による静圧作用によってできるだけ狭い空間をつくって漏れを制限する手法が各種の機器に応じて考案されており，ブシュシール，静圧シール，ダイナミックシールなどと呼ばれている．また，加圧流体によって対象流体の漏洩を防ぐシールも考案されており，オイルフィルムシールと呼ばれている．

7·2·2　接触式シール

（**1**）**リップパッキン**　リップパッキン（lip packing）は，シール面にくさび状

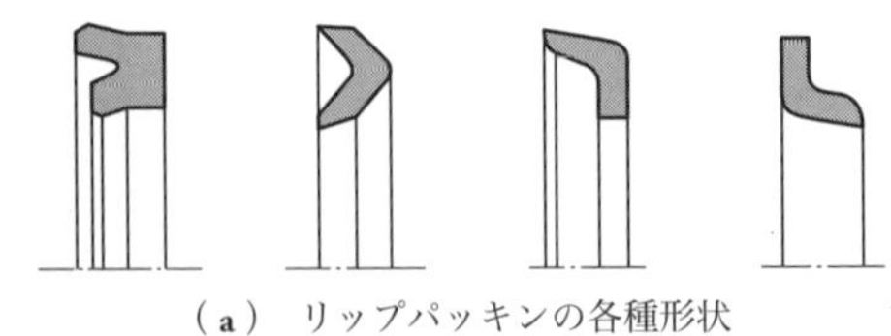
（a） リップパッキンの各種形状

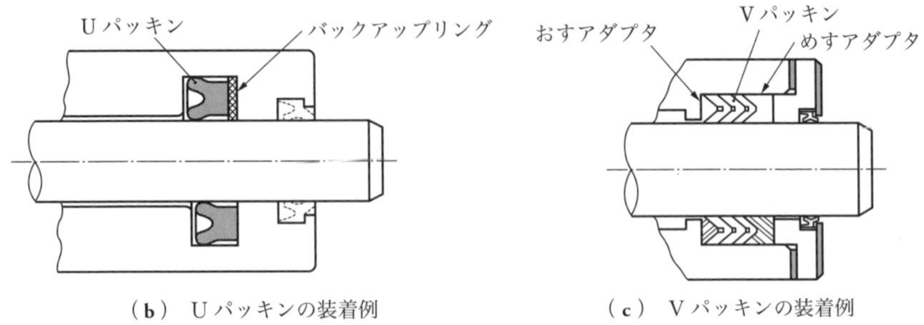

（b） Uパッキンの装着例

（c） Vパッキンの装着例

図7·6 リップパッキン（NOKカタログより）

の断面形状をしたリップ（lip）をもち，これを相手面に適当なしめしろで押し付けて流体を密封するパッキンの総称で，リップシール（lip seal）とも呼ばれる．

リップパッキンは，密封流体の圧力の増減に応じて接触面圧が自動的に増加・減少するように工夫されており，その断面形状からUパッキン，Vパッキン，Lパッキン，Jパッキンなどと呼ばれ，往復動用シールとして用いられている（図**7·6**）．シールの材料としては，合成ゴム，合成樹脂，皮などが使用されている．

往復動用シールが常に安定な流体膜を確保するためには，シールの接触圧力分布が上昇および下降変曲点をもち，軸受特性数G（$=\eta uD/P$．η：粘度，u：最大速度，D：軸直径，P：緊迫力）がシール形状，軸の表面粗さなどによって規定されるG_C以上であることが必要である[1)]（図**6·16**参照）．この場合の摩擦係数μは，$\mu=\phi G^{1/2}$と表示される．比例定数ϕは，圧力分布の上昇変曲点の位置での圧力こう配の大きさに依存している．

なお，往復動用シールの密封は，漏れ出た流体を引き戻すことによって達成されるが，この漏れ量も両変曲点の位置での圧力こう配の大きさに依存している[2)]．すなわち，リップ形状は，往復動用シールの摩擦・密封特性に直接影響することになる．

（i） Uパッキン　シールの内外径部にリップを備え，ほぼU字形をした断面形状をもつシールで，往復運動部分に使用される．密封性能もよく，ハウジング

（グランド）への取付けも容易であるため，広く利用されている．使用圧力が高い場合などにはパッキンのヒール部がすきま部へはみ出して損傷することがあるので，バックアップリング（back-up ring）が併用される．

なお，このUパッキンには，しゅう動側，非しゅう動側リップの特性を考慮した非対称形のものと，ロッドシール（ロッド表面としゅう動）としてもピストンシール（シリンダ表面としゅう動）としても使用できるようにした対称形のものとがある（図**7·6**のUパッキンの装着例は，ロッド・ピストン両用シールをロッドシールとして使用した場合を示したものである）．

（**ii**）**Vパッキン**　内外径部にリップを備え，断面形状がV字形をしたパッキンで，往復運動部分に使用される．図**7·6**（**c**）に示すように，作用圧力の大きさに応じて数個を重ねて，めすおよびおすアダプタにはさみ，これをパッキン押さえで締め付けて使用する．漏れが発生しても増し締めによって漏れを減少させることが可能である．

（**iii**）**Lパッキン**　カップパッキンまたはさらパッキンと呼ばれ，形状は皿状であり，外径部にリップをもち，ピストンパッキンとして使用されるが，耐圧性に乏しい．

（**iv**）**Jパッキン**　フランジパッキン，ハットパッキンとも呼ばれ，内径部にリップをもった帽子状の形をしている．フランジなどで押さえ付けられてロッドパッキンとして使用される．なお，パッキンのつばの部分はガスケットの働きをする．

（**2**）**スクイズパッキン**　溝に取り付けて一定の圧縮変形つぶししろを与えて使用するパッキンをスクイズパッキン（squeeze packing）と呼ぶ．流体圧力が増加するとパッキンが溝の片方に押し付けられて漏れ路をふさぐが，すきま部へのはみ出し防止のためにバックアップリングが使用されることがある．図**7·7**に示すO形の断面形状をもつ

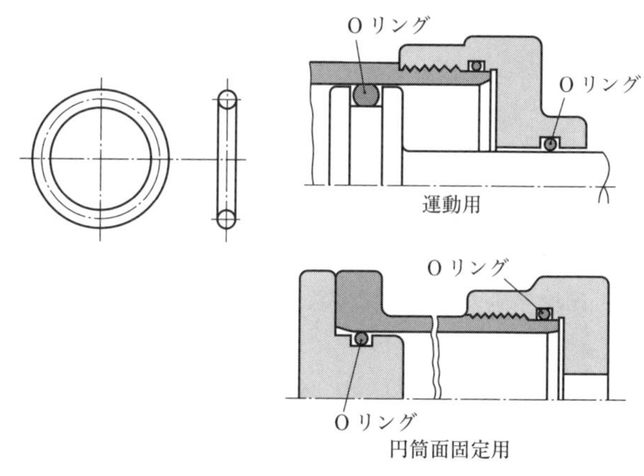

図7·7　スクイズパッキン（Oリング）（NOKカタログより）

O リング（O-ring）と呼ばれるスクイズパッキンが最も一般的であり，ガスケットとしても広く用いられている．このほか，X リング，D リング，T リング，角リングなどのパッキンがあり，X リングは往復運動・回転運動用に，D リング・T リングは往復運動用に使用され，角リングは主として固定用として使用される．

（3） **オイルシール**　オイルシール（oil seal）は，金属環とゴム材料でできたくさび状の断面形状をもつリップを有するパッキンであり，リップ先端を軸表面に押し付けることによって流体を密封するもので，比較的低圧の流体を密封する場合に使用される（図 7·8）．おもに回転軸に対して用いられるが，ハウジングが回転する場合や，往復運動用のシールとしても使用される．

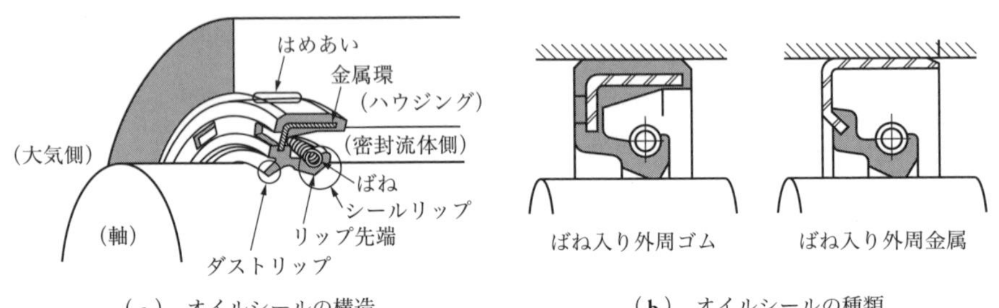

（a） オイルシールの構造　　（b） オイルシールの種類

図 7·8　オイルシール（NOK カタログより）

リップ先端の押付けはばねによって行われるが，ばねは押付け力を高めるとともに，それを長期間保持する役目をもつ．また，はめあい部は，オイルシールのハウジングへの固定と，その部分からの漏洩防止機能をもち，金属環はゴムで被覆されているものがある．

なお，外部からの異物の進入を防止することを目的としてダストリップ〔図 7·8（a）参照〕のついているオイルシールもある．また，密封対象液側と反対側のテーパ面にねじ溝を設け，ねじのポンプ作用を併用したシールもある．

ここで，回転軸用のオイルシールの密封条件について触れておく．

回転用オイルシールは，ごく一般的な使用状態のもとでは，流体潤滑状態にあって，摩擦係数 μ と軸受特性数 G（$=\eta ub/P$．η：粘性係数，u：軸周速，b：接触幅，P：緊迫力）との間には

$$\mu = \Phi G^{1/3} \quad (\Phi：油膜の形成状態によって決まる定数)$$

の関係が認められている[3]．$\Phi < \Phi_c$ では漏れが発生する．

オイルシールの密封の必要条件は，

①　接触圧力分布のピークの位置が接触幅内の密封流体側に偏在すること．

②　シールしゅう動面が柔軟な弾性体であり，かつ適度に荒れていること．

である．これらの条件が満足されると，大気側から油側へ，さらに油側から大気側へと循環する流れのうち，前者の流量のほうが後者よりも統計的に多くなり，密封が達成されると考えられている[4)]．

なお，一般的に軸の表面粗さが増加すると漏れやリップの摩耗が発生しやすくなる．また，粗さが小さくても流体膜の形成が不充分であれば，過大摩耗を発生することも知られている．

（4）　**メカニカルシール**　メカニカルシール（mechanical seal）は，安定した密封性と長期の寿命が得られる代表的な回転用シールで，図 7·9（a）に示すように，軸方向には移動しないシートリング端面に，密封端面の摩耗に応じて軸方向に動くことのできる従動リング（シールリング）端面をばねで押し付けて密封する構造をもつ．緩衝リングは，シートリングを浮動させて振動の緩和を図り，密封端面間の密着を確保するための部品である．

メカニカルシールの形式および構造は多岐にわたっており，種々の分類法がある．図 7·9（b）に示すように，高圧側流体の圧力を受ける軸方向の投影面積を B，密封端面の軸方向投影面積を C とするとき，B/C をバランス比というが，$B \leqq C$ の場合を平衡形（バランスタイプ），$B > C$ の場合を非平衡形（アンバランスタイプ）メカニカルシールと呼んでいる．非平衡形は密封流体の圧力の増大とともに密

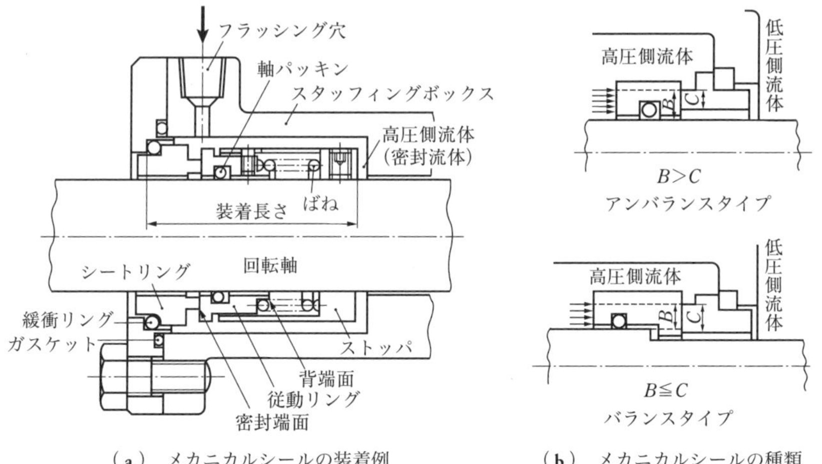

（a）　メカニカルシールの装着例　　（b）　メカニカルシールの種類

図 7·9　メカニカルシール（NOK カタログより）

封端面の圧力も増大するので低圧力用に，平衡形は高圧力流体や潤滑性の乏しい流体を密封する場合に使用される．また，密封流体がしゅう動面の外周から内周に向かって漏れようとする場合を内流形，その逆の場合を外流形と呼び，内流形と外流形では漏れに対する遠心力の影響は逆に作用し，高速回転に対しては内流形が適している．なお，外流形は内圧がかかるために高圧流体の密封には適さない．さらに，従動リングが回転するものを回転形，回転しないものを静止形といい，回転形はばねが遠心力の影響を受けるため，高速回転軸には適さない．

なお，メカニカルシールは，密封部分の温度上昇の防止あるいは密封面の潤滑や軸封部分への不純物の堆積の除去を目的として，密封部分に高圧側流体あるいは高圧側流体と別系統の流体を注入，抽出するフラッシングが実施される場合もある．

メカニカルシールのしゅう動面は密封達成のために極めて高い平坦度・平滑度が要求される．このため，ラップ仕上げをして使用されるが，作動時の機械的，熱的，化学的作用によって摩耗，腐食，き裂などの密封性能に直接影響する表面損傷を受けやすい．したがって，しゅう動材料としては，一方に金属，セラミックスなどの硬質材料，他方にカーボンなど自己潤滑性のある軟質材料が密封流体の特性および作動条件を考慮したうえで選択されるのが一般的である．

メカニカルシールは，面のうねりなどに起因するくさび効果（**6·3·1** 項 参照）のために，通常の運転条件では流体潤滑状態にあると考えられている．この場合には，摩擦係数 μ と軸受特性数 G（$=\eta ub/P$．η：粘性係数，u：ピッチ円速度，b：密封面幅，P：接触荷重）の間には

$$\mu = \Psi G^{1/2} \quad (\Psi\text{：油膜の形成状態によって決まる定数})$$

の関係が成立し，良好な密封は $\Psi > \Psi_c$ で達成される[5]．G が低い場合には非流体潤滑域で稼働することになるため，密封面材料の選択にはとくに注意が必要となる．

（5） **グランドパッキン**　スタッフィングボックスと呼ばれるパッキン箱の中に装入し，パッキングランド（パッキン押さえ）によって締め付けて半径方向の緊迫力を発生させて密封を行う軸封装置をグランドパッキン（gland packing）という．パッキンの断面形状は，一般的には正方形か長方形であり，1個1個別々に挿入する場合もあるが，コイル形につくって適当の長さに切って使用するものもある．すきまへのはみ出しを防ぐためにバックアップリングが併用されることがある．

グランドパッキンの材料としては，有機または無機の繊維やシート，金属の箔や線などが使用されている．

8

伝動装置

原動機から作業機に動力もしくは運動の伝達を行う機械要素を伝動装置といい，回転運動をする要素間に動力を伝える装置と，回転運動を並進運動に，あるいは並進運動を回転運動に変換する**ねじ伝動装置**とに大別される．前者に属する伝動装置としては，巻き掛けることのできる柔軟で引張り力に耐えうる要素を用いて，比較的距離の長い2軸間に動力を伝達する**巻掛け伝動装置**（ベルト，ロープ，チェーン伝動装置），円形断面をもつ2物体間の摩擦を利用した**摩擦伝動（フリクションドライブ，トラクションドライブ）装置**，2軸間に滑りがなく，確実な回転の確保ができる**歯車伝動装置**などがある．

これらの装置の選択に際しては，伝達距離，回転精度，許容滑り率，コスト，保全などを考慮する必要がある．

なお，これらの伝動機構を省略し，原動機と作業機の直接結合〔ダイレクトドライブ（direct drive）方式；DD方式〕を採用することも設計上考慮すべきである．

8･1 ねじ伝動装置

ねじ伝動装置に関しては，**4**章の“ねじの力学”において述べた事柄をそのまま適用することができるので，詳細については**4**章を参照されたい．

ねじ伝動装置では，ねじの回転運動によって動力を伝達する．軸方向荷重がFの場合に必要な回転トルクTは，式(**4･19**)より

$$T=\frac{d_2}{2}F\tan(\rho'+\beta) \qquad (\mathbf{8\cdot1})$$

と表される．式(**4･17**)，式(**4･18**)に示したように，動力の損失を防ぐためには，摩擦角ρ'を小さくしなければならない．ねじ山の角度を小さくすれば，ρ'も小さ

くなるので，伝動用ねじとしては，角ねじや台形ねじが使用される．なお，ρ' の直接的低下を図ったねじ伝動装置として，ねじ接触面を潤滑油で分離した**静圧ねじ伝動装置**や，接触面を滑り運動から転がり運動に変えた**ボールねじ伝動装置**（図 8·1）などがある．

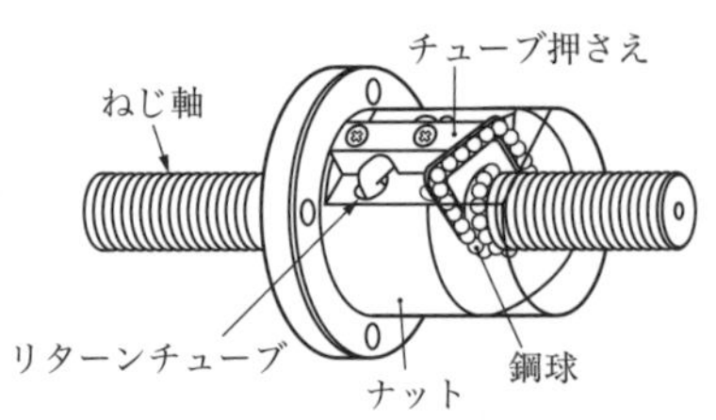

図 8·1 ボールねじ伝動装置（NTN カタログより）

8·2 ベルト伝動装置

ベルト伝動機構は，**ベルト**（belt）と**プーリ**（pulley）間の摩擦力による伝動と，ベルトとプーリとの相互のかみ合いによる伝動とに大別される．前者には **V ベルト**と**平ベルト**が，後者のベルトとしては**歯付きベルト（タイミングベルト；**toothed belt，timing belt）が使用される．

平ベルトは断面積が小さく，単位長さ当たりの重量も小さいために，高速用に使用されていたが，伝達動力が小さく，最近ではほとんど使用されていない．V ベルトは V 形溝の側面を動力伝達の摩擦面として使用するので，接触面積が大きく，くさび作用によって接触圧力が高くなるため，高い動力伝達能力があり，現在広く使用されている．

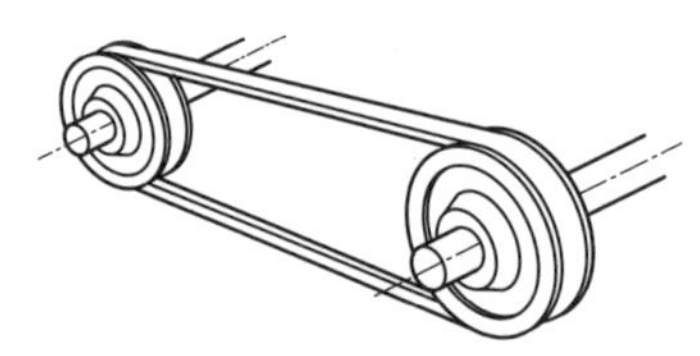

図 8·2 ベルト伝動装置（V ベルト，平行掛け）

なお，ベルトの掛けかたには，原動軸と従動軸が同一方向に回転する平行掛け（オープンベルト）と，逆方向に回転する十字掛け（クロスベルト）があるが，平行掛けが一般的である．

ベルトプーリ（ベルト車）は，一般には鋳鉄製のものが用いられるが，高速用には軽合金製などが使用される．ベルトプーリは，

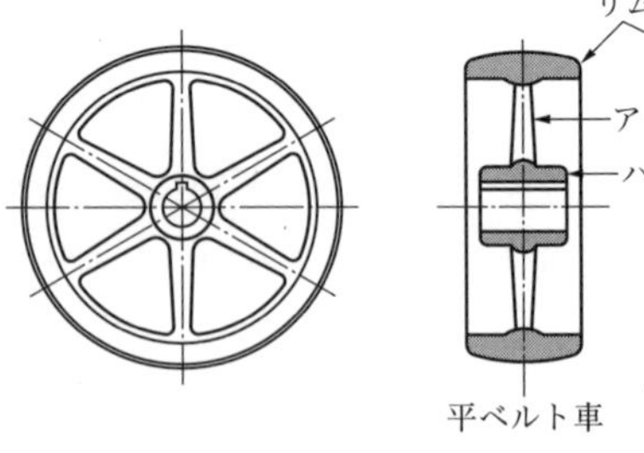

（a） ベルトプーリの形状　（b） ベルトプーリの断面形状

図 8·3 ベルトプーリ

図 8·3(a)に示すような形状をしており，平ベルトプーリ〔(b)図〕の場合には，ベルトが径の大きいほうへ移動する傾向を利用して，作動中のベルトの脱落防止を目的として，リム部を中高（クラウン）にすることがある．なお，市販のプーリは荒仕上げのみを施してあるので，使用時には正確な仕上げ加工を行い，偏心などの不つり合いを取り除くことが望ましい．

ベルト伝動は，① 軸間距離の制約が少ない，② 比較的大きい速度比が容易に得られる．③ 滑らかで静粛な動力の伝達ができる，④ 衝撃荷重や振動が存在してもベルトが吸収・緩和する，⑤ 装置が簡単で潤滑の必要がない，などの長所を有する．

なお，ベルト伝動装置は，多少の滑りをともなうが，実用上滑りが問題となることは少なく，逆に，滑りが過負荷に対する安全対策として利用できる．また，ベルトは使用中に帯電することがあるので，爆発や燃焼の恐れのあるところでは帯電防止ベルトを使用しなければならない．

8·2·1 V ベルト伝動装置

V プーリ（V ベルト車）と V ベルトの間の摩擦を利用して静粛に動力を伝達することができる伝動装置である．V ベルトには断面形状，引張り強さの異なる多くの種類（JIS K 6323 参照）があり，設計の際は，用途，作動条件によって適切なものを選択する必要がある．一般に，V ベルトは継目のない輪形をしており，合成繊維などからなる心線を含む台形断面の周囲にゴムを塗布した布で覆うか，ゴムと心線を含む台形断面の上下面にゴムを塗布した布を重ね合わせた構造になっている．

V ベルトは，衝撃荷重や振動が存在しても，ベルトの弾性変形やベルトがプーリ溝の中に引っ張り込まれることによってこれらは緩和され，潤滑も不要であるので，取扱いが容易である．

V ベルト伝動装置では，原動プーリが回転を始めると，ベルトは従動プーリから原動プーリに進入することになるが，この場合のベルトの進入側は，ベルト張力が増加して張り側となり，ベルトの退出側は張力が減少してゆるみ側となる．この張り側とゆるみ側の張力差を**有効張力**といい，これが回転力となる．なお，静止時のベルト張力を**初張力**という．

ベルト伝動装置の設計において伝達動力を高めるためには，ベルトに充分な張力（ベルト張力）を与えるとともに，ベルトとプーリとの**接触角**（**巻掛け角**）を大きくする必要がある．

ベルト伝動における**原動プーリ**と**従動プーリ**との回転数の比を速度比（回転数

比）といい，理論上の速度比 r は，原動，従動プーリの回転数を n_A，n_B，ピッチ円直径を d_A，d_B とすると

$$r = \frac{n_B}{n_A} = \frac{d_A}{d_B} \tag{8·2}$$

となる．しかし，伝動中にプーリとベルトの間に若干の滑りが発生し，原動・従動軸間の速度にわずかの誤差を生じることがあるため，厳密には上式とは異なる．

この滑りには**弾性滑り**と**見かけの滑り**がある．前者は，ベルトの張り側とゆるみ側の張力差に起因するベルトの伸びの差によってベルトがプーリ上で伸縮し，プーリとの間に速度差が生じることによってもたらされるものである．後者の見かけの滑りは，張力によってプーリ溝にVベルトが食い込むことにより，ベルトの回転半径が小さくなって回転周速が低下し，あたかも滑ったような現象が生じることをいう．ただし，伝動中に発生する滑りは高々1～2%であり，ふつうの伝動条件では問題になることはない．しかし，回転速度の増大によるベルト遠心力の増加や，伝達容量を超える荷重の負荷は，ベルトのプーリ上の全面的滑りを引き起こし，伝動不能をもたらす．その結果，多量の摩擦熱が発生し，ベルト寿命は急激に低下する．

なお，ベルトは繰り返し曲げ応力を受ける．ベルト速度が速いほど繰返し数は増大し，軸間距離が短いほど曲げ応力が増大するので，ベルト寿命は短くなる．

次に，Vベルトの伝達動力について検討する．

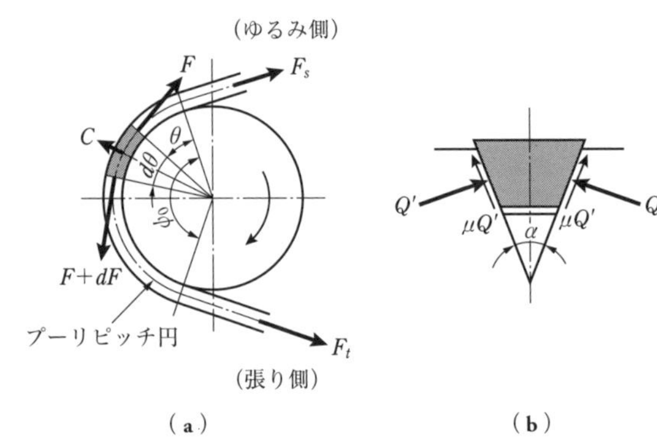

図8·4　Vベルトに作用する力

図8·4(a)に示すように，ベルトに働く力のつり合いをプーリピッチ円上において考える．図8·4(b)に示すように，Vプーリ壁面からベルト側面に作用する垂直力を Q' とすれば，ベルトに作用する半径方向力 Q は

$$Q = 2Q' \sin\frac{\alpha}{2} \quad (\alpha：プーリ溝の角度) \tag{8·3}$$

となる．

なお，ベルト側面とプーリ壁面との摩擦係数を μ とすれば，半径方向の力のつ

り合いは，図 **8·4**(**b**)に示すように，$Q=2\{Q'\sin(\alpha/2)+\mu Q'\cos(\alpha/2)\}$ となる．しかし，ベルトが回転し，摩擦力によって動力を伝達し始めると，摩擦力の作用方向は動力の伝達方向である円周方向に移行するため，半径方向の摩擦力成分は 0 になるので，ベルト駆動中は式(**8·3**)が成立する．

また，回転円周に対する接線方向のつり合いより

$$(F+dF)\cos\frac{d\theta}{2}=F\cos\frac{d\theta}{2}+2\mu Q' \tag{8·4}$$

垂直方向のつり合いより

$$(F+dF)\sin\frac{d\theta}{2}+F\sin\frac{d\theta}{2}=2Q'\sin\frac{\alpha}{2}+C \tag{8·5}$$

となる．ただし，式(**8·4**)の $2\mu Q'$ はベルトの摩擦力（＝回転力）である．また，式(**8·5**)の C は遠心力であり，ベルトの単位長さ当たりの重量および質量をそれぞれ w および m，ベルトの速度を v とすれば，遠心力 C は次式で表示される．

$$C=\left(\frac{w}{g}\right)(Rd\theta)\left(\frac{v^2}{R}\right)=\left(\frac{w}{g}\right)v^2d\theta=mv^2d\theta \tag{8·6}$$

なお，ベルト回転力は摩擦力によって与えられるので，回転力 $2\mu Q'$ は，式(**8·3**)から次のように表示される．

$$2\mu Q'=\frac{\mu Q}{\sin(\alpha/2)}=\mu' Q \tag{8·7}$$

ただし

$$\mu'=\frac{\mu}{\sin(\alpha/2)} \tag{8·8}$$

式(**8·4**)と式(**8·5**)において，$d\theta$ が小さいとして高次の微小量を省略すれば

$$dF=\mu' Q \tag{8·9}$$

$$Fd\theta=Q+C \tag{8·10}$$

ゆえに

$$\frac{dF}{F-mv^2}=\mu' d\theta \tag{8·11}$$

であり，これを巻掛け角度 ϕ_0 について積分すれば次式が得られる．

$$\frac{F_t-mv^2}{F_s-mv^2}=\exp(\mu'\phi_0) \tag{8·12}$$

ここで，有効張力 $F=F_t-F_s$ を用いれば

$$F_t = F\frac{\exp(\mu'\phi_0)}{\exp(\mu'\phi_0)-1} + \frac{w}{g}v^2 \tag{8・13}$$

$$F_s = \frac{F}{\exp(\mu'\phi_0)-1} + \frac{w}{g}v^2 \tag{8・14}$$

と表される．F_t は，（ベルトの許容引張り応力）×（ベルトの断面積）で算定することができるので，ベルトがプーリに与える伝達動力 H は

$$H = F_v = F_t v\left(1-\frac{mv^2}{F_t}\right)\frac{\exp(\mu'\phi_0)-1}{\exp(\mu'\phi_0)} \tag{8・15}$$

したがって，H を最大にする v の値は，$dH/dv=0$ から，$\sqrt{F_t/(3m)}$ となる．

式(**8・8**)から，V ベルトがプーリに与える回転力は，μ' が大きくなるほど，すなわち α が小さくなるほど大きくなる．一般に V ベルトの断面角度は 40°，プーリの角度は，ふつう，それより小さい 34 ～ 38° にとられている．

8・2・2　歯付きベルト伝動装置

歯を設けたベルト（歯付きベルト，タイミングベルト）と，これとかみ合う歯付きプーリで構成される伝動装置である（図 **8・5**）．その特徴は，① 低い初張力，② 滑りのない確実な伝動，③ 高トルク伝達，④ 大きい速度比，⑤潤滑油不要，などであり，幅広い用途をもっている．

この伝動装置は，プーリの多角形形状に起因して回転むらが生じるが，ふつうの条件では無視できる程度である．回転数比は原動プーリと従動プーリの歯数比で規定される．なお，歯付きプーリの歯はインボリュート歯形と直線歯形があり，さらに，ベルトがプーリから外れないようにフランジがプーリの両側に付いているもの，片側だけのもの，フランジのないものなどがある．

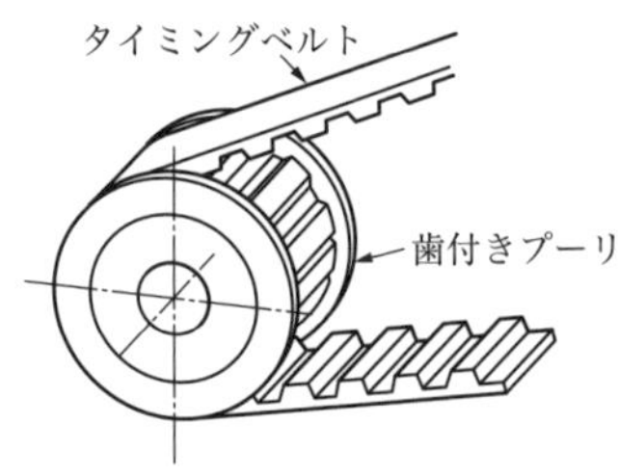

図 8・5　歯付きベルト伝動装置

8・3　チェーン伝動装置

チェーン伝動装置（図 **8・6**）は，**リンク**（link）を多数結合した**チェーン**（chain；鎖）と，**スプロケット**（sprocket）から構成されており，一つの駆動軸から一つあ

るいはいくつかの従動軸に回転運動を伝えるものである．また，両軸のスプロケットは同一平面に存在し，すべての軸は平行であることが必要である．

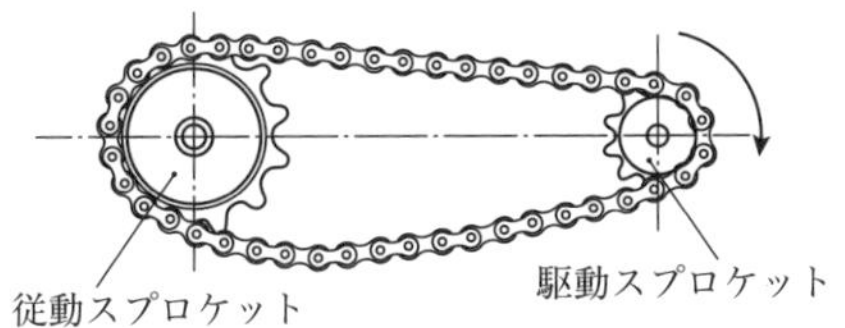

図 8·6　チェーン伝動装置

チェーン伝動は，① 滑りがないため確実で大きい動力の伝達が可能である，② 多軸の同時駆動が可能である，③ 摩擦駆動ではないので初張力が不要であるため軸受に余分な荷重がかからない，などの特徴があるが，チェーンの重量が大きいという欠点もあるため，ベルト伝動よりも低速回転の領域で使用され，高速運転では振動防止対策が必要である．

チェーン伝動における回転速度比 r は，原動軸および従動軸のスプロケットの歯数を z_A，z_B とすると

$$r=\frac{n_B}{n_A}=\frac{z_A}{z_B} \tag{8·16}$$

となる．ふつう，歯数比は 7：1 程度までである．なお，チェーンがスプロケットにかみ合っている状態は多角形であるため，スプロケットの中心とチェーン距離が一定ではないことに起因して，原動軸が一定の角速度で回転しても従動軸の角速度は 1 ピッチごとに変化する．しかし，スプロケットの直径が大きく，歯数が多い場合には回転むらは無視できる．また，スプロケットとチェーンとのかみ合いによってチェーン構成部品間が受ける繰返し荷重や相対滑り運動に起因してチェーン各部は疲れや摩耗を受け，これがチェーンの寿命を支配することになる．このような摩耗を防止し，円滑な回転運動を確保するためには潤滑が不可欠となる．

チェーンの種類は多いが，動力伝達用チェーンとしては**ローラチェーン**と**サイレントチェーン**が一般的である．

図 8·7 に示すローラチェーンは，最も代表的なチェーンで，**ピンリンク**と**ローラリンク**を交互に結合したものである．ピンリンクは，2 枚の**ピンリンクプレート**に圧入された 2 本のピンから構成され，ローラリンクは 2 枚の**ローラリンクプレート**に圧入された 2 個のブシュの外側に自由に回転できるローラをはめたものから構成されている．

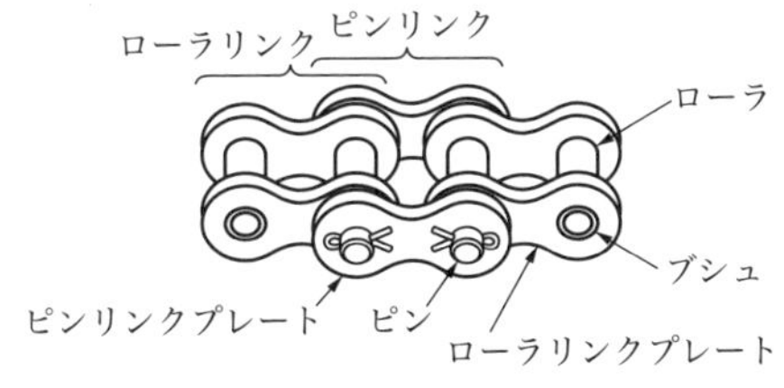

図 8·7　ローラチェーンの構造

また，ピンの端は割ピン，圧入かしめなどによって固定されている．

なお，チェーンを切断したり，スプロケットへ取り付けたりする場合には**継手リンク**を使用する．この継手リンクは，2本の継手ピンの一端をピンリンクプレートに圧入し，他端を容易に取り外すことができるように継手リンクプレートにはめたものである．また，リンク数が奇数になる場合の接合には，ピンリンクとローラリンクの機能を併せもった**オフセットリンク**を使用する．通常は単列のチェーン（単列チェーン）として用いられるが，大きい動力を伝達するには，数列のローラリンクを長いピンで結合し，各列のローラリンク相互の間に中間リンクプレートを入れた多列チェーンが使用される．

図**8·8**に示すサイレントチェーンは，内側に二つの歯形をもったリンクプレートを伝達動力に応じて重ねてピンで連結したチェーンである．チェーンが横に移動してスプロケットから外れるのを防ぐために両側または中央に案内リンクを入れるか，あるいはスプロケットにフランジを取り付ける．

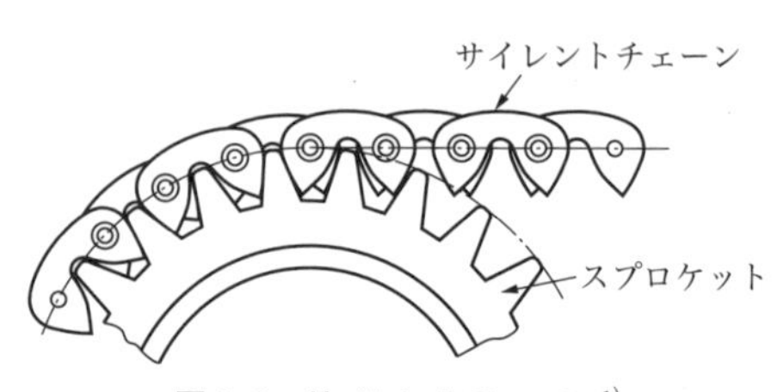

図8·8　サイレントチェーン[1)]

このサイレントチェーンは，摩耗が生じてもがたが生じにくく，比較的高速でも静粛運転が可能であるため，この名称で呼ばれる．

8·4 摩擦伝動装置

円柱形，円すい形，または球形の物体を互いに押し付けて発生する摩擦力を利用して動力を伝達する装置を摩擦伝動（friction drive）装置，あるいはトラクションドライブ（traction drive）という（図**8·9**）．

摩擦伝動装置における接触状態は，点または線接触であり，接触圧力が極めて高く，接触部の摩耗，焼付き，転がり疲れが問題となる．また，伝達力は法線力（押付け力）と摩擦係数の積の形で与えられるので，大きい伝達力を得るためには高い押付け力が必要である．通常，潤滑油によって両接触面を分離した状態で

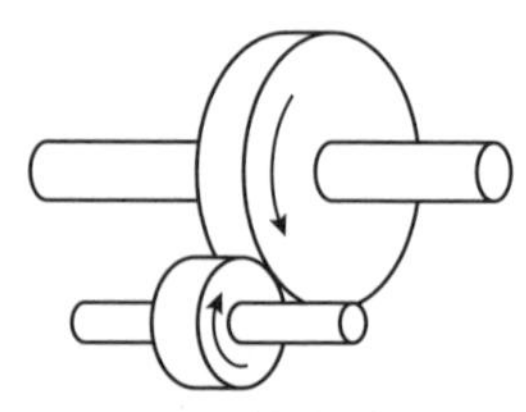
図8·9　摩擦伝動装置

使用される．また，高い伝達力を得るためには，通常の摩擦力低下を目的とした潤滑油の場合とは異なり，せん断抵抗の高い潤滑油が使用されている．

摩擦伝動装置は，① 騒音，振動が極めて小さく，静粛・高速運転が可能である，② 摩擦車の形状自由度（円筒，円すい，球，トロイダル曲面など）が大きい，③ 無段変速が可能である，などの利点がある．

8·5 歯車伝動装置

歯車（歯車対）は，一対の回転体の周辺に設けた歯をつぎつぎにかみ合わせ，運動を確実に伝達する機械要素であり，動力伝達および変速装置として広く使用されている．歯車対を組み合わせたものを歯車列と呼ぶ．

歯車による伝動は，① 大動力を確実に伝達できる，② 必要なスペースが小さく，装置は小形になる，③ 高精度，高効率の伝達が可能，④ 回転方向の変更が可能，⑤ 大きい減（増）速比が得られる，などの長所がある．一方，加工・組立に精度を要するのみならず，潤滑が必要であり，高速回転で騒音を発生しやすいなどの欠点がある．

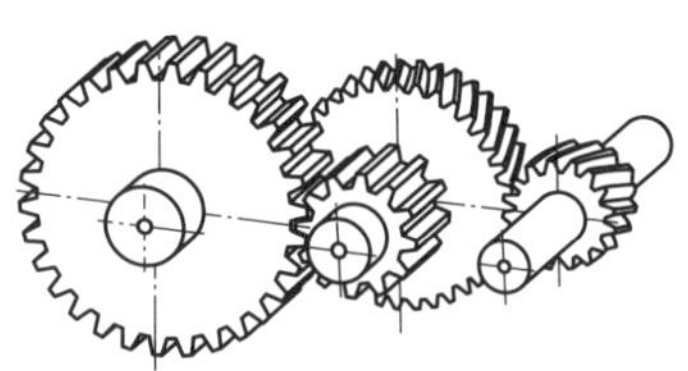

図 8·10　歯車列（JIS B 0102 より）

8·5·1　歯車の種類

歯車は，図 **8·11** に示すように，種々の歯すじ形状をもち，また，軸の相対位置によって平行軸歯車，交差軸歯車，食い違い軸歯車などに分類される．なお，歯車

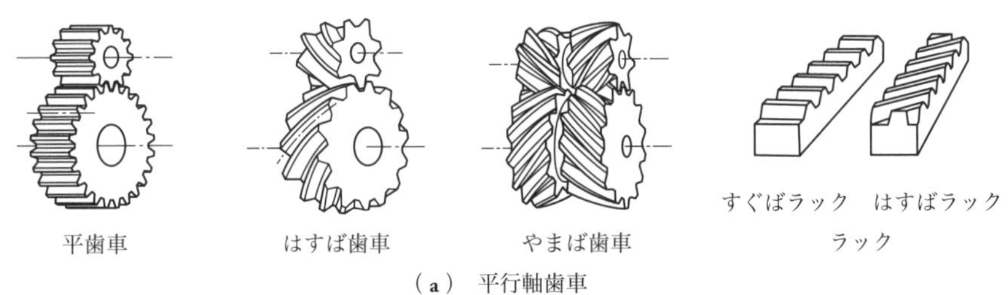

（a）平行軸歯車

図 8·11（その 1）　**歯車の種類**（JIS B 0102 より）

（次ページへ続く）

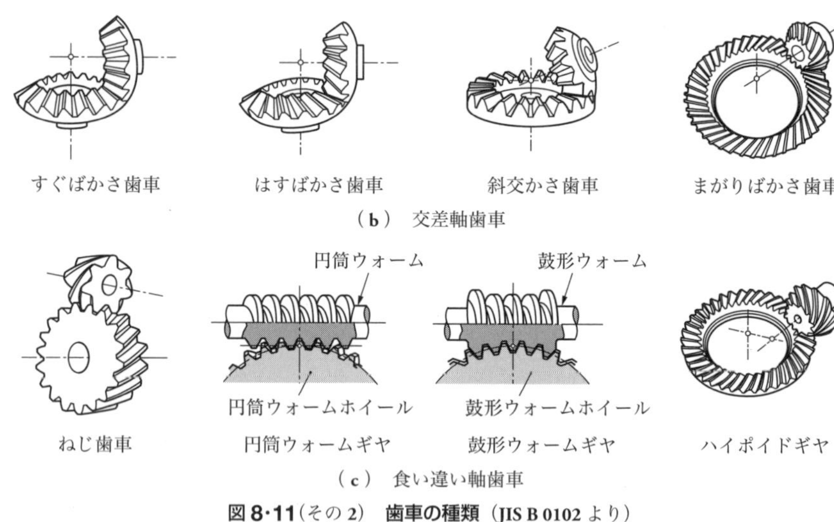

（b） 交差軸歯車

（c） 食い違い軸歯車

図 8·11（その 2） **歯車の種類**（JIS B 0102 より）

各部は図 **8·12** に示すような名称をもっている.

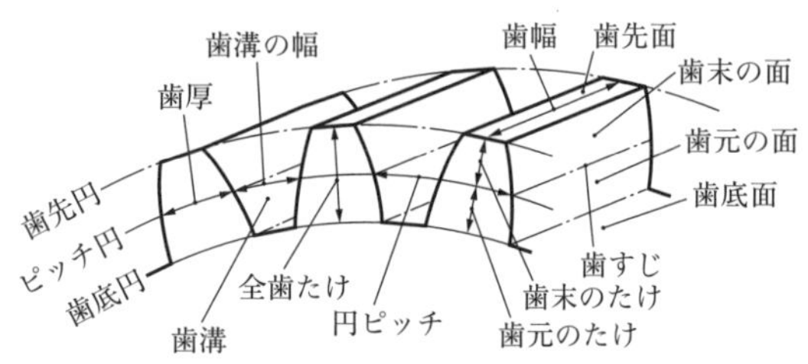

図 8·12 歯車各部の名称

（1） **平歯車** 平歯車（spur gear）は歯すじが軸に対して平行な円筒歯車で，最も多く使用されている歯車である．高速回転ではかみ合いに滑らかさを欠く恐れがあり，中・低速で使用されることが多い.

（2） **はすば歯車** はすば歯車（helical gear）は平歯車の歯すじをつる巻き線

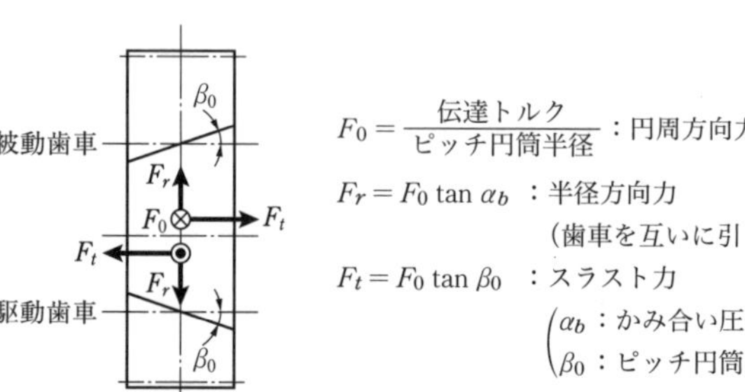

被動歯車
駆動歯車
β_0
F_r
F_0
F_t
$F_0 = \dfrac{\text{伝達トルク}}{\text{ピッチ円筒半径}}$ ：円周方向力
$F_r = F_0 \tan \alpha_b$ ：半径方向力
（歯車を互いに引き離す力）
$F_t = F_0 \tan \beta_0$ ：スラスト力
（α_b ：かみ合い圧力角
β_0 ：ピッチ円筒ねじれ角）

図 8·13 はすば歯車対のピッチ円筒に作用する力

としたもので，薄い平歯車の位相を少しずつずらして重ね合わせたものと考えてよい．また，一対のはすば歯車の傾きは互いに逆である．

この歯車は，歯のかみ合いが滑らかで，騒音が少なく，高負荷・高速伝動に適している．しかし，図**8・13**に示すように，軸方向にスラスト荷重が発生するため，使用には注意を要する．

（3） **やまば歯車** やまば歯車（double helical gear，herringbone gear）は，はすば歯車の短所であるスラスト力を打ち消すように，歯すじの巻き方向の異なるはすば歯車を2個組み合わせたものである．

（4） **かさ歯車** かさ歯車（bevel gear）は，任意の角度で交わる2直線の交点を頂点とする円すい面に歯を設けた歯車であり，おもに直交した2軸間の動力伝達に使用される．この歯車には，歯すじが円すいの母線に一致したすぐばかさ歯車（straight bevel gear）と，歯すじを円弧，インボリュートなどの種々の曲線状にしたまがりばかさ歯車（spiral bevel gear）とがあり，後者のほうがかみ合いが滑らかで，高速高荷重に適するが，特別な歯切り装置が必要となる．

かさ歯車は，一対一組として工作，検査されているため，組立に際してはそれぞれの歯車の軸方向位置を調整できるように軸受取付け部を設計し，歯当たりを確保するとともに，2軸の中心線を厳密に合致させることが重要である．なお，歯車支持軸の剛性を確保するとともに，軸受の選定に当たっては，ラジアル荷重のみならず，スラスト荷重も作用することを考慮しなければならない．

（5） **ねじ歯車** ねじ歯車（crossed helical gear）は，ねじれ角の異なる一対のはすば歯車を，食い違い軸間の動力伝達に使用したもので，一対の歯車の歯幅の中央は，2軸の共通垂線を含む位置になければならない．また，歯面の理論的接触状態は点接触（実際には摩耗して線接触になる）であり，歯すじ方向に滑りが生じるので，小動力の伝達に使用される．

（6） **ウォームギヤ** ねじ歯車の2軸の角度を直角としたものがウォームギヤ（worm gear）で，ウォームとウォームホイールから構成される．この歯車は小さいスペースで大きい減速比が得られ，回転が静かである．ウォームがi条ねじの場合の減速比は，ウォームホイールの歯数をiで除したものになる．ただし，ねじと同様に自立作用があり，通常，1条ねじのウォームを用いたウォーム歯車装置では，ウォームホイールを回転してウォームを回転させることは不可能である．また，摩擦損失が大きく，平歯車のような円筒歯車に比べて伝達効率が低いため，歯車材質の選択と適切な潤滑が重要となる．さらに，ウォーム軸の取付けに正確さを期すとともに，軸剛性を充分に確保し，スラスト荷重に対する対策を考慮した軸受の選定が必要である．

ウォームギヤには，ウォームが円筒形の**円筒ウォームギヤ**（cylindrical worm gear）と鼓形をした**鼓形ウォームギヤ**（cone worm gear，Hindley worm gear）があり，後者のほうが同時に多くの歯がかみ合うため，大動力の伝達に適している．

（7） **ハイポイドギヤ** ハイポイドギヤ（hypoid gear）は，かさ歯車の2軸が交わらないもので，食い違い軸の間に運動を伝達する円すいまたは円すいに近い形状の歯車をいい，自動車の後車軸によく使用される．ウォームギヤと同様に歯すじ方向の滑りが入ってくるので，騒音は少ないが，伝達効率はかさ歯車よりも数パーセント低くなる．

8・5・2 歯車の機構

回転運動をする物体間に動力を伝達する装置は，1軸から他の軸に常に等しい角速度比の連続的な回転運動を確実に伝えなければならない．このような条件を満足させるために，歯車の歯形は特殊な曲線によって形づくられている．

ここでは，これらの曲線の中で最も一般的な**インボリュート曲線**で創成されている**インボリュート歯車**のかみ合い運動と，それに関連した事項について説明する[2)]．

（1） **歯形曲線とかみ合い** 図8・14に示すような滑りのないクロスベルト伝動では，一定角速度比r

$$r=\frac{\omega_2}{\omega_1}=\frac{d_{g1}}{d_{g2}} \qquad (8\cdot17)$$

の回転運動を伝える．しかし，8・2節で述べたように，ベルト伝動では滑りが発生する可能性があるため，伝動の確実性に欠ける．そこで，図8・15に示すように，各プーリに板を張り付け，それぞれの板上に，ベルトのある一点に取り付けた鉛筆で，プーリの回転にともなう軌跡を描き，この軌跡に沿って板を切り取り，一組のカムをつ

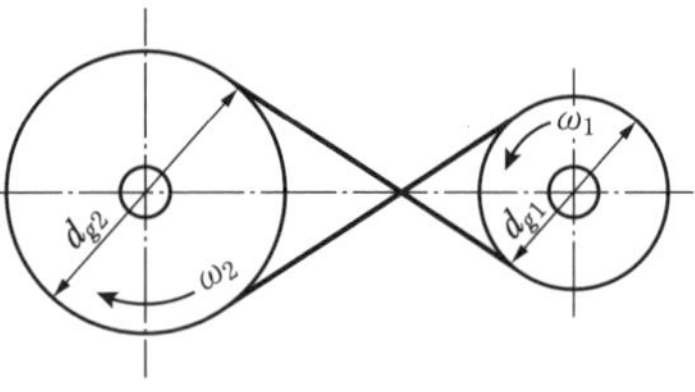

図8・14 クロスベルト伝動

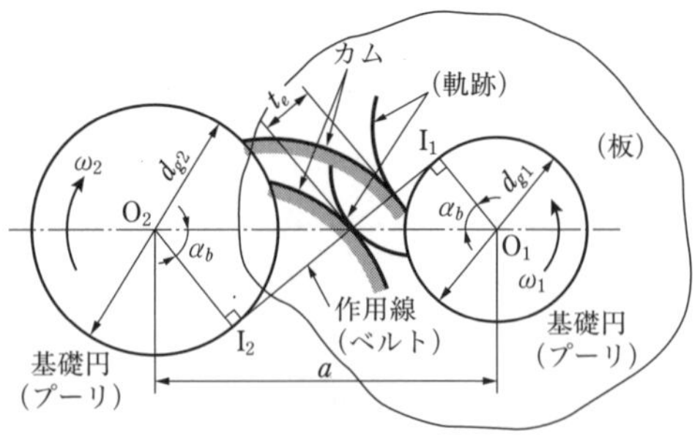

図8・15 インボリュート歯車のかみ合いと創成の原理

くり，ベルトを取り除く．この結果，プーリの回転にともない，それに付随するカムは仮想ベルト上で相手のカムと接触し，相手カムを法線方向に押すことによって他方のプーリを確実に回転させることができる．すなわち，作製した一対のカムによって等速回転運動の伝動が実現できるのである．

運動の連続性はカムを多数つくることによって達成できるが，1回転を周期とする連続回転を行うためには，プーリの円周は鉛筆間の距離 t_e で割り切れなければならない．したがって，カムの個数（歯車の歯数）は

$$\left.\begin{aligned} z_1 &= \frac{\pi d_{g1}}{t_e} \\ z_2 &= \frac{\pi d_{g2}}{t_e} \end{aligned}\right\} \tag{8·18}$$

となる．また，角速度比（回転数比）r は

$$r = \frac{\omega_2}{\omega_1} = \frac{d_{g1}}{d_{g2}} = \frac{z_1}{z_2} \tag{8·19}$$

となり，軸間距離 a は次式で表される．

$$a = \frac{d_{g1}+d_{g2}}{2\cos\alpha_b} = \frac{z_1+z_2}{2}\frac{t_e}{\pi\cos\alpha_b} \tag{8·20}$$

このようにして作製されたカムの形状の歯形をもつ歯車（歯車対）をインボリュート歯車という．なお，仮想プーリを**基礎円**（d_g：基礎円直径），仮想ベルトを**作用線**，α_b を**かみ合い圧力角**，t_e を**法線ピッチ**または**基礎円ピッチ**，O_1 と O_2 を結ぶ直線と作用線とが交わる点を**ピッチ点**と呼び，ピッチ点で接触する仮想的な2円（筒）を**ピッチ円**（筒）という．

ここに示した歯形は，基礎円の伸開線であるインボリュート（involute）曲線*であり，歯の接触点（かみ合い点）に立てた共通法線（作用線）は常にピッチ点を

---

* 一対の歯形が等速回転運動を伝達するためには，歯形に立てた法線がピッチ点を通り，ピッチ点でのかみ合いは滑りをともなわない転がり運動を行うことが必要条件となる．

歯形曲線としては，インボリュート曲線のほかにサイクロイド（cycloid）曲線や円弧などの曲線が使用されている．**サイクロイド歯車**では，中心間距離は歯形によって決まるため，中心間距離が狂うとかみ合いに不整合が生じる．また，歯切りも難しいため，その使用は時計や計測器のように小さい力を滑らかに伝える必要のある特殊な用途に限定されている．円弧歯車としては，円弧の中心がピッチ円上にあるはすば歯車である**ノビコフ歯車**（**WN 歯車**）が実用化されている（右図参照）．この歯車は，歯すじ方向の相対曲率半径が大きいので，歯面の疲れ強さが非常に高い．

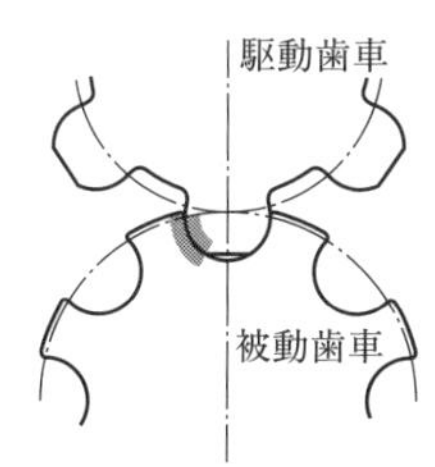

ノビコフ歯車

通る．また，ピッチ円直径（mm）を歯数で除したものを**モジュール**（module，記号：m，単位：mm）といい，整数値または簡単な小数値で定めて歯の基準とする．

インボリュート歯車では，中心距離（軸間距離）が変化しても基礎円は同一であるので，角速度には影響はなく，常に正しいかみ合い運動（等速回転）が行われる．しかし，中心距離が変化するとかみ合い圧力角およびピッチ円直径は変化する．なお，ピッチ円が無限大の歯車を**ラック**（rack）という〔図 **8・11**（**a**）参照〕．

インボリュート歯車ではラックの歯形は直線となるので，ラックのどの位置においても円ピッチ（ピッチ円周上に沿って測った歯間距離）は不変となる．したがって，ラックとかみ合う歯車はラックと同一のピッチをもつことになり，ラックを定めればピッチ円に応じた歯車が確定されることになる．そこで，定められた歯の大きさ，**歯形**，**歯たけ**（歯の高さ），および歯厚をもつ仮想のラックを歯車系の基準として用いることができる．このラックを**基準ラック**といい，そのピッチを**基準ピッチ**，半頂角を**基準圧力角**と呼ぶ*．

上記より，インボリュート平歯車の歯切り工具は，基準圧力角（**工具圧力角**）α_c，法線ピッチ t_e のラックで代表できる．いま，この歯切り工具としてのラックを，図 **8・16** に示すように，基準ピッチ線の方向 A－A′ に沿って速度 v で移動させ，直径 d_g の基礎円をもつ歯車素材を角速度 ω で回転させる．作用線 I_1-I_2 に沿っての歯車素材の速度は $d_g\omega/2$ であるから，ピッチ円直径 d の位置で歯切りが行われるとすれば

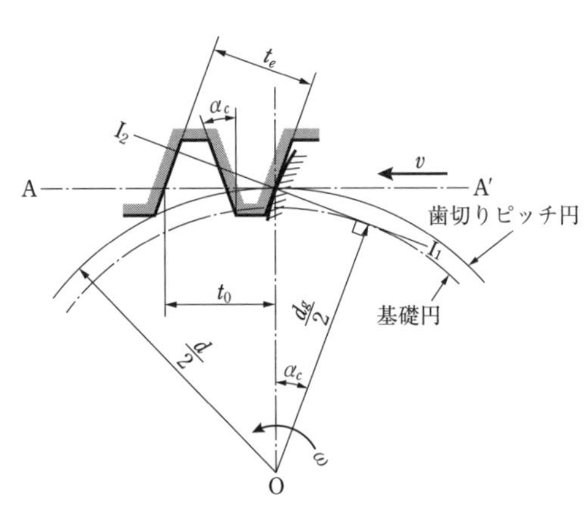

図 8・16　インボリュート歯車の創成

* ピッチ面上の一点における接平面と，その点を含む軸平面とに垂直な平面を正面（平行軸歯車では軸直角平面に相当する），歯すじに垂直な平面を歯直角平面と定義する．したがって，はすば歯車などでは正面ピッチ t_s（軸直角ピッチ），歯直角ピッチ t_n などが定義される（右図参照）．

なお，特定断面の歯形間の共通垂線に沿って測ったピッチが前述の法線ピッチである．

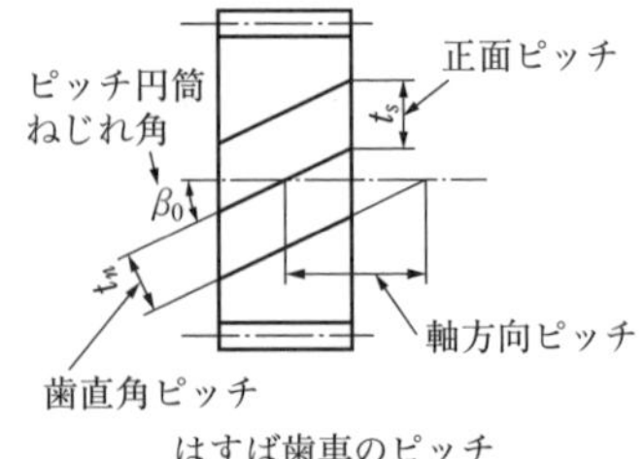

はすば歯車のピッチ

$$v = d_g\omega/(2\cos\alpha_c) = d\omega/2 \tag{8·21}$$

が成立し，以下の関係を満足する歯車が創成される．

$$d = d_g/\cos\alpha_c \tag{8·22}$$

d：ピッチ円直径

$$t_0 = t_e/\cos\alpha_c \tag{8·23}$$

t_0：円ピッチ（circular pitch）

$$z = \pi d_g/t_e = \pi d/t_0 \tag{8·24}$$

z：歯数

$$m = d/z = t_0/\pi \tag{8·25}$$

m：モジュール

ここで，モジュールは，歯車の主要寸法を定める代表量であり，**JIS B 1701** にはその標準値が規定されている．

図 **8·17** は，**JIS B 1701** に規定されている**基準ラック**を示したものである．ラック工具の**基準ピッチ線**を**歯切りピッチ線**と一致させて創成された歯車を**標準歯車**と呼び，その寸法は表 **8·1** のようになる．

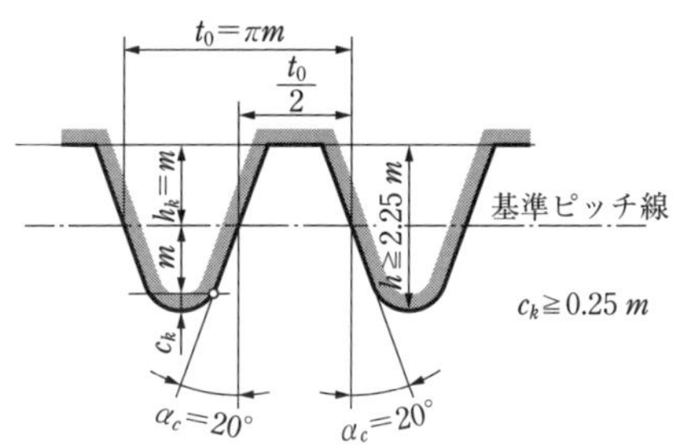

図 8·17　基準ラック（**JIS B 1701** より）

表 8·1　標準歯車の寸法

項目	寸法の求めかた
中心距離	$\alpha = \frac{z_1 + z_2}{2} m$
ピッチ円直径	$d_1 = z_1 m$, $d_2 = z_2 m$
歯先円直径	$d_{a1} = (z_1 + 2)m$, $d_{a2} = (z_2 + 2)m$
基礎円直径	$d_{g1} = z_1 m\cos\alpha_c$, $d_{g2} = z_2 m\cos\alpha_c$
円ピッチ	$t_0 = \pi m$
法線ピッチ	$t_e = \pi m\cos\alpha_c$
全歯たけ（工具切込み量）	$h = 2m + c_k$

〔**注**〕日本機械学会(編)：機械工学便覧 B1，日本機械学会，1985 より．

（2）　インボリュート平歯車のかみ合い　図 **8·18** は，一対の歯車がかみ合っている状態を示したものである．図からわかるように，歯面間には c_n の遊

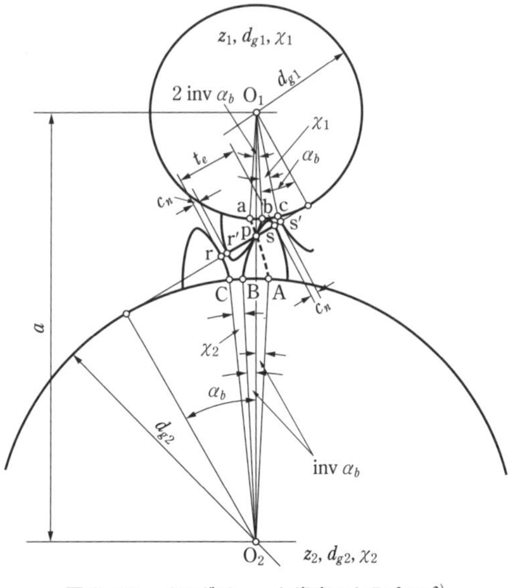

図 8·18　インボリュート歯車のかみ合い [2)]

びが必要であり，この遊びを**バックラッシ**（backlash）という．このバックラッシは，歯車運転中の負荷，熱変形，軸・軸受などを含めた歯車の工作あるいは組立誤差が存在してもかみ合いを滑らかに進行させることなどのために設けられているものである．しかし，その存在は，歯車を用いて位置決めなどをする際に問題となりやすい．

法線ピッチにバックラッシを加えた作用線上での距離 rs′ は

$$\overline{\mathrm{rs}'}=\overline{\mathrm{rp}}+\overline{\mathrm{ps}'}=t_e+c_n$$

と表される．ここで，$\overline{\mathrm{pa}}$，$\overline{\mathrm{pA}}$ を両歯車のインボリュート曲線とすれば

$$\overline{\mathrm{rp}}+\overline{\mathrm{ps}'}=\overset{\frown}{\mathrm{CA}}+\overset{\frown}{\mathrm{ac}}$$

である．すなわち

$$t_e+c_n=\left(\frac{d_{g2}}{2}\right)\angle \mathrm{CO_2A}+\left(\frac{d_{g1}}{2}\right)\angle \mathrm{aO_1c}$$

となる．また，隣り合う歯のインボリュート曲線が基礎円と交わる2点と基礎円の中心から構成される角度（基礎円上歯すきま角）を χ，inv $\alpha=\tan\alpha-\alpha$ と定義*すれば

$$\angle \mathrm{CO_2A}=2\,\mathrm{inv}\,\alpha_b+\chi_2$$

$$\angle \mathrm{aO_1c}=2\,\mathrm{inv}\,\alpha_b+\chi_1$$

また，式(**8・24**)から

$$d_{g1}=\frac{z_1t_e}{\pi},\qquad d_{g2}=\frac{z_2t_e}{\pi}$$

よって，一対の歯車がかみ合っている状態では

$$\mathrm{inv}\,\alpha_b=\frac{\pi(1+c_n/t_e)-(z_1\chi_1+z_2\chi_2)/2}{z_1+z_2} \qquad (8\cdot26)$$

$$a=\frac{d_{g1}+d_{g2}}{2\cos\alpha_b} \qquad (8\cdot27)$$

が成立する．

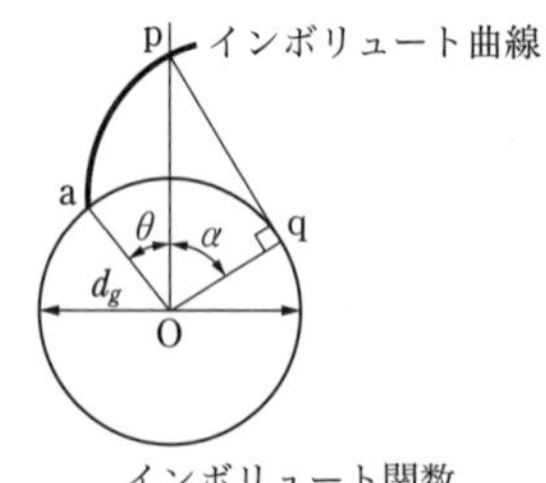

インボリュート関数

* **インボリュート関数**　右図に示す直径 d_g をもつ基礎円とするインボリュート曲線上のp点における圧力角を α とし，$\angle \mathrm{aOp}=\theta$ とすれば

$$\overline{\mathrm{Oq}}\tan\alpha=\overline{\mathrm{pq}}=\overset{\frown}{\mathrm{aq}}=\overline{\mathrm{Oq}}(\theta+\alpha)$$

ゆえに，θ は α のみの関数となる．これをインボリュート関数と称し，inv α と表す．すなわち

$$\theta=\tan\alpha-\alpha=\mathrm{inv}\,\alpha$$

（3） 転位歯車 図 **8・19** に示すように，工具の基準ピッチ線を標準歯車の基準ピッチ円よりも xm（m はモジュール）だけ半径方向に遠ざけたり近づけたりして歯切りされた歯車を転位歯車（profile shifted gear）という．ここに，x を**転位係数**，xm を**転位量**という．転位歯車では基礎円が変化しないため，インボリュート曲線は転位によって変化しない．

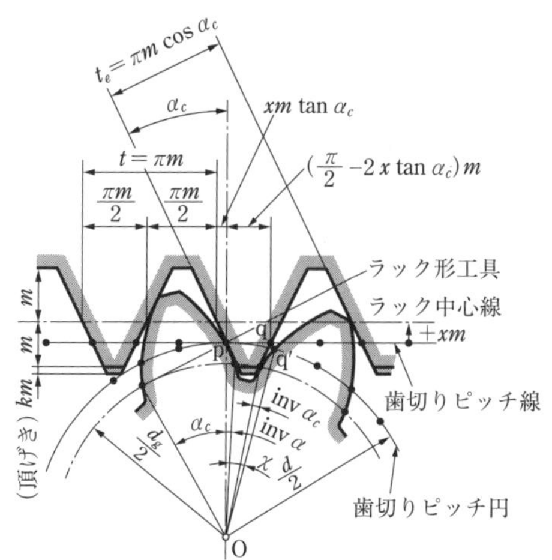

図 8・19　基準ラック形工具による転位歯車の創成 [3)]

ラックの歯切りピッチ線と歯車のピッチ円との間には滑りがないので

$$\widehat{\mathrm{pq}'}=\overline{\mathrm{pq}}$$

の関係が成立する．

なお

$$\angle \mathrm{pOq}'=\chi+2\,\mathrm{inv}\,\alpha_c$$

$$\widehat{\mathrm{pq}'}=\left(\frac{zm}{2}\right)\angle \mathrm{pOq}'$$

であるので，χ は次のように表される．

$$\chi=\frac{\pi}{z}-2\,\mathrm{inv}\,\alpha_c-\frac{4\tan\alpha_c}{z}x \tag{8・28}$$

したがって，歯数 z_1，転位係数 x_1 の歯車と，歯数 z_2，転位係数 x_2 の歯車を組み合わせた場合には，式(**8・26**)，式(**8・27**)から，かみ合い圧力角 α_b および中心間距離 a は

$$\mathrm{inv}\,\alpha_b=2\tan\alpha_c\frac{x_1+x_2+c_n/(2m\sin\alpha_c)}{z_1+z_2}+\mathrm{inv}\,\alpha_c \tag{8・29}$$

$$a=\frac{(z_1+z_2)m}{2}\frac{\cos\alpha_c}{\cos\alpha_b}=\frac{(z_1+z_2)m}{2}+\frac{(z_1+z_2)m}{2}\left(\frac{\cos\alpha_c}{\cos\alpha_b}-1\right) \tag{8・30}$$

となる．

簡単化のために，バックラッシ $c_n=0$ のときのかみ合い圧力角を α_b，c_n による

α_b の増分を $\Delta\alpha_b$ とすれば

$$\begin{aligned}\mathrm{inv}(\alpha_b+\Delta\alpha_b)&=\tan(\alpha_b+\Delta\alpha_b)-(\alpha_b+\Delta\alpha_b)\\&=\mathrm{inv}\,\alpha_b+\tan^2\alpha_b\cdot\Delta\alpha_b\\&=2\tan\alpha_c\left(\frac{x_1+x_2}{z_1+z_2}\right)+\mathrm{inv}\,\alpha_c+\frac{c_n}{(z_1+z_2)m}\frac{1}{\cos\alpha_c}\end{aligned}$$

$c_n=0$ のときのかみ合い圧力角 α_b は，式(**8·29**)から

$$\mathrm{inv}\,\alpha_b=2\tan\alpha_c\left(\frac{x_1+x_2}{z_1+z_2}\right)+\mathrm{inv}\,\alpha_c$$

であるので，バックラッシ c_n が存在する場合の α_b の増分 $\Delta\alpha_b$ は

$$\Delta\alpha_b=\frac{c_n}{(z_1+z_2)m}\frac{1}{\tan^2\alpha_b\cos\alpha_c}$$

となる．同様にして

$$\begin{aligned}a+\Delta a&=\frac{(z_1+z_2)m}{2}+\frac{(z_1+z_2)m}{2}\left\{\frac{\cos\alpha_c}{\cos(\alpha_b+\Delta\alpha_b)}-1\right\}\\&=\frac{(z_1+z_2)m}{2}+\frac{(z_1+z_2)m}{2}\left(\frac{\cos\alpha_c}{\cos\alpha_b}-1\right)\\&\quad+\frac{(z_1+z_2)m}{2}\frac{\cos\alpha_c\tan\alpha_b}{\cos\alpha_b}\Delta\alpha_b\end{aligned}$$

であるので，c_n が存在する場合の a の増分 Δa は

$$\Delta a=\frac{(z_1+z_2)m}{2}\frac{\cos\alpha_c\tan\alpha_b}{\cos\alpha_b}\Delta\alpha_b=\frac{c_n}{2\sin\alpha_b}$$

よって

$$\mathrm{inv}\,\alpha_b=2\tan\alpha_c\left(\frac{x_1+x_2}{z_1+z_2}\right)+\mathrm{inv}\,\alpha_c \qquad (\mathbf{8\cdot31})$$

$$a=a_0+ym+\Delta a$$

$a_0=\dfrac{(z_1+z_2)m}{2}$ ：標準歯車の軸間距離．

$ym=\dfrac{(z_1+z_2)m}{2}\left(\dfrac{\cos\alpha_c}{\cos\alpha_b}-1\right)$ ：転位による増加量．

$\Delta a=\dfrac{c_n}{2\sin\alpha_b}$ ：バックラッシによる増加量．

と表される．通常，設計にはこの式が採用されることが多い．

ピッチ円からラックの歯先までの距離は次式で与えられる．

$$(m+km)-xm$$

したがって，z_2 歯車の歯底円の半径 $d_{r2}/2$ は

$$\frac{d_{r2}}{2}=\frac{z_2 m}{2}-\{(m+km)-x_2 m\} \tag{8·32}$$

と表示される．

また，z_1 歯車とのかみ合いで km のすきまができるためには

$$a-\frac{d_{k1}}{2}-\frac{d_{r2}}{2}=km$$

ゆえに，歯車外径（歯先円直径）は，それぞれ

$$\begin{aligned} d_{k1} &= \{z_1+2+2\{y-x_2)\}m+2\Delta a \\ &= d_{k10}+2(y-x_2)m+2\Delta a \end{aligned} \tag{8·33}$$

$$d_{k2}=d_{k20}+2(y-x_1)m+2\Delta a \tag{8·34}$$

となる．ここで

$$d_{k10}=(z_1+2)m$$

$$d_{k20}=(z_2+2)m$$

は標準歯車の歯先円直径である．したがって，z_1 歯車の歯底円半径は

$$\frac{d_{r1}}{2}=\frac{z_1 m}{2}-\{(m+km)-x_1 m\} \tag{8·35}$$

となり，歯たけ h は次のように表される．

$$\begin{aligned} h &= \frac{d_{k1}}{2}-\frac{d_{r1}}{2}=\{2+k+y-(x_1+x_2)\}m+\Delta a \\ &= h_0-(x_1+x_2-y)m+\Delta a \end{aligned} \tag{8·36}$$

ただし，$h_0=(2+k)m$：標準歯車の歯たけ．

（4） **転位歯車の利用**　図 **8·20** は，一対の歯車のかみ合い始めからかみ合い終わりまでの状態を示したものである．被動歯車の歯先および駆動歯車の歯先がかみ合う点 K_2，K_1 は，基礎円の共通接線 I_1，I_2 の内側になければならない．さもないと，大歯車の歯先が小歯車の歯元に食い込み，歯の根本がえぐりとられる．この現象を歯の干渉（interference）といい，歯切りに際して歯形曲線の一部が図 **8·21** に示されるように削り取られる．これを切下げ（under cut）といい，転位歯車はこの切下げ防止のために考案されたものである．

次に，切下げ防止の理論転位量（切下げの限界）について述べる．

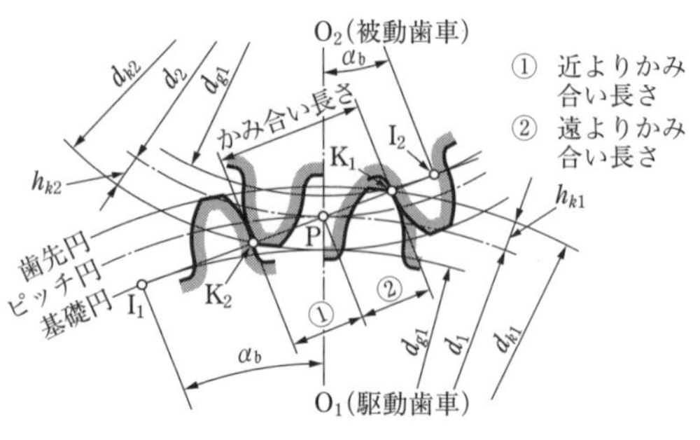

図 8・20 かみ合い長さ（JIS B 0102 より）

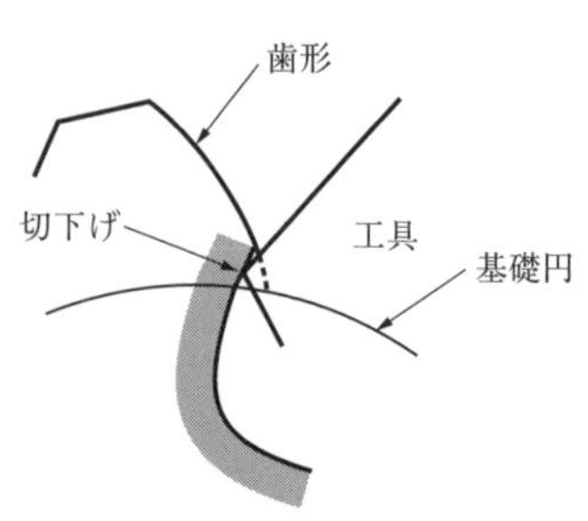

図 8・21 切下げ（工具の干渉）（JIS B 0102 より）

図 **8・22** において，歯切りピッチ線からラックの歯先までの距離を h_k，歯切りピッチ線から作用線が基礎円に接する点 I までの距離を PQ としたとき

$$\overline{\mathrm{PQ}} = \frac{mz}{2}\sin\alpha_c \sin\alpha_c \geqq h_k \qquad (8\cdot37)$$

なら切下げは発生しない．また，標準歯車では，$h_k = m$ であるので，切下げを起こさない**理論限界歯数** z_g は

$$z_g = \frac{2}{\sin^2\alpha_c} \qquad (8\cdot38)$$

である．すなわち，$\alpha_c = 20°$ のとき $z_g = 17$ となる．

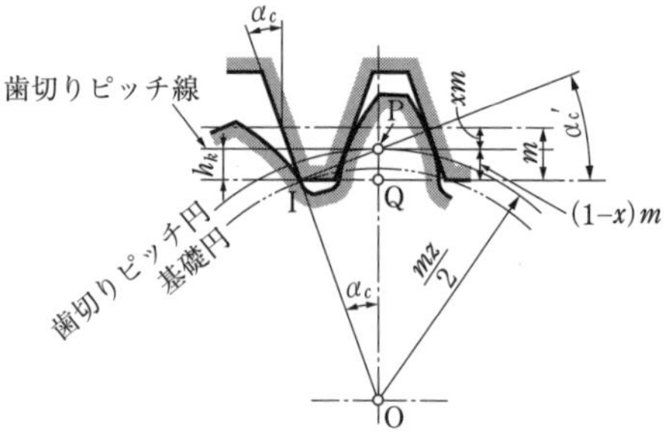

正に転位すれば

$$h_k = m - mx$$
$$= m(1 - x)$$

であるので

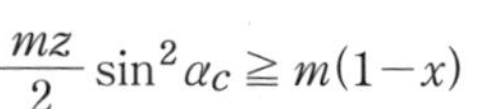

$$\frac{mz}{2}\sin^2\alpha_c \geqq m(1-x)$$

図 8・22 切下げ限界 [4)]

すなわち，切下げの発生しない条件は

$$z \geqq \frac{2(1-x)}{\sin^2\alpha_c}$$

となる．したがって，**限界転位係数** x_c は

$$x_c = 1 - \frac{z}{2}\sin^2\alpha_c = 1 - \frac{z}{z_g} \qquad (8\cdot39)$$

つまり，切下げ防止のための理論転位量は

$$xm \geqq \left(1-\frac{z}{z_g}\right)m \tag{8·40}$$

を満足しなければならない．

なお，同一ラックで歯切りされた転位歯車は，標準歯車と同じ角速度比で運転でき，転位歯車の円ピッチは標準歯車と同一である．しかし，歯厚，歯先円直径，歯たけ，中心間距離などは相違するので，設計に際しては注意しなければならない．

また，転位歯車は，式(**8·28**)からわかるように，正に転位すればχが小さくなり，歯厚は増加し，歯の曲げ強度は増大することになる．さらに，式(**8·29**)は，$\mathrm{inv}\,\alpha_b$が転位によって変化することを示し，後述するが，これは，かみ合い率，滑り率の調整に役立つ．

これらの事実は，転位することによって歯厚の調整（曲げ強さの調整），かみ合い圧力角の調整が可能であることを示す．なお，式(**8·30**)から，転位歯車は，中心間距離の調整のためにも利用されることがわかる．しかし，正の転位量が大きくなると歯先の歯厚は薄くなり，ある限度以上になると歯先がとがり，伝動用歯車としての利用は不可能になる（図 **8·30** 参照）．

【例題 8·1】 中心間距離が標準歯車のそれに等しい歯車対が満足する条件を求めよ．

【解】 題意より，$a = a_0 = (z_1 + z_2)m/2$

ゆえに，式(**8·30**)から

$$a_c = a_b$$

ここで，$c_n = 0$ と仮定すれば，式(**8·29**)によって $x_1 + x_2 = 0$ となる．小歯車の x_1 を限界転位係数に等しくとれば，$x_1 = (z_g - z_1)/z_g$ となる．

したがって，z_2 歯車が切下げを生じない条件は

$$x_2 = -(z_g - z_1)/z_g > \{z_g - z_2)/z_g$$

ゆえに

$$z_1 + z_2 > 2z_g$$

（5） かみ合い率　歯車が連続的かつ円滑な回転をなすためには，一対の接触が終わらない間に次の一対の歯車の接触が開始しなければならない．同時に何組の歯がかみ合っているかを示すのがかみ合い率（contact ratio）ε であり，この値は，作用線が歯車対のそれぞれの歯先円で限られた部分に相当するかみ合い長さ（図

8·20 参照）を法線ピッチで割った値で表される．

$$\begin{aligned}\varepsilon &= \frac{(\overline{K_2p}+\overline{pK_1})}{t_e}\\ &= \varepsilon_1+\varepsilon_2 = \text{近よりかみ合い率}+\text{遠のきかみ合い率}\\ &= \frac{\sqrt{(d_{k1}/2)^2-(d_{g1}/2)^2}+\sqrt{(d_{k2}/2)^2-(d_{g2}/2)^2}-\alpha\sin\alpha_b}{\pi m\cos\alpha_c}\\ &= N(\text{整数})+n(\text{小数})\end{aligned} \quad (8·41)$$

の場合には，かみ合いの始めと終わりの nt_e らの間は（$N+1$）組の歯がかみ合い，$(N-n)t_e$ の間は N 組の歯がかみ合うことになる．

図 8·23 は，一対の歯車のかみ合い始めからかみ合い終わりまでの状況を歯車の危険断面〔8·5·2 項(8)参照〕に作用するモーメントとともに表示したものである．

（6） 滑り率　図 8·24 に示す歯車対の歯面 S_1 および S_2 の接触点において，相対速度の方向に測った歯面上での接触点の対応する微小移動距離をそれぞれ dS_1（たとえば，$dS_1=\widehat{12}$），dS_2（たとえば，$dS_2=\widehat{1'2'}$）とするとき，$(dS_2-dS_1)/dS_1$，$(dS_1-dS_2)/dS_2$ を，それぞれ歯面 S_1 および S_2 における滑り率（specific

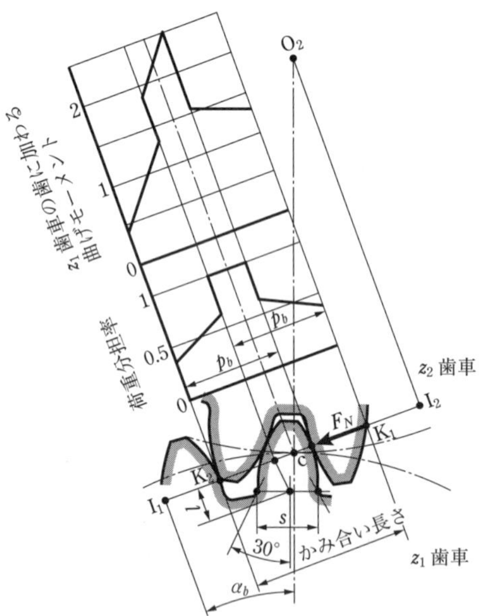

図 8·23　かみ合い中の曲げモーメント，荷重分担率の変化[5)]

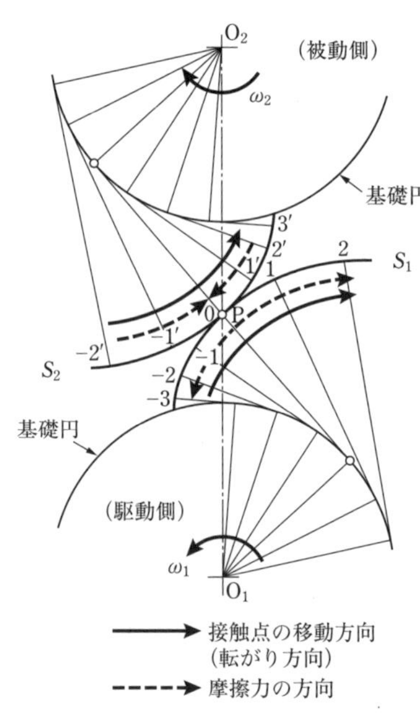

図 8·24　インボリュート歯面の滑り

sliding）という．この滑り率は，ピッチ円の大きさ，圧力角によって変化する．

歯車が $d\theta$ 回転したとき，作用線上での移動量 dx は

$$dx=\frac{d_g}{2}d\theta$$

歯面上での移動量 dS は

$$dS=\rho d\theta \quad (\rho：インボリュート曲線の瞬間曲線半径)$$

であるので

$$dS=\frac{2\rho}{d_g}dx=\frac{2\rho}{d\cos\alpha_c}dx$$

ここで，接触点からピッチ点までの距離を x とすれば

$$\left.\begin{aligned}\rho_1&=\frac{d_1}{2}\sin\alpha_b\mp x\\ \rho_2&=\frac{d_2}{2}\sin\alpha_b\pm x\end{aligned}\right\} \tag{8·42}$$

ゆえに，滑り量は

$$dS_2-dS_1=\pm 2x\left(\frac{1}{d_1}+\frac{1}{d_2}\right)\frac{dx}{\cos\alpha_c} \tag{8·43}$$

となる．したがって，図 **8·24** に示した歯車 O_1 および歯車 O_2 の滑り率 σ_1 および σ_2 は

$$\sigma_1=\frac{dS_2-dS_1}{dS_1}=\pm\frac{x(1+1/i)}{(d_1/2)\sin\alpha_b\mp x} \tag{8·44}$$

$$\sigma_2=\frac{dS_1-dS_2}{dS_2}=\mp\frac{x(1+i)}{i(d_1/2)\sin\alpha_b\pm x} \tag{8·45}$$

となる．ここに，$i=d_2/d_1$ であり，複号は同順で，上が近よりかみ合い，下が遠のきかみ合いの場合である．ピッチ点では $x=0$，$\sigma_1=\sigma_2=0$ であるので，純転がり状態である．しかし，基礎円上では，近よりかみ合いの場合には $\sigma_1=\infty$，遠のきかみ合いの場合には $\sigma_2=\infty$ となり，摩耗の増大や焼付きの発生が考えられるので，基礎円上あるいはその近傍でのかみ合いは避けることが望ましい．

なお，図 **8·24** に示されているように，歯面上での接触点の移動方向と歯面での滑りにともなう摩擦力の方向は，ピッチ点を境に歯先側と歯元側で相違することに注意すべきである．すなわち，歯先側では両者は同一方向であるが，歯元側では互いに逆方向となる．

（7） 歯形修整 一般に，歯形修整（profile modification）は，歯先または歯元すみ肉部に近い部分を，歯がやせるように，歯形をインボリュート曲線からずらせるように実施する（図 **8·25**）．その目的は，① 歯のたわみやピッチ誤差に起因する歯先の干渉を避ける，② 歯のたわみに起因する衝撃荷重を防止し，運動の伝達を滑らかにする，③ スコーリングの発生防止，などのためである．

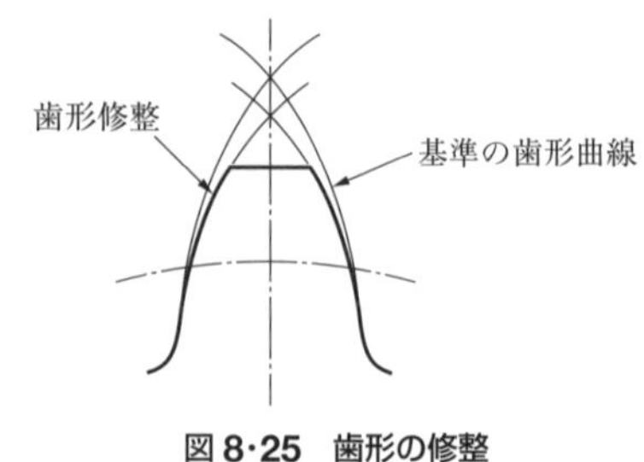

図 8·25 歯形の修整

なお，片当たりの防止のために歯すじの中央部から歯すじ端に向かって歯厚を連続的に減少させることを**歯すじ修正（クラウニング**；crowning, longitudinal correction）という（図 **8·26**）．

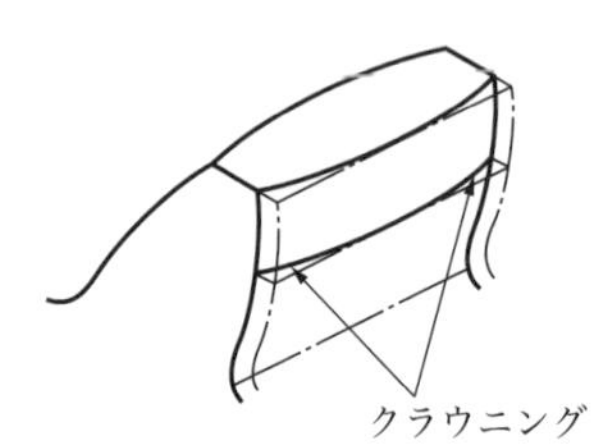

図 8·26 クラウニング

（8） 歯車の寸法管理 歯車の工作中の寸法管理や仕上げ歯車の検査は，ふつう，歯厚を測定することによってなされる．歯厚の測定法にはいろいろあるが，**歯厚マイクロメータ**で z_m 枚の歯を測定し，その幅を理論値

$$
\begin{aligned}
W &= t_e z_m - \frac{d_g}{2}\chi \\
&= t_e z_m - \frac{d_g}{2}\left(\frac{\pi}{z} - 2\,\mathrm{inv}\,\alpha_c - \frac{4\tan\alpha_c}{z}x\right) \\
&= m\cos\alpha_c\{\pi(z_m - 0.5) + z\,\mathrm{inv}\,\alpha_c\} + 2xm\sin\alpha_c \qquad (8\cdot46)
\end{aligned}
$$

と比較する**またぎ歯厚法**が最も一般的である（図 **8·27**）．しかし，歯面にクラウニングが施されているとこの方法は使用できない．

そのほか，**歯厚ノギス**でピッチ円に相当する箇所の歯の厚さを測定し，理論値と比較する**弦歯厚法**，直径上の相対する溝にピン（玉）を入れてその外径を測定して理論値と比較する**オーバピン（玉）法**などがある．

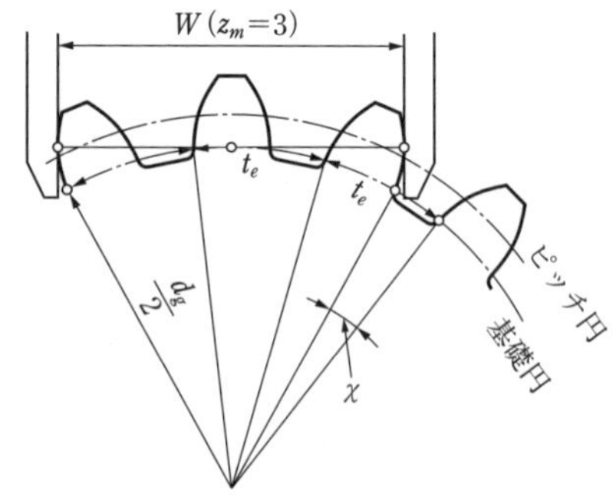

図 8·27 またぎ歯厚の測定

8·5·3　歯車の損傷

歯車に発生する損傷は，歯が過大な曲げモーメントを受けることによって折れる**折損**（breakage）と，**歯面の損傷**（surface damage, tribo－failure）とに大別される．

歯面損傷には，転動接触疲れによってピッチ点近傍の歯元の面に微小穴が発生する**ピッチング**（pitting）や，比較的大きく歯面が剥離する**スポーリング**（spalling），歯面の**摩耗**（wear），**塑性流動**（plastic flow），歯面の融着に起因する**スコーリング**（scoring；**焼付き**）などがある．これらの歯面損傷は，歯面間の温度上昇が低く，充分な油膜が確保されている場合には起こりにくい．そこで，歯車の設計に際しては，① 歯の曲げ強さ，② 歯面強さ，③ 油膜厚さの評価，④ 表面温度上昇の評価，などを実施しなければならない（第**1**編**2·2·5**項 参照）．

（**1**）　**曲げ強さの設計式**　表面硬化をした歯車やモジュールの小さい歯車で高い荷重がかかる場合には，歯の曲げ強さによって歯車の負荷容量が決まることが多い．

一対の歯のかみ合いに際し，歯面には，図**8·28**に示すように，F_Nなる法線力が作用線方向に作用する．このF_Nは，歯元の歯の中心線に垂直な危険断面（歯の曲げ破損の危険性の高い断面）に平行な水平力$F_0' = F_N \cos \alpha_{nF}$と垂直力$F_0'' = F_N \sin \alpha_{nF}$に分解され，前者は危険断面に曲げ応力$\sigma_b$とせん断応力$\tau$，後者は圧縮応力$\sigma_c$をもたらす．すなわち，歯元の損傷をもたらす荷重限界は，これらの組合わせ応力を考慮して算定すべきであるが，複雑になるので，一般には，曲げ応力のみ

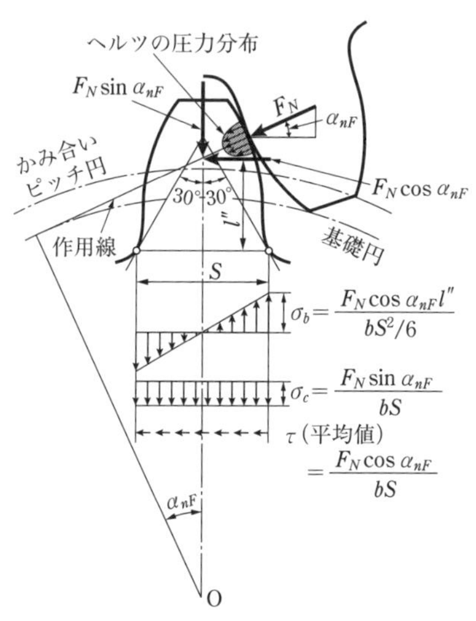

図 **8·28**　歯元の危険断面と応力

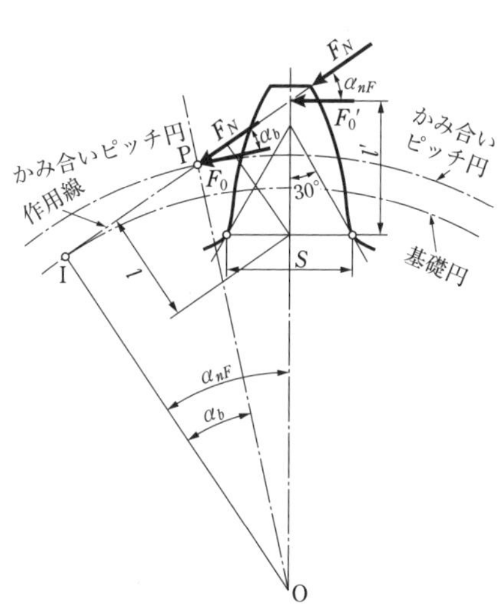

図 **8·29**　曲げ強さの計算

を考慮した**ルイス**（Lewis）**の式**を基礎とした算定法が実用強度設計式として広く用いられている．ここでは，その一つである日本機械学会の式[5]に基づいて説明する．

かみ合い率 ε を1と仮定すれば，危険断面に作用する曲げモーメントが最大になる荷重作用点は，かみ合い始めまたは終わりとなる．**危険断面**は，計算の容易さを考慮して，歯形中心線と30°をなす2直線と，歯形すみ肉部曲線との接点を結ぶ断面を採用する．ここで，危険断面における歯厚を S，荷重作用点と危険断面との距離を l' とする．危険断面における最大曲げ応力 σ_F は，歯幅を b とすれば，次式のようになる．

$$\sigma_F = \frac{F_0' l'}{bS^2/6} \tag{8・47}$$

伝達トルクをピッチ円半径で除して得られるピッチ円上に作用する接線力 F_0 は，F_N と $F_N = F_0/\cos\alpha_b$ で関係づけられるので

$$F_0' = F_N \cos\alpha_{nF} = \frac{F_0}{\cos\alpha_b}\cos\alpha_{nF}$$

また，危険断面の中心から作用線に下した垂線の距離を l とすれば

$$l = l' \cos\alpha_{nF}$$

ここで，歯の幾何形状のみによって規定される歯形係数

$$Y = \frac{6lm}{S^2} \tag{8・48}$$

を導入すれば（図**8・30**参照），σ_F は次のように書き換えられる．

$$\sigma_F = \frac{F_0}{bm\cos\alpha_b} Y \tag{8・49}$$

実際には，一対の歯の荷重分担割合は，かみ合い率 ε によって相違するため，危険断面に作用する曲げモーメントが最大になる荷重作用点は，たとえば，図**8・23**に示したように，$\varepsilon = 1$ の場合とは異なる．そこで，荷重が歯先に作用するとして求めた Y の値はか

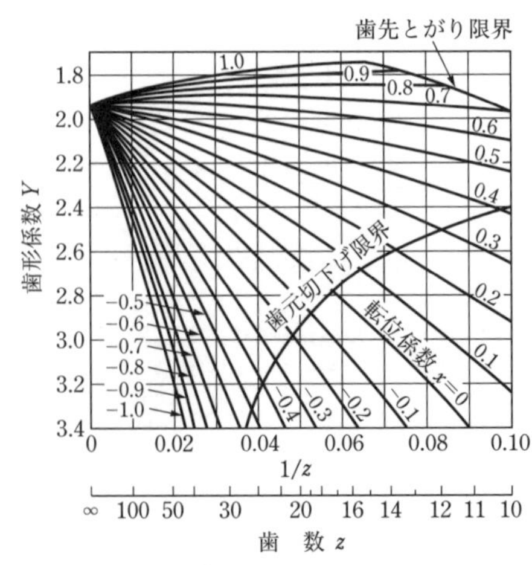

図8・30　歯形係数の値[5]

み合い率係数 $Y_\varepsilon \fallingdotseq 1/\varepsilon$ によって補正しなければならない．また，危険断面すみ肉部の形状・材質に影響される曲げ疲れ強さの低下を考慮した切欠き係数 K_β，駆動機械のトルク変動や被動機械の負荷の種類を考慮した使用係数 K_A，歯車の製作誤差や歯の剛性に起因する動的付加荷重を考慮した動荷重係数 K_V，歯車の精度や組立誤差によって起こる歯幅に沿った不均一荷重分布を考慮した歯当たり係数 K_b などの諸因子によって最大曲げ応力 σ_F を補正し，歯車材の曲げ疲れ強さならびに安全率を，それぞれ $\sigma_{F\,\mathrm{lim}}$，S_F とすれば，設計式は次のようになる．

$$\frac{\sigma_{F\,\mathrm{lim}}}{S_F} = \frac{F_0}{bm\cos\alpha_b} Y \cdot Y_\varepsilon \cdot K_\beta \cdot K_A \cdot K_V \cdot K_b \qquad (8\cdot50)$$

（2） **歯面強さの設計式**　歯面損傷の力学的主要因は，歯面に作用する法線力と摩擦力とである．摩擦力の影響は顕著であるが，摩擦力は法線力に摩擦係数を乗ずることによって得られるので，法線力のみによる**ヘルツの最大接触応力***に安全率を加味することによって歯面強度の評価をしても差し支えないと考えられる．一般に，表面硬化を施さない歯車では，歯面強さによって負荷容量が決まることが多い．

先に述べたピッチングは，かみ合い率の関係で，歯面間に最も大きい法線荷重の作用するピッチ点近傍，とくにその歯元側（接触点の移動方向と摩擦力の作用方向が逆であることに注意．図 **8･24** 参照）で発生することが多い．したがって，接触面圧の評価は，一般にピッチ点で実施される．すなわち，かみ合いピッチ点での歯面に垂直な平面上のヘルツ応力は，曲率半径

$$\rho_1 = \frac{d_1}{2}\sin\alpha_b \qquad (8\cdot51)$$

$$\rho_2 = \frac{d_2}{2}\sin\alpha_b \qquad (8\cdot52)$$

をもつ 2 円筒が接触するとして計算でき，その最大接触応力 σ_H は，E_1，E_2 および ν_1，ν_2 をそれぞれの歯車材の弾性係数およびポアソン比とすれば，次のように表される．

$$\sigma_H = \frac{2}{\pi b_H}\frac{F_N}{b} \qquad (8\cdot53)$$

* 曲率をもつ 2 物体が接触して荷重を受けると，接触部分が変形して接触面を形成するとともに，その狭い接触面に極めて高い接触圧力が発生する[6]．このような接触をヘルツ接触，発生圧力をヘルツ圧力（ヘルツ応力）という．なお，この高い圧力の繰返しが転がり疲れをもたらす．

$$b_H = \left\{ \frac{4F_N}{\pi b} \left(\frac{1-\nu_1{}^2}{E_1} + \frac{1-\nu_2{}^2}{E_2} \right) \frac{\rho_1 \rho_2}{\rho_1 \pm \rho_2} \right\}^{1/2} \tag{8・54}$$

ここで，b_H はヘルツの接触半幅であり，＋ は外歯車，－ は内歯車のかみ合いに対応する．

また，弾性定数係数 Z_E および領域係数 Z_H を

$$Z_E = \left\{ \pi \left(\frac{1-\nu_1{}^2}{E_1} + \frac{1-\nu_2{}^2}{E_2} \right) \right\}^{-1} \tag{8・55}$$

$$Z_H = \frac{2}{\sqrt{\sin 2\alpha_b}} \tag{8・56}$$

と定義し，$F_N = F_0/\cos \alpha_b$ および $\theta = d_2/d_1$ を用いれば，式(**8・53**)は

$$F_0 = \frac{\sigma_H{}^2 d_1 b \{i/(i \pm 1)\}}{Z_E{}^2 Z_H{}^2} \tag{8・57}$$

と書き換えられる．したがって，許容円周力 F_0 は，前項と同様に，K_A，K_V，K_b を考慮し，許容面圧を σ_{Ha} とすれば

$$F_0 = \frac{\sigma_H{}^2 d_1 b \{i/(i \pm 1)\}}{Z_E{}^2 Z_H{}^2 K_A K_V K_b} \tag{8・58}$$

と求められる．この式(**8・58**)を書き換えることによって設計式は次のように表される．

$$\sigma_{Ha} = \sqrt{\frac{F_0}{d_1 b} \frac{i \pm 1}{i}} Z_E Z_H \sqrt{K_A} \sqrt{K_V} \sqrt{K_b} \tag{8・59}$$

ここに，$\sigma_{Ha} = \sigma_{H\,\mathrm{lim}}/S_F$ であり，$\sigma_{H\,\mathrm{lim}}$ はヘルツ応力の疲れ強さ，S_F はそれに対する安全率である．一般に，

鋳鉄，調質材：$\sigma_{H\,\mathrm{lim}} = 2.45$ HB(MPa)　(HB：ブリネル硬さ)

表面硬化材　：$\sigma_{H\,\mathrm{lim}} = 24.5$ HRC(MPa)　(HRC：ロックウェル C 硬さ)

と見積られる．

通常，小歯車の硬さは大歯車よりも高くとられるが，そのような場合には硬さの平均値を採用する．また，S_F は，ふつう，1 ～ 2.5 程度がとられている．

（3） スコーリング強さの評価　スコーリング（焼付き）は，高速高負荷歯車に起こりやすい熱的損傷である．その発生は，歯車の運転条件，歯車諸元，歯車精度，使用潤滑油の特性，ならびに潤滑法など多くの因子によって影響されるが，歯面温度が最重要因子と考えられている．一般に，歯車における焼付きは，滑り率が大きい歯先あるいは歯元部に発生しがちである．摩擦面の温度上昇に関しては，引

用文献 7)，8)を参照されたい．歯面温度の温度上昇の目安としては，PV 値，または経験的にピッチ点からかみ合い点までの距離 T を PV 値に乗じた PVT 値が用いられることがある[9)]．ここで，P はかみ合い点でのヘルツの最大圧力，$V=(\omega_1+\omega_2)T$（ω_1，ω_2：両歯車の回転角速度）であり，かみ合い点としては，かみ合い始めおよびかみ合い終わりが採用される．

なお，焼入れ後に研削した平歯車の歯面温度上昇に閉してはダドレイ（Dudley）の式が著名である[5)]．

（4） **油膜厚さの計算**　弾性流体潤滑理論から平歯車歯面間の最小油膜厚さ h_{min} は，次式によって計算できる[10)]．

$$\frac{h_{\mathrm{min}}}{R}=2.65\left(\frac{\eta_0 U}{E'R}\right)^{0.7}(\alpha E')^{0.54}\left(\frac{F_N}{E'Rb}\right)^{-0.13} \tag{8·60}$$

ここで，$E'=2\left(\dfrac{1-\nu_1{}^2}{E_1}+\dfrac{1-\nu_2{}^2}{E_2}\right)^{-1}$：等価弾性係数（Pa）

（E_1，E_2：弾性係数，ν_1，ν_2：ポアソン比）

$\eta=\eta_0 e^{\alpha p}$：潤滑油粘度（Pa·s）

（η_0：大気圧下における入口側温度に対する粘度）

α：粘度の圧力係数（Pa^{-1}）

（鉱油で潤滑された鋼製歯車：$\alpha E'\fallingdotseq 5000$）

$$R=\frac{\rho_1\rho_2}{\rho_1+\rho_2}$$

（ρ_1，ρ_2：かみ合い点での曲率半径）

$U=(v_1+v_2)/2$

（v_1，v_2：かみ合い点での速度）

である．

ピッチ点では

$$R=\frac{d_1 d_2}{d_1+d_2}\sin\alpha_b$$

$$U=\frac{d_1\omega_1}{2}\sin\alpha_b$$

となる．

なお，歯面損傷を防止するためには，両歯面の自乗平均平方根粗さを σ_1 および σ_2 とするとき

$$\Lambda = \frac{h_{\min}}{\sqrt{{\sigma_1}^2 + {\sigma_2}^2}} \geqq 3$$

を満足することか望ましい.

8･6 はすば歯車

はすば歯車の表しかたには，歯直角方式，軸直角（正面）方式，軸方向（軸平面）方式の 3 方式があるが（**180** ページの脚注の図を参照），通常は，前 2 者が採用されている．そのうち，平歯車用と同一のホブで歯切りが可能な歯直角方式のほうが一般的である．表 **8･2** は，歯直角および軸直角の角度寸法をそれぞれ添字 n, s を付けて区別して示したものである．

はすば歯車においては，被動歯車の歯先円筒の一端からかみ合いが始まり，ねじ

表 8･2　はすば歯車の寸法

項目		歯直角方式	軸直角（正面）方式
基準圧力角		α_{cn}（$=\alpha_c$：工具圧力角）	α_{cs}
		$\tan\alpha_{cs} = \tan\alpha_{cn}/\cos\beta$ $\cos\alpha_{cs} = \dfrac{\cos\beta}{\cos\beta_g}\cos\alpha_{cn}$ $\sin\alpha_{cs} = \sin\alpha_{cn}/\cos\beta_g$	
基礎円筒ねじれ角		β_g　$\tan\beta_g = \tan\beta\cos\alpha_{cs}$	
基準ピッチ円筒ねじれ角		β　$\sin\beta = \sin\beta_g/\cos\alpha_{cn}$	
モジュール		m_n（$=m$）	$m_s = m_n/\cos\beta$
基礎円筒直径		$d_g = \dfrac{zm_n\cos\alpha_{cn}}{\cos\beta_g}$	$d_g = zm_s\cos\alpha_{cs}$
基準ピッチ円筒直径		$d = zm_n/\cos\beta$	$d = zm_s$
円ピッチ		$t_n = \pi m_n$	$t_s = \pi m_s = \pi m_n/\cos\beta$
標準はすば歯車	歯末のたけ	m_n	
	歯元のたけ	$\geqq 1.25m_n$	
	歯先円直径	$d_k = \left(\dfrac{z}{\cos\beta}+2\right)m_n = d+2m_n = zm_s+2m_n$	
	中心間距離	$a = \dfrac{(z_1+z_2)m_n}{2\cos\beta} = \dfrac{(z_1+z_2)m_s}{2}$	
転位係数		x_n	$x_s = x_n\cos\beta$

れた歯すじに沿ってかみ合いが進み，駆動歯車の歯先円筒が被動歯車の他端に接触したときにかみ合いが終了する．したがって，かみ合い率εは，正面歯形に対するかみ合い率ε_sと歯すじに沿う重なりかみ合い率$\varepsilon_h = b \tan \beta / t_s$の和となる．すなわち，かみ合い率$\varepsilon$は

$$\varepsilon = \varepsilon_s + \varepsilon_h = \varepsilon_s + \frac{b \tan \beta}{t_s} = \varepsilon_s + \frac{b \sin \beta}{\pi m_n} \tag{8·61}$$

となる，ここで，ε_hが1.25以下であると，歯すじ方向の荷重分布が不均一となり，振動が発生しやすくなるので，$\varepsilon_h > 1.25$となるように歯幅は選択したほうがよい．

この条件は，次式で与えられる．

$$b > \frac{1.25\pi m_n}{\sin \beta} = \frac{1.25\pi m_s}{\tan \beta} \tag{8·62}$$

また，はすば歯車のまたぎ歯厚は，歯面に直角な方向で測定を行うため，次式で求めることができる．

$$W = m_n \cos \alpha_{cn} \{\pi(z_m - 0.5) + z \operatorname{inv} \alpha_{cs}\} + 2x m_n \sin \alpha_{cn} \tag{8·63}$$

さて，はすば歯車の歯直角断面では，ピッチ円はだ円となる．このだ円の短半径は$d/2$に等しく，長半径は$(d/2)/\cos \beta$であるので，ピッチ点における曲率半径Rは，$R = (長半径)^2/短半径 = (d/2)/\cos^2 \beta$となる．そこで，ピッチ点付近では，$R$をピッチ円の半径とする仮想平歯車がかみ合っていると考えることができ，この仮想平歯車を**相当平歯車**と呼ぶ．この相当平歯車の歯数z_rは

$$z_r = \frac{2R}{m_n} = \frac{d/\cos^2\beta}{d \cos \beta / z} = \frac{z}{\cos^3 \beta} \tag{8·64}$$

となる．

はすば歯車の曲げ強さは，モジュールm_n，歯直角かみ合い圧力角α_{bn}，転位係数x_n，歯数$z_r = z/\cos^3 \beta$をもつ平歯車とみなして，式(**8·50**)を使用すればよい．この際，図**8·13**を参考にして，式(**8·50**)のF_0には$F_0/\cos \beta_g$を，歯幅bには$b/\cos \beta_g$を代入する．すなわち

$$\frac{\sigma_{F\,\lim}}{S_F} = \frac{F_0}{b m_n \cos \alpha_{bs}} Y_n \cdot Y_{n\varepsilon} \cdot K_\beta \cdot K_A \cdot K_V \cdot K_b \tag{8·65}$$

ただし，Y_nおよび$Y_{n\varepsilon}$は相当平歯車に対して求めた値である．

また，歯面強さは，$\rho_1 = d_1 \sin \alpha_{cs}(2 \cos \beta_g)$，$\rho_2 = i\rho_1$，および歯車が接触している平均長さ$\varepsilon_s b/\cos \beta_g$を考慮し，式(**8·58**)の$Z_H$の代わりに

$$Z_{HH}=\frac{2\sqrt{\cos\beta_g}}{\sqrt{\varepsilon_S\sin 2\alpha_{bs}}} \tag{8・66}$$

を代入することによって評価することができる．

【例題 8・2】 図 **8・31** のように，$L=8$ kW，回転数 $N=1800$ rpm のモータにより，V プーリ（有効径 $D=200$ mm，$F_2=0.2F_1$），歯車対を介してプロペラ軸を回転させている．歯車対は工具圧力角 $\alpha_c=20°$，モジュール $m=3$ の工具で創成した標準平歯車対（歯数 Z_1 および Z_2，減速比 1/5，軸間距離 $a_0=234$ mm，バックラッシは 0）である．V プーリ，軸，歯車の重量は無視し，$a=b=200$ mm，$c=100$ mm として，以下の問いに答えよ．

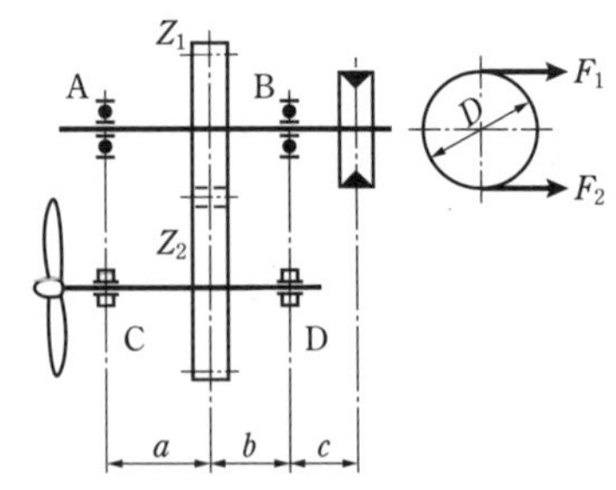

図 8・31　〔例題 8・2〕の図

（**1**）平歯車対の歯数，ピッチ円直径，歯先円直径はそれぞれいくらか．

（**2**）駆動軸のトルクおよび V ベルトの張力 F_1，F_2 を求めよ．

（**3**）プロペラ軸の回転数およびトルクを求めよ．

（**4**）歯車に作用する力を求めよ．

（**5**）軸受 A，B，C，D に作用するラジアル荷重を求めよ．

（**6**）駆動軸には単列深溝玉軸受，プロペラ軸には円筒ころ軸受を使用しているが，この軸受選定は正しいか，判断せよ．

（**7**）使用の都合上，軸間距離を 235.5 mm に変更する必要が生じたので，小歯車を転位することにした．このときの転位係数を求めよ．

【解】（**1**）標準歯車対でバックラッシが 0 と仮定されているので，式(**8・29**)から，かみ合い圧力角 α_b は工具圧力角 α_c に等しい．したがって，軸間距離は，式(**8・30**)から

$$\alpha_0=(Z_1+Z_2)m/2$$

ゆえに

$$Z_1+Z_2=2\alpha_0/m=2\times 234/3=156 \qquad \cdots\cdots①$$

減速比 r は

$$r=N_2/N_1=Z_1/Z_2=1/5 \qquad \cdots\cdots②$$

式①，式②より

$$Z_1 = 26,\ Z_2 = 130 \qquad \cdots\cdots ③$$

式(**8·25**)，式(**8·33**)，式(**8·34**)から，ピッチ円直径 d および歯先円直径 d_k は

$$d = mZ,\ d_k = (Z+2)m \qquad \cdots\cdots ④$$

したがって

$$d_1 = 78\ \text{mm},\ d_{k1} = 84\ \text{mm}$$

$$d_2 = 390\ \text{mm},\ d_{k2} = 396\ \text{mm}$$

（**2**） $L = T_1(2\pi N_1/60) = T_2(2\pi N_2/60) \qquad \cdots\cdots ⑤$

から

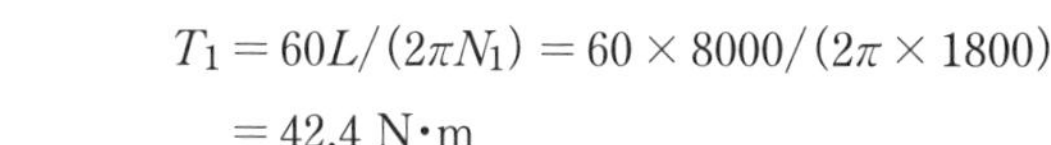

$$T_1 = 60L/(2\pi N_1) = 60 \times 8000/(2\pi \times 1800)$$

$$= 42.4\ \text{N·m}$$

また，$F_2 = 0.2F_1$，$T_1 = D(F_1 - F_2)/2$ であるから

$$F_1 = 530\ \text{N},\quad F_2 = 106\ \text{N}$$

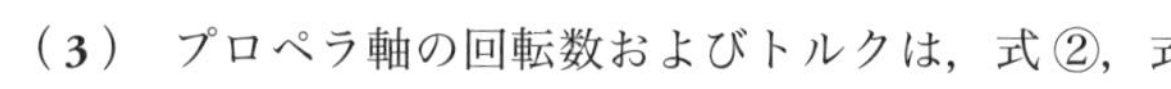

（**3**） プロペラ軸の回転数およびトルクは，式②，式⑤から

$$N_2 = (1/5)N_1 = 1800/5 = 360\ \text{rpm}$$

$$T_2 = T_1(N_1/N_2) = 42.5 \times 5 = 212\ \text{N·m}$$

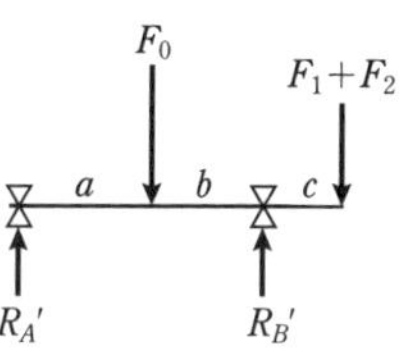

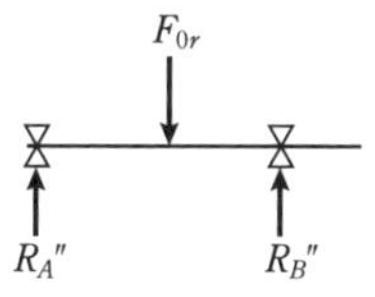

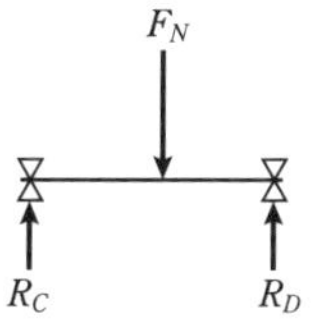

図 8·32〔例題 8·2〕の解の図

（**4**） ピッチ円上に作用する接線力 F_0 は，伝達トルクをピッチ円半径で除すことによって求められるので

$$F_0 = T_1/(d_1/2) = 42.4 \times 10^3/(78/2) = 1087\ \text{N}$$

また，歯面に垂直に作用する力 F_N の方向は，作用線の方向と一致する．つまり，F_N は，F_0 とそれに垂直方向に作用する両歯車を引き離そうとする力 F_{0r} の合力である．

$$F_{0r} = F_0 \tan \alpha_b = 1087 \times \tan 20^\circ = 396\ \text{N}$$

よって

$$F_N = (F_0{}^2 + F_{0r}{}^2)^{1/2} = F_0/\cos \alpha_b = 1158\ \text{N}$$

（**5**） 軸受 A，B に作用する荷重は，図 **8·32** のように，V プーリおよび歯車に作用する力をベルト方向成分とそれに垂直方向成分に分けて考えることによって容易に計算できる．なお，軸受部は単純支持と考えてよい．

力およびモーメントのつり合いから

$$R_A' = 384\ \text{N},\quad R_B' = 1340\ \text{N}$$

$$R_A'' = 198\ \text{N},\quad R_B'' = 198\ \text{N}$$

したがって

$$R_A = (R_A{}'^2 + R_A{}''^2)^{1/2} = 432\ \mathrm{N}$$

$$R_B = (R_B{}'^2 + R_B{}''^2)^{1/2} = 1355\ \mathrm{N}$$

軸受C，Bに作用する力は，$R_C = R_D = F_N/2 = 579\ \mathrm{N}$

（**6**） プロペラによって軸方向力が発生するが，円筒ころ軸受は大きいスラスト力を支持できない．したがって，この軸受選定は正しくない．

（**7**） 式(**8·30**)から

$$a = (Z_1 + Z_2)m \cos \alpha_c / (2 \cos \alpha_b) = a_0 \cos \alpha_c / \cos \alpha_b$$

よって，$\cos \alpha_b = (234/235.5) \cos \alpha_c = 0.9337$

したがって，$\alpha_b = 20.98° = 0.3662\ \mathrm{rad}$

$$\alpha_c = 20° = 0.3491\ \mathrm{rad}$$

インボリュート関数〔**8·5·2** 項(**2**) 参照〕は

$$\mathrm{inv}\ \alpha_b = \tan \alpha_b - \alpha_b = 0.01730$$

$$\mathrm{inv}\ \alpha_c = \tan \alpha_c - \alpha_c = 0.01490$$

大歯車は標準歯車（転位係数 $x_2 = 0$）を使用することを考慮し，バックラッシ $c_n = 0$ と仮定しているので，式(**8·29**)は

$$x_1 = (\mathrm{inv}\ \alpha_b - \mathrm{inv}\ \alpha_c)(Z_1 + Z_2)/(2 \tan \alpha_c)$$

となる．つまり

$$x_1 = (0.01730 - 0.01490) \times 156/(2 \tan 20°) = 0.514$$

9

クラッチおよびブレーキ

駆動側から従動側へ動力を伝達または遮断する装置がクラッチ（clutch）であり，駆動側の運動エネルギーを吸収し，速度を制御または停止させる装置をブレーキ（brake）という．運動物体と静止物体とが存在するとき，両者間の相対滑りは，静止物体を運動状態にすることによって，あるいは運動物体を静止状態にすることによって0になる．前者がクラッチに，後者がブレーキに対応する．

結局のところ，クラッチおよびブレーキの働きはよく似ており，その構造や使用材料も類似なものが多い．

9・1 クラッチ

9・1・1 かみ合いクラッチ

かみ合いクラッチ（positive clutch）は，駆動軸側と被動軸側とを機械的かみ合いによって連結するクラッチである．滑りがまったくなく，確実に回転力を伝えることができるが，連結は両軸の回転停止中に行うのを原則とする．切り離しは回転中に行って差し支えない．各軸端のフランジに設けた角形，台形，三角形，のこ歯形，スパイラルなどの凹凸をかみ合わせることによって連結する**つめクラッチ**（**ジョークラッチ**；図9・1），外歯車と内歯車とによって連結する**歯車クラッチ**などがある．

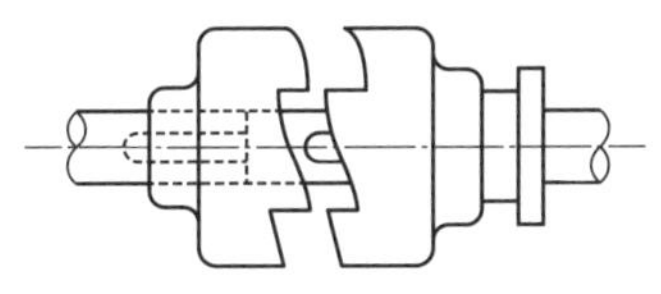

図9・1 つめクラッチ

9・1・2 摩擦クラッチ

摩擦クラッチ（friction clutch）は，駆動軸側と被動軸側とを摩擦力によって連結するものである．滑りをともなって摩擦面が接触するため，連結時に衝撃が少なく，過大負荷に対しても摩擦面は安全装置として機能するが，摩擦面が摩耗する欠点がある．摩擦面の断続操作のための押付け力は，手動，ばね，電磁力，空・油圧などによって与えられる．また，摩擦面の形状によって円板，円すい，円筒式のクラッチに分類される．この中で，**円板クラッチ**は**ディスククラッチ**ともいわれ，摩擦板が 1 枚の**単板クラッチ**と 2 枚以上の**多板クラッチ**とがある．なお，摩擦面は乾式の場合と油中に浸された湿式の場合とがあり，湿式の摩擦係数は乾式の 1/3 程度と低いが，連結が滑らかで，摩耗が少なく，寿命が長いという特徴がある．

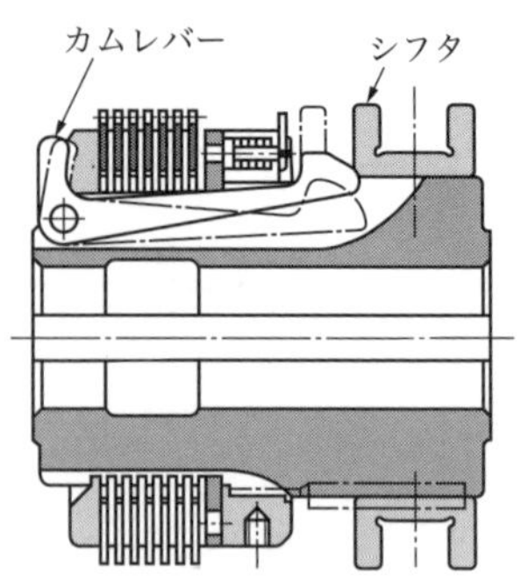

図 9·2 湿式多板クラッチ（JIS B 1402 より）

図 **9·2** に湿式多板の摩擦クラッチの例を示す．

摩擦クラッチでは，摩擦によって発生する温度の上昇は摩擦面の表面損傷の主原因となるので，摩擦仕事をある限界値以下にしなければならない．すなわち，放熱状態や摩擦材の組合わせに応じてこの許容限界が定められることになる．

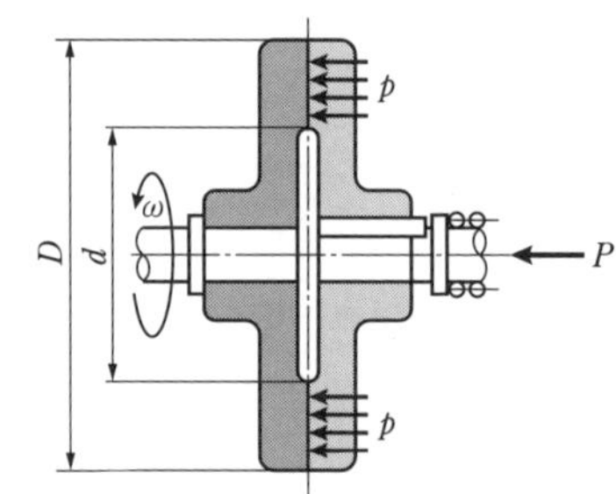

図 9·3 円板クラッチ（ディスククラッチ）

（**1**） **円板クラッチ** 円板クラッチ（disk clutch）は，図 **9·3** に示すような構造をしている．図に示すように，押付け力を P，接触面圧を p，トルクを T，回転角速度を ω，摩擦係数を μ とすれば，単板の場合には（摩擦板数 n の多板の場合には P/n，T/n とする），押付け力 P，トルク T は

$$P=\int 2\pi r dr\cdot p=2\pi\int pr\cdot dr \tag{9·1}$$

$$T=\int \mu\cdot 2\pi r dr\cdot p\cdot r=2\pi\int \mu p r^2\, dr \tag{9·2}$$

となり，p が一様に分布し，μ は一定と仮定すれば，式(**9·1**)，式(**9·2**)は

$$P=\frac{\pi p(D^2-d^2)}{4}$$

$$T=\frac{\mu p\pi(D^3-d^3)}{12}=\frac{\mu P(D^3-d^3)}{3(D^2-d^2)} \tag{9·3}$$

となる．

ふつう，摩耗量は摩擦仕事に比例すると考えられる．そこで，単位面積当たりの摩擦仕事は $\mu pr\omega$ であるから，p が一様に分布している上記の場合には，半径 r が大きくなるほど摩耗量が増大し，摩擦板は片摩耗することになる．しかし，摩擦面は，ふつう，ほぼ一様に摩耗しているので，作動時には $\mu pr\omega$，したがって pr がほぼ一定になっていると推定される．その場合は，$p=c/r$（c は定数）とおいて，式(**9·1**)，式(**9·2**)に代入すれば，トルク T は

$$T=\frac{\mu P(D+d)}{4} \tag{9·4}$$

となる．つまり，摩擦力 μP が平均半径（$D+d$）/4 に集中したと考えればよいことになる．伝達動力は $T\omega$ である．

（２） **円すいクラッチ**　円すいクラッチ（cone clutch）は，運動部の質量が大きくなることや心合わせが面倒であるなどの欠点はあるが，構造が簡単であり，作動力が小さくてすむことなどの理由によって比較的よく用いられている．

円すいクラッチの摩擦仕事は，図 **9·4** に示すように，たとえば，円すい面（円すい角：2α）上の半径 r の位置に，円すい面に直角に作用する圧力を p，p が作用する微小面積を dA とすれば，押付け力 P およびトルク T は次式で計算できる．

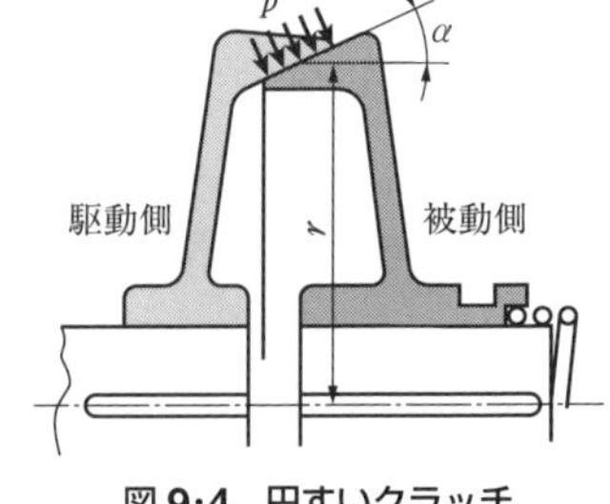

図 9·4　円すいクラッチ

$$P=\iint p\sin\alpha\,dA \tag{9·5}$$ *

$$T=\iint \mu pr\,dA \tag{9·6}$$

$$dA=2\pi rdr/\sin\alpha$$

前項と同様の理由で $p=c/r$（c は定数）とおき，式(**9·5**)，式(**9·6**)を計算すれば

$$T=\frac{\mu}{\sin\alpha}P\cdot\frac{D+d}{4} \tag{9·7}$$

となる．すなわち，α が小さいと小さい P で大きいトルクが得られるが，通常は，

* **8·2·1** 項 参照

$\alpha = 12° \sim 15°$ にとられる．

9·1·3 電磁クラッチ

図 **9·5** に示す電磁クラッチ（electro-magnetic clutch）は，電磁力を押付け力または接触遮断力として利用するもので，遠隔制御が容易である．中でも，電磁誘導クラッチは，過電流損失やヒステリシス損失を利用して，駆動側と被動側が直接接触することなくトルクを伝達することが可能なクラッチであり，速度，トルクの調整が簡単で，振動衝撃吸収能力も高い．

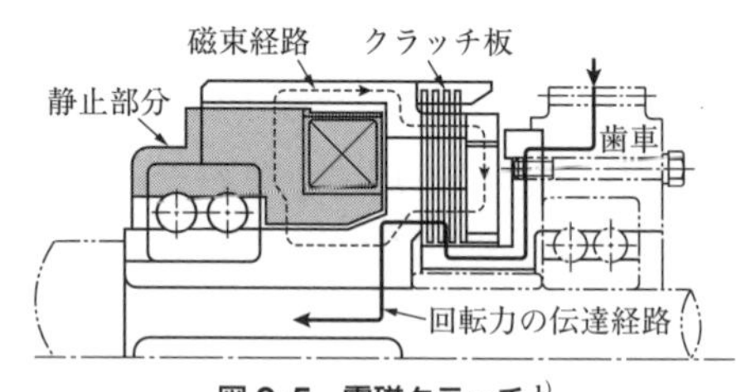

図 9·5 電磁クラッチ[1)]

9·1·4 遠心クラッチ

遠心クラッチ（centrifugal clutch）は，遠心力を利用したクラッチであり，摩擦を利用したものと粉体を利用したものとがある．このクラッチは，負荷に関係なく無負荷起動ができるため，駆動側の始動を容易にし，被動側の起動を円滑にすることができる．また，粉体クラッチ（パウダクラッチ）では，振動衝撃を吸収することが可能になる．

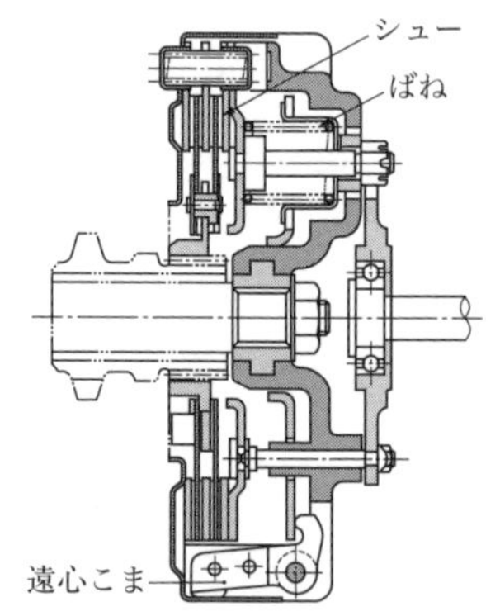

図 9·6 摩擦遠心クラッチ[1)]

摩擦を利用した遠心クラッチは，図 **9·6** に示すように，ピンで支持されたシューとばねによって構成されており，一定回転速度を超えると遠心力の作用によってトルクが伝達される．

粉体クラッチは，図 **9·7** に示すように，ケーシング（駆動側）の回転による遠心力で飛ばされた粉末状の金属粒子（パウダ）がロータ（被動側）とケーシングとの間にくさび状に入り込んで発生する摩擦力を利用してロータを加速するというもので，ある回転速度において一体回転するようになる．このほか，**電磁粉体クラッ**

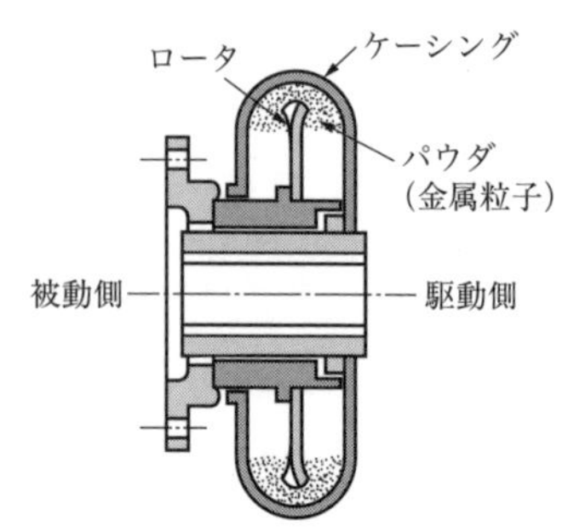

図 9·7 粉体クラッチ（パウダクラッチ）

チ（磁粉式電磁クラッチ，電磁パウダクラッチ）と呼ばれる粉体継手がある．これは，摩擦力のほかに励磁磁粉の結合力を利用してトルクを伝達するもので，励磁電流によって自由にトルクを制御する必要から，透磁率が高く，残留磁気の小さい耐摩耗性・耐熱性にすぐれた磁性粉体が用いられている．

9·1·5　流体継手

流体継手（fluid coupling）は，図**9·8**に示すように，原動軸にポンプ羽根車を，従動軸にタービン羽根車を互いに対向させて，ケーシング内に満たした油を介して動力を伝達するものである．動力伝達の媒体として，流体を用いるので，クラッチの機能を有し，振動の吸収，軸の滑らかな結合が可能であり，過負荷の場合も2軸間の滑りが大きくなり，原動軸に無理がかからない特徴をもつ．また，大動力，高速回転での伝達では機械的軸継手に比べて小形にできる．

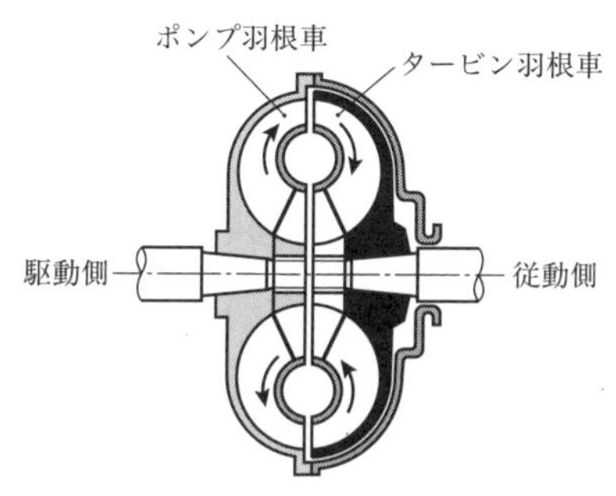

図9·8　流体継手

9·2　ブレーキ

9·2·1　摩擦ブレーキ

摩擦ブレーキ（friction brake）は，最も一般的な制動装置で，摩擦材を相手に押し付けて制動を行うものである．また，しゅう動部の単位面積，単位時間当たりの摩擦仕事（単位面積当たりの摩擦動力）μpv（μ：摩擦係数，p：接触圧力，v：滑り速度）をブレーキ容量といい，ブレーキの設計において基準となる数値である．

（1）**ブロックブレーキ**　ブロックブレーキ（block brake）は，ドラムの外周にブロックを

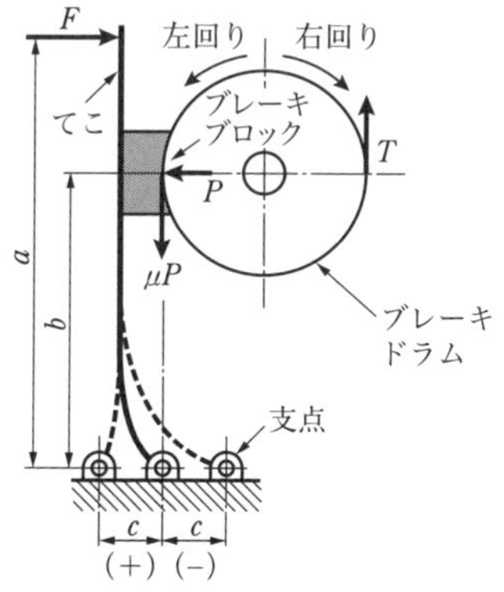

図9·9　ブロックブレーキ

押し付ける形態のもので，ブロックを1個用いるものを**単ブロックブレーキ**，2個用いるものを**複ブロックブレーキ**という．単ブロックブレーキでは，押付け力によってブレーキドラム軸に曲げモーメントと軸受荷重が生じるので，設計上注意が必要である．たとえば，図**9·9**に示すブレーキレバー寸法をa，b，レバー支点とブレーキ力作用点との距離をc，ドラム直径をDとした場合のブロックブレーキにおいて，作動力Fを加えたときに得られるブレーキトルクTは，ブロックの押付け力をP，ブロックとドラム間の摩擦係数をμとすれば

$$T=\frac{\mu PD}{2} \tag{9·8}$$

となる．ここで，$c>0$の場合には，支点回りのモーメントのつり合いより

$$Fa-Pb\pm\mu Pc=0 \tag{9·9}$$

（－：右回転，＋：左回転）

したがって

$$F=(b\pm\mu c)\frac{P}{a} \tag{9·10}$$

（＋：右回転，－：左回転）

となり，左回転において$b\leqq\mu c$の条件が満足されると，作動力Fを与えなくてもブレーキがかかることになる．$c<0$の場合には，右回転において同様な現象が生じる．

ブレーキレバーのてこ比b/aは1/3～1/6程度がふつうであり，ブロックとドラムとの接触弧の角度θは50°～70°にとられる．θが大きいと接触圧力分布の不均一，熱ひずみなどのためにブレーキ作用が不安定になりやすい．

（2）**ドラムブレーキ**　ドラムブレーキ（drum brake）は，ドラム（円筒）の

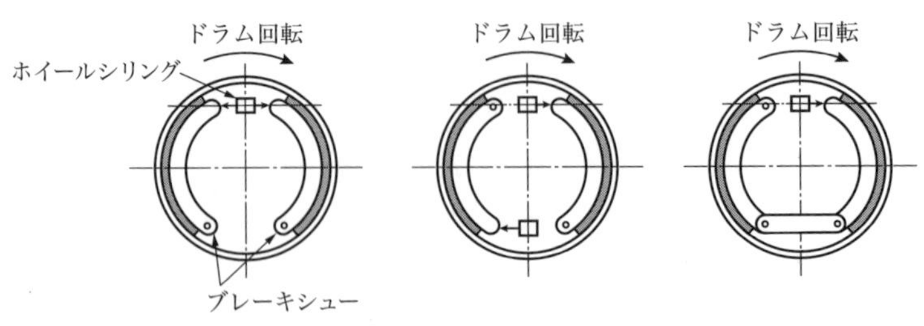

（a）リーディングトレーリングシュー　（b）2リーディングシュー　（c）サーボシュー

図9·10 ドラムブレーキ

内面にブレーキシューを押し付ける構造をもつ制動装置で，図**9·10**に示すように，シューの支点と作動力の着力点の関係によって三つの形式が考えられる．このブレーキは，狭い空間内に納めることができるために広く用いられている．なお，簡単のために，作動力Pが接触面の中心に集中すると考えれば，ブロックブレーキと同様に考えることができる．

（**3**） **バンドブレーキ**　バンドブレーキ(band brake)は，ドラムにバンドを巻き付け，これに張力を与えてブレーキ作用をさせるものである（図**9·11**）．制動力は，図に示すように，バンド張力をそれぞれF_1，F_2，巻掛け角をθ，摩擦係数をμとすれば，これらの間には，ベルトとプーリの場合と同様に

$$F_1 = F_2 \exp(\mu\theta) \tag{9·11}$$

なる関係が成立し，制動力すなわちブレーキトルク（制動トルク）Tは，Dをドラム直径とすれば，次のように与えられる．

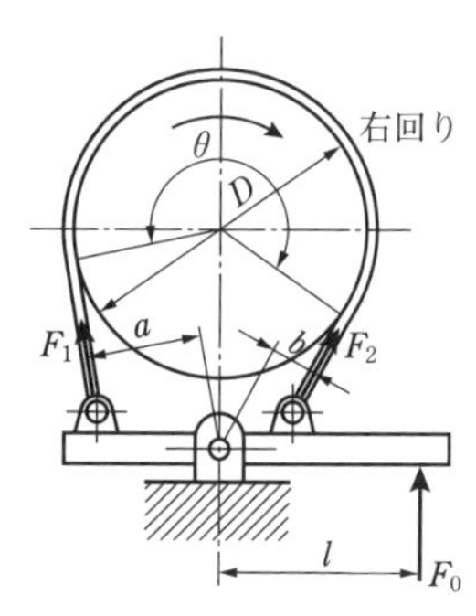

図9·11　バンドブレーキ

$$T = (F_1 - F_2)\frac{D}{2} \tag{9·12}$$

バンドブレーキは，作動レバーへのバンド両端部の取付け位置によっていろいろな形式があり，その形式によって作動特性が相違する．たとえば，図**9·11**に示すバンドブレーキの場合には，操作レバー支点回りのモーメントのつり合いより

$$aF_1 = bF_2 + lF_0 \tag{9·13}$$

であるので，必要な作動力F_0は，次式で与えられる．

$$F_0 = \frac{aF_1 - bF_2}{l} = \frac{F_2}{l}\{a\exp(\mu\theta) - b\} = \frac{2T}{Dl}\,\frac{a\exp(\mu\theta) - b}{\exp(\mu\theta) - 1} \tag{9·14}$$

つまり，F_0は，$a\exp(\mu\theta)$とbの大きさによって変化するため，右回転の場合にはbF_2はブレーキ作用をたすけるが，$a\exp(\mu\theta) \leqq b$の場合には自動的にブレーキがかかることになる．それゆえ，$a\exp(\mu\theta)$とbの比が小さいと振動を発生しやすくなるので，一般に，その比は2.5〜3にとられる．

（**4**） **ディスクブレーキ**　ディスクブレーキ（disk brake）は，図**9·12**に示すように，円板の片面または両面の一部あるいは前面に摩擦材を押し付けて制動を行

うブレーキであり，交通機械，産業機械などに広く使用されている．他のブレーキよりも摩擦係数の変化に対する制動力の変化が少なく，表面に付着した水分やごみの除去が容易であり，熱放散がよく，整備が容易なことが長所である．しかし，入力に対する出力が少ないため，倍力装置が必要となる．

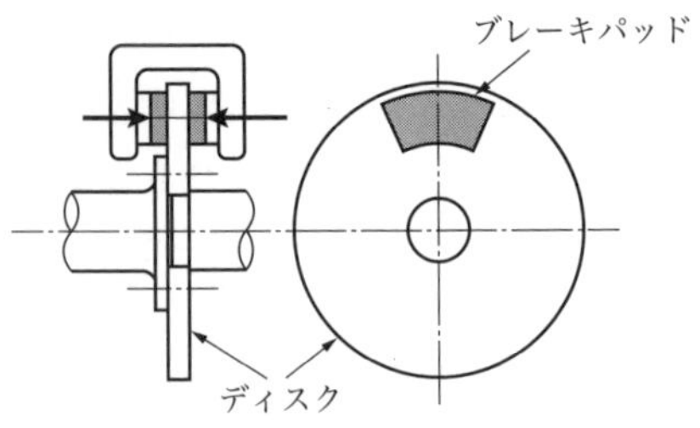

図 9·12 ディスクブレーキ（自動車用）

9·2·2 エネルギー回収ブレーキ

エネルギー回収ブレーキ（regenerative brake）は，運動エネルギーを熱にして散逸させず，これを回収することによってブレーキ作用を得，回収エネルギーを駆動に再利用しようとするものである．エネルギーは発電機，はずみ車などを利用して蓄えられる．

その他，クラッチと同様に，電磁誘導ブレーキ，遠心ブレーキなどがある．

【例題 9·1】 （1） 図 **9·11** のバンドブレーキにおいて，$b=0$ の場合には自動ブレーキや振動の発生が生ぜず，操作が簡単であるが，回転方向によって操作力 F_0 が大きく相違することを示せ．

（2） また，$b<0$（バンド端部がともにレバー支点の片側に存在する場合）は，F_0 は大きくなるが，回転方向によるブレーキ力の変化は少ないことを示せ．

【解】 ドラムが右回転した場合の操作力は，式(**9·14**)の

$$F_0=\frac{2T}{Dl}\frac{a\exp(\mu\theta)-b}{\exp(\mu\theta)-1} \qquad \cdots\cdots①$$

から，左回転した場合には

$$F_2=F_1\exp(\mu\theta)$$

$$T=(F_2-F_1)D/2=\{\exp(\mu\theta)-1\}F_1D/2 \qquad \cdots\cdots②$$

となるので，式(**9·13**)より，左回転の操作力 F_0' は次のようになる．

$$F_0'=(aF_1-bF_2)/l$$

$$=\frac{F_1}{l}\{a-b\exp(\mu\theta)\}=\frac{2T}{Dl}\frac{a-b\exp(\mu\theta)}{\exp(\mu\theta)-1} \qquad \cdots\cdots③$$

よって，回転方向の変化による操作力の変動は

$$\frac{F_0}{F_0{}'}=\frac{a\exp(\mu\theta)-b}{a-b\exp(\mu\theta)} \qquad \cdots\cdots④$$

ここで，式④は，$a=b$ のときに $F_0=-F_0{}'$ となり，回転方向が変化しても一定のブレーキトルクを与える操作力は変化しないことがわかる．無論，操作力を加える方向は逆になる．

（1） $b=0$ のときの回転方向の変化にともなう操作力の変動は，式④より

$$\frac{F_0}{F_0{}'}=\exp(\mu\theta) \qquad \cdots\cdots⑤$$

いま，摩擦係数 $\mu=0.3$，巻掛け角 $\theta=210°$（3.665 rad）とすれば，$\exp(\mu\theta)=3.0$ となり，操作力は回転方向によって大きく変化する．したがって，作業方向が一定している物上げ機械のブレーキに適し，単式ブレーキといわれる．

（2） $c=-b$ とおけば，右回転時の操作力 F_0 は，式(**9·14**)より

$$F_0=\frac{2T}{Dl}\frac{a\exp(\mu\theta)+c}{\exp(\mu\theta)-1} \qquad \cdots\cdots⑥$$

また，左回転の場合には，式③から

$$F_0{}'=\frac{2T}{Dl}\frac{a+c\exp(\mu\theta)}{\exp(\mu\theta)-1} \qquad \cdots\cdots⑦$$

となり，$T=$一定とすれば，F_0，$F_0{}'$ の値は，式①，式③の $b\geqq 0$ の場合の F_0，$F_0{}'$ に比べて大きくなることがわかる．

さらに，回転方向の変化による操作力の変動は

$$\frac{F_0}{F_0{}'}=\frac{a\exp(\mu\theta)+c}{a+c\exp(\mu\theta)} \qquad \cdots\cdots⑧$$

となる．

いま，$b\geqq 0$ の場合の操作力の回転方向に対する変動を示す式④と，$b<0$ の場合のそれに対応する式⑧を比較する．よって，式④/式⑧ $=R$，$\exp(\mu\theta)=n$ とおけば

$$R=\frac{(an-b)(a+cn)}{(an+c)(a-bn)}=1+\frac{a(n^2-1)(b+c)}{(an+c)(a-bn)} \qquad \cdots\cdots⑨$$

通常のバンドブレーキでは，$a>bn$，また $n>1$ であるので，$R>1$ となる．したがって，$b<0$ のほうが回転方向の変化に対する変動が少ない．

【例題 9·2】 図 **9·13** に示すバンドブレーキにおける最大ブレーキトルク T，操

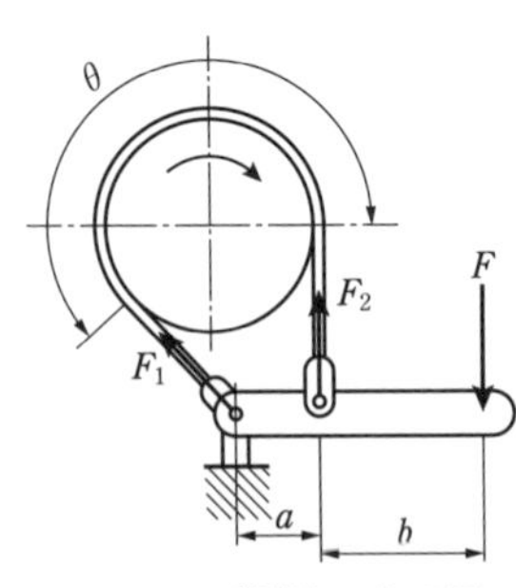

図 9·13 〔例題 9·2〕の図

作力 F を求めよ．ただし，ドラム径 $D = 600$ mm，巻掛け角 $\theta = 210°$，バンド幅 $w = 50$ mm，バンド厚 $z = 3$ mm，バンドの許容引張り応力 $\sigma = 70$ MPa，摩擦係数 $\mu = 0.3$，$a = 200$ mm，$b = 800$ mm とする．

【解】　バンドの許容引張り応力 σ は

$$\sigma = 70 \text{ MPa} = 70 \text{ N/mm}^2$$

バンドの許容張力 F_m は

$$F_m = wz\sigma = 50 \times 3 \times 70 = 1.05 \times 10^4 \text{ N}$$

したがって，最大ブレーキトルクは，$F_1 = F_m$ のときである．

式(**9·11**)，式(**9·12**)から，ブレーキトルク T は

$$T = (F_1 - F_2)(D/2) = \{1 - \exp(-\mu\theta)\}F_1 D/2$$
$$= \{1 - \exp(-0.3 \times 3.665)\} \times 1.05 \times 10^4 \times 600/2$$
$$= 2.10 \times 10^6 \text{ N·mm} = 2.10 \times 10^3 \text{ N·m}$$

操作レバーの支点でのモーメントのつり合いから

$$aF_2 = (a + b)F$$

$F_2 = F_1/\exp(\mu\theta)$ なので，操作力 F は

$$F = aF_2/(a + b) = 200 \times 1.05 \times 10^4/\{\exp(0.3 \times 3.665) \times 1000\}$$
$$= 699 \text{ N}$$

ただし，操作を手動で行う場合，150 ～ 200 N が限度と考えられるので，このバンドブレーキは，手動のみの操作では最大ブレーキトルクを作用させることが困難と考えられる．

【例題 9·3】　図 **9·14** のようなブロックブレーキがあり，ドラムに $T = 100$ N·m のトルクが作用している．ブレーキシューとドラムとの間の摩擦係数 μ を 0.3 としたとき，レバー端に必要な力 F を求めよ．

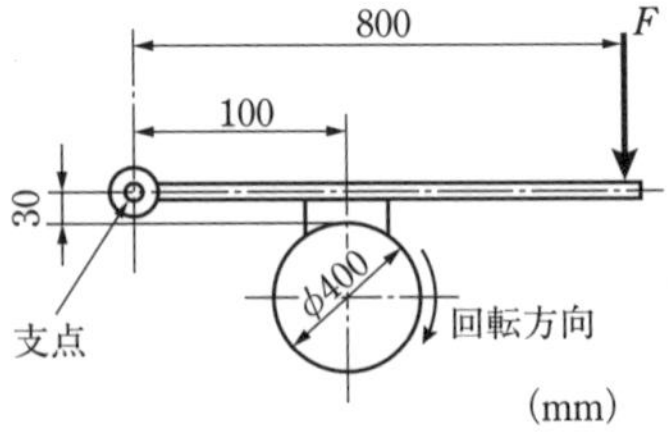

図 9·14 〔例題 9·3〕の図

【解】　ブロックの押付け力を P とする．

式(**9·8**)，式(**9·10**)から

$$F = 2T(b + \mu c)/(\mu Da)$$
$$= 2 \times 100 \times 10^3 \times (100 + 0.3 \times 30)/(0.3 \times 400 \times 800) = 227 \text{ N}$$

10

ばねおよび防振ゴム

10·1 ばね

弾性変形の利用を主目的とする機械要素をばね（spring）という．通常，機械要素は変形を嫌うため，剛性を高く設計するが，ばねは，この変形を有効利用する機械要素である．したがって，変形しやすい形状と，その変形に耐え得る強度とが必要となる．

10·1·1 ばねの用途

ばねは，次のような用途に使用される．

（1） **力の測定** ばねに加わる荷重 P と変形量 δ（たわみ量またはたわみ角）間には，多くの場合に $P=k\delta$ の関係が成立し，比例定数 ι をばね定数という．この比例関係を利用して力やトルクの測定を行う．

（2） **衝撃の緩和やエネルギーの吸収** ばね自身の変形のしやすさを利用して衝撃を緩和する．また，ばね要素間の摩擦，ばね材料自体の内部摩擦，およびばねとダシュポットを組み合わせた緩衝装置としてエネルギー吸収や振動の減衰を行う．

（3） **一定の力またはトルクの発生・接触の確保** ばねの押付け力の利用．接触部が摩耗しても押付け力の確保ができる．

（4） **動力源・エネルギーの貯蔵** ばねのエネルギーの吸収・解放能力の利用．貯蔵エネルギー U は

$$U=\frac{1}{2}P\delta=\frac{1}{2}k\delta^2$$

（5） **振動系要素** 振動の発生ならびに発生の防止，振動系の固有振動の利用，振動の他の要素への伝ぱの防止あるいは緩和．

（**6**） **締結要素** ばねの弾性力を締結に利用．たとえば，ねじのゆるみ止めの働きをするばね座金など．

10･1･2 ばねの材料

ばねは，常に弾性範囲内で使用されるため，高い弾性限度をもたなければならず，高い耐衝撃性，大きい疲れ強さも必要である．また，使用環境を考慮した物理・化学的諸要求も満足しなければならない．

ばね材料は，金属（鋼，非鉄金属）と非金属（ゴム，流体，合成樹脂など）に大別される．表 **10･1** にばね用金属線材の特徴を示す．同表に示した銅合金線は，導電性，耐食性，非磁性が要求されるところに適する．

表 10･1 ばね用線材の種類

線材の種類			E^*	G^*	特徴
鋼線	硬鋼線		206	78	0.24 ～ 0.86％の炭素鋼である．繰返し数が少なく，衝撃荷重のかからない場合に最も一般的に使用される．
	ピアノ線		206	78	りん，硫黄などの不純物を除いた 0.6 ～ 0.95％の炭素鋼であり，耐疲れ性に富む．
	オイルテンパ線		206	78	硬鋼線材あるいはピアノ線材を常温で伸線した後，油による焼入れ・焼戻しをしたものである．強度は硬鋼線やピアノ線ほど高くはないが，耐熱性，耐疲れ性にすぐれている．
	ステンレス鋼線	SUS 302 SUS 304 SUS 316	186	69	耐熱性，耐腐食性にすぐれている．
		SUS 631 JI	196	74	
銅合金線	黄銅線		98	39	銅と亜鉛の合金である．導電性，耐食性にすぐれた非磁性体である．
	洋白線		108	39	銅，ニッケル，亜鉛の合金である．導電性は他の銅合金線よりは劣るが，展延性，耐疲れ性，耐食性にすぐれている．
	りん青銅線		98	42	銅とすずを主成分とし，りんをわずかに含む合金である．洋白線とほぼ同程度の機械的性質をもつが，引張り強さは高い．
	ベリリウム銅線		127	44	時効硬化形の銅，ニッケル，コバルト，ベリリウム合金である．実用銅合金の中で最も引張り強さが大きく，耐食性，導電性にすぐれている．

〔注〕 * E および G は縦および横弾性係数で，単位は（GPa）である．ばねの設計には原則としてこれらの値を用いる．

10·1·3　ばねの種類

ばねは，形状によって次のように分類される．

（1）　コイルばね　コイルばね（coil spring）は，円形断面や長方形断面の材料をコイル状に巻いたばねであり，現在，最も広く使用されている．材料径が 13 mm 以下の小形ばねは，主として常温（冷間成形），材料径が比較的大きいばねは熱間で成形された後，焼入れ，焼戻しを行い，所要の機械的性質を得る．

コイルばねは，荷重形態，コイル形状，ばね特性などによって分類されている．

（i）　荷重による分類　図 10·1（a）～（c）に示すように，引張りコイルばね，圧縮コイルばね，ねじりコイルばねなどの種類があり，引張りコイルばねよりも圧縮コイルばねのほうが推奨される．これは，引張りコイルばねでは，① 負荷用のフックが必要，② フック部分の応力集中，③ 折損による致命的機能停止，などがあるためである．

（ii）　ばね特性による分類

（a）　円筒コイルばね　線形コイルばねとも呼ばれるばねで，材料断面の形状と寸法が一様で，コイル平均径およびピッチが等しい最も一般的なコイルばねである．ばね定数は荷重によって変化せず，線形特性をもつという特徴がある．しかし，全たわみの 20％以下，80％以上では線形特性を示さないと考えてよく，ばね定数は，全たわみが 30 ～ 70％の範囲にある二つの荷重のたわみから算出する．

コイルばねを 2 個または 3 個同心に組み合わせた二重，三重のコイルばねは，一

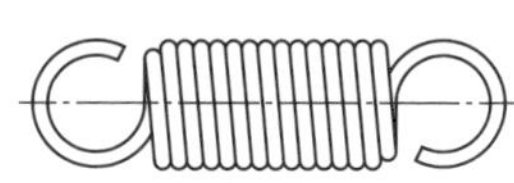

（a）　引張りコイルばね

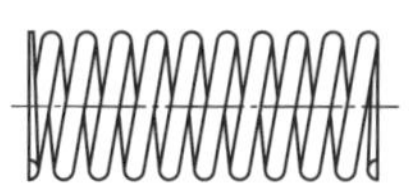

（b）　圧縮コイルばね

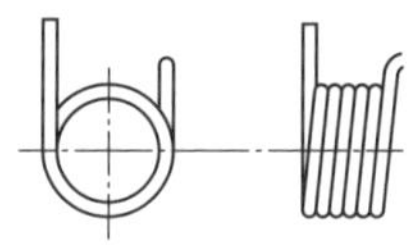

（c）　ねじりコイルばね

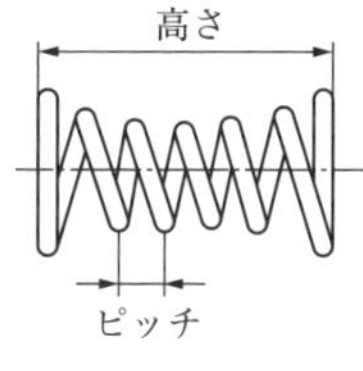

鼓形コイルばね

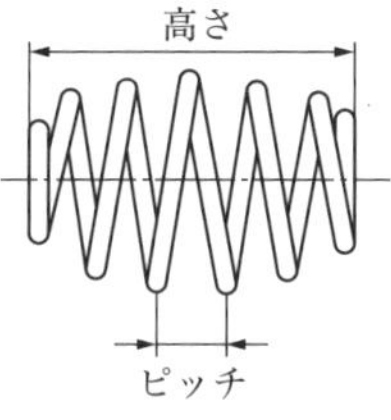

たる形コイルばね

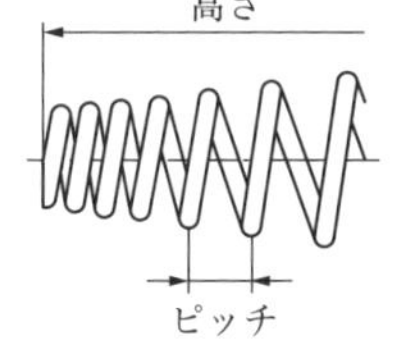

円すいコイルばね

（d）　非線形コイルばね

図 10·1　コイルばね

つのばねでは得られないばね特性がほしい場合に使用される．材料の断面は円形が一般的であるが，限られた空間内で吸収エネルギーを大きくしたい場合や優れた線形特性を得たい場合には長方形断面のばねが使用される．

（b）**非線形コイルばね**　図**10･1**(d)に示したように，コイル平均径，材料の直径，ピッチを変化させ，非線形特性をもたせたばねであり，その形状によって，不等ピッチばね，テーパコイルばね，円すいコイルばね，鼓形コイルばね，たる形コイルばねなどがある．これらのばねは，小さい容積で比較的大きい荷重に耐えられる．

（2）**うず巻きばね**　うず巻きばね（spiral spring）は，図**10･2**に示すように，断面一様な材料をうず巻き状に巻いたばねである．ねじりモーメントを加えることによる材料の曲げ変形を利用し，小さい容積に大きな回転角と弾性エネルギーを蓄積できる．動力用のうず巻きばねをぜんまいばね(power spring）と呼ぶことがある．

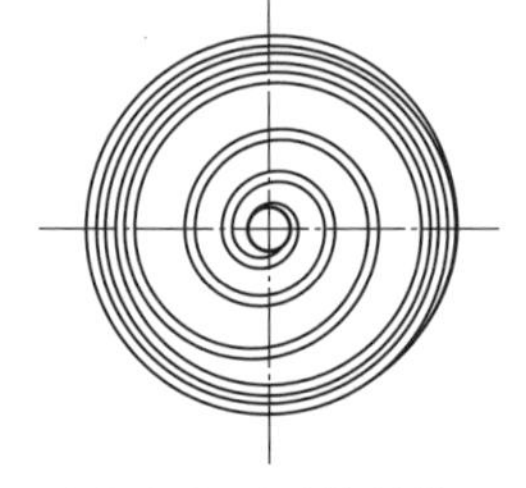

図 10･2　うず巻きばね

（3）**重ね板ばね**　重ね板ばね（laminated spring, leaf spring）は，図**10･3**に示すように，細長い板を重ねて中央部を締め付けたばねで，構造部材の役目も兼ねることができ，板間の摩擦は振動減衰効果をもち，トラックや鉄道車両の懸架装置に広く利用されている．

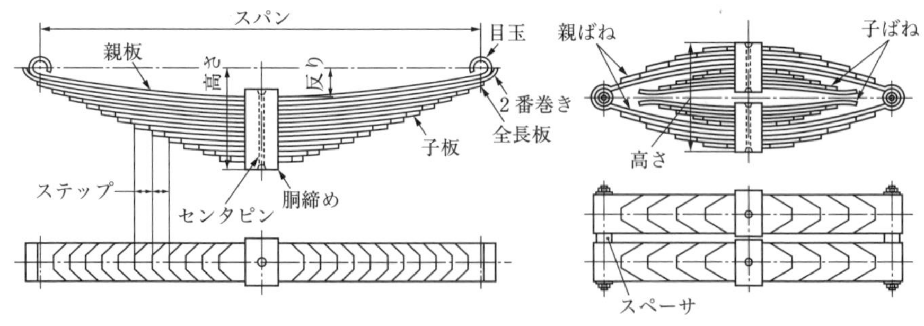

図 10･3　重ね板ばね（JIS B 0103 より）

（4）**トーションバー**　トーションバー（torsion bar spring）は，棒にねじりを与えることによって起こるばね作用を利用したものである．図**10･4**に示すように，一端を固定し，他端にアームを取り付けて使用することが多い．形状が簡単で，ばね特性の見積りが正確にでき，エネルギー吸収量が大きいという特徴がある．

(5) さらばね　さらばね (coned disk spring) は，穴のあいた円板を円すい状に成形した皿形のばねである（図 **10·5**）．高い精度のばね特性を得るのは困難であるが，狭い空間で大きい負荷容量をもつことができ，高さと板厚の比を変えることによって広範囲に非線形ばね特性を変えることができる．一般に，数枚を直列あるいは並列に重ねて用いる．直列組合わせの場合には，同一荷重のもとでたわみがばねの枚数に比例して増加し，並列組合わせでは，たわみがばね枚数に比例して減少する．なお，並列組合わせの場合には，ばね間の接触面での摩擦のために減衰効果が得られる．

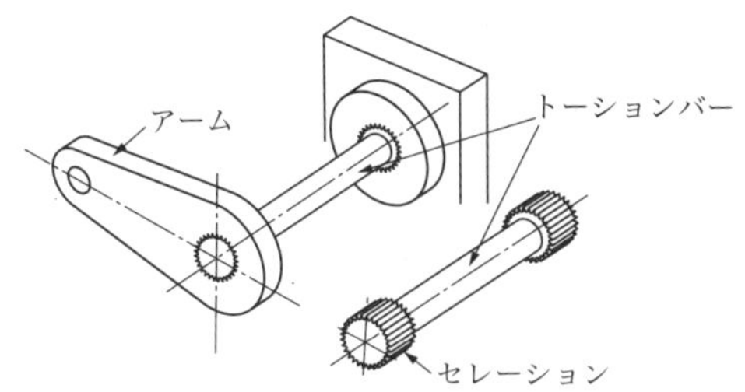

図 10·4　トーションバー

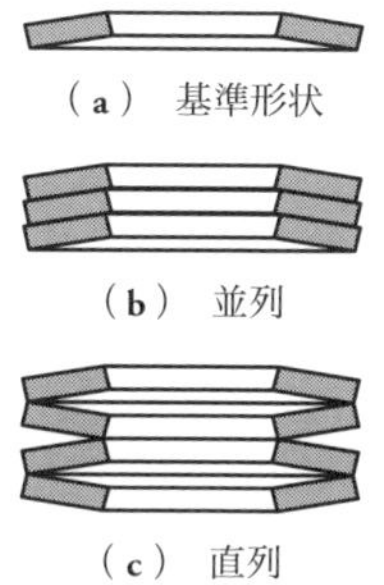

図 10·5　さらばね

(6) 輪ばね　輪ばね (ring spring) は，図 **10·6** に示すように，それぞれ外側および内側に傾斜面をもった内輪および外輪を交互に重ね合わせたばねであり，荷重は軸方向にかける．内外輪間の摩擦のために，ばね特性は負荷と除荷で異なる．このばねは大荷重の支持や衝撃エネルギーを吸収する必要がある場合に用いられ，鉄道車両の連結器に広く使用されている．

(7) 止め輪　止め輪 (retaining ring) は，図 **10·7** に示すように，一部に切れ目をもった円形リング形状をした部品である．軸または穴に付けた環状溝にはめ，

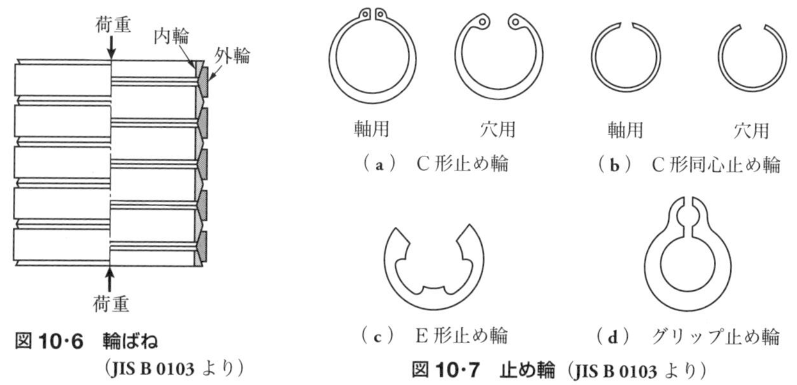

図 10·6　輪ばね
(JIS B 0103 より)

図 10·7　止め輪 (JIS B 0103 より)

軸や穴に取り付けられた他の機械要素が相対的に移動するのを防ぐために用いられる．止め輪の切れ目の反対側では応力集中が起こるので，一度脱着した止め輪は再使用しないほうがよい．また，高速回転軸への止め輪の使用は遠心力で抜ける可能性があるので避けるべきである．

10·1·4　コイルばねの設計

（1）　**設計式**　図 10·8 に示すように，コイル**平均径**を D とし，ばね軸方向に圧縮荷重 P が作用するとする．ばねの**ピッチ角**（ばね材料の中心線がばね中心線に直角な平面となす角度）を α とすれば，ばね材料の任意の断面には，ねじりモーメント $T=P(D/2)\cos\alpha$，曲げモーメント $M=P(D/2)\sin\alpha$，せん断力 $F=P\cos\alpha$，圧縮力 $F'=P\sin\alpha$ が作用する．しかし，ピッチ角 α は，ふつう，10° 以下であるので，$\cos\alpha \fallingdotseq 1$，$\sin\alpha \fallingdotseq 0$ と近似でき，曲げモーメントおよび圧縮力の影響は無視できる．したがって，ばね素線には，次のようなねじりモーメント T とせん断力 F が，ばね材料の中心線に垂直な断面に作用すると考えることができる．

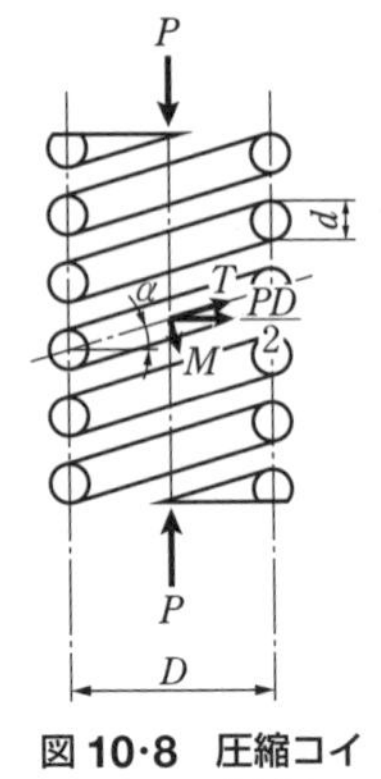

図 10·8　圧縮コイルばね

$$T=\frac{PD}{2} \tag{10·1}$$

$$F=P \tag{10·2}$$

また，ピッチ角 α が小さいことを考慮すれば，ばね材料の長さ L_a は，近似的に次のように算定できる．

$$L_a=\pi DN_a \tag{10·3}$$

ここに，N_a は，後で定義するばね定数の計算に用いる巻き数で，**有効巻き数**という．

さて，ばねのたわみ量を δ とすれば，ばねに蓄える弾性エネルギー U は

$$U=\frac{P\delta}{2} \tag{10·4}$$

となるが，これは，式(**10·1**)のねじりモーメントによる弾性エネルギー U_t と，式(**10·2**)のせん断力による弾性エネルギー U_s の和に等しい．d をばね材料の直径，G を横弾性係数，J をばね材料の断面二次極モーメント（$J=\pi d^4/32$）とすれば，コイルのねじれ角 θ は

$$\theta = \frac{TL_a}{GJ}$$

したがって

$$U_t = \frac{T}{2}\theta = \frac{T}{2}\left(\frac{TL_a}{GJ}\right) = \frac{4N_a D^3 P^2}{Gd^4}$$

また，単位体積当たりのせん断弾性エネルギーは，コイルの全体積を V とすれば

$$\frac{U_s}{V} = \frac{\tau^2}{2G}$$

ここで，$V = \frac{\pi d^2}{4} L_a$，$\tau = \frac{P}{\pi d^2/4}$ であるので

$$U_s = \frac{1}{2G}\left(\frac{P}{\pi d^2/4}\right)^2 \frac{\pi d^2}{4} L_a = \frac{2N_a DP^2}{Gd^2}$$

$C = D/d$ で定義される**ばね指数**（spring index）を用いれば，次の関係式が成立する．

$$\frac{P\delta}{2} = \frac{4N_a C^3 P^2}{Gd}\left(1 + \frac{1}{2C^2}\right)$$

しかし，通常のばねでは，$C \geqq 4$ であるから，ばねに蓄えられる弾性エネルギー U，たわみ量 δ，ならびに**ばね定数** k は，それぞれ次のように表示される．

$$U = \frac{P\delta}{2} = \frac{4N_a C^3 P^3}{Gd} = \frac{4N_a D^3 P^2}{Gd^4} \quad \textbf{(10·5)}$$

$$\delta = \frac{8N_a C^3 P}{Gd} = \frac{8N_a D^3 P}{Gd^4} \quad \textbf{(10·6)}$$

$$k = \frac{P}{\delta} = \frac{Gd^4}{8N_a D^3} \quad \textbf{(10·7)}$$

次に，ばねに発生する応力について考える．

式(**10·1**)および式(**10·2**)で与えられるねじりモーメントとせん断力により，ばね材料の中心線に垂直な断面にはせん断応力が分布し（図 **10·9** 参照），その最大値 $\tau_{\max}$ はコイルの内側に生じ，その大きさは次式で与えられる．

$$\tau_{\max} = \frac{T}{2J/d} + \frac{P}{\pi d^2/4} = \frac{8PD}{\pi d^3} + \frac{4P}{\pi d^2} = \frac{8PD}{\pi d^3}\left(1 + \frac{1}{2C}\right) \quad \textbf{(10·8)}$$

つまり，ばね指数 C が大きい場合にはねじりモーメント T の影響が大きく，C が小さい場合にはせん断力 P の影響が大きくなることがわかる．ただし，上式は

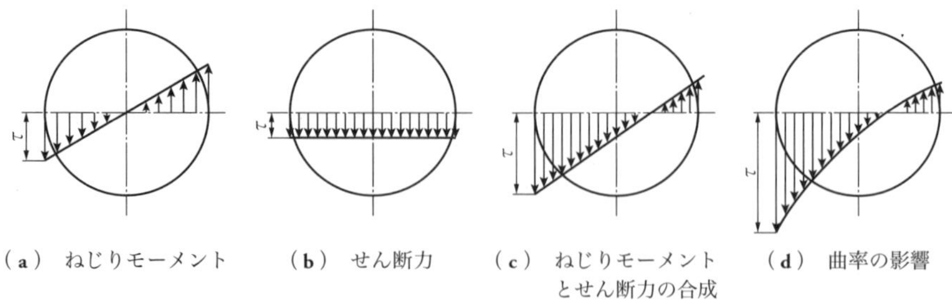

（a） ねじりモーメント　（b） せん断力　（c） ねじりモーメントとせん断力の合成　（d） 曲率の影響

図 10･9　ばね素線に作用するせん断応力分布

コイル材料が直径 d の真直棒として求めたものである．実際にはコイル状に巻かれているために，コイル材料は湾曲している．曲率の影響を考慮した最大せん断応力 τ_{max} は，次式のように表すことができる．

$$\tau_{\mathrm{max}} = \chi \frac{8PD}{\pi d^3} \tag{10･9}$$

ここに，χ は**応力修正係数**と呼ばれ，種々の式が提案されているが，いずれの式を用いても大差はなく，**JIS B 2704** には，ワール（Wahl）によって提案されたワールの応力修正係数

$$\chi = \frac{4C-1}{4C-4} + \frac{0.615}{C} \tag{10･10}$$

が採用されている．

冷間成形の密着引張りコイルばねは，ピッチがコイル材料の直径よりも小さくなるようにコイリングされるため，材料がねじられた状態となる．そのため，引張り荷重 P が P_i を超えるまではばねの変形は起こらない．この P_i の値を**初張力**という．初張力 P_i によって素線に発生するねじり応力 τ_i は，次式で与えられる*．

$$\tau_i = \frac{8P_iD}{\pi d^3} \tag{10･11}$$

また，$P > P_i$ の状態下では，ばねに作用している荷重は（$P - P_i$）であり，（$P - P_i$）とたわみ量 δ が比例することになる（図 **10･10**）．したがって，P と δ との関係式およびばね定数は，P を（$P - P_i$）に置換して，式(**10･1**)および式(**10･2**)

* 初張力によるねじり応力は，次の経験式を用いてもよい．

$$\tau_i = \frac{G}{100C}$$

で計算される．なお，素線に作用するせん断応力の計算には，式(**10・9**)を用いるか，式(**10・9**)の P に $(P-P_i)$ を代入して得られた応力に τ_i を加える．

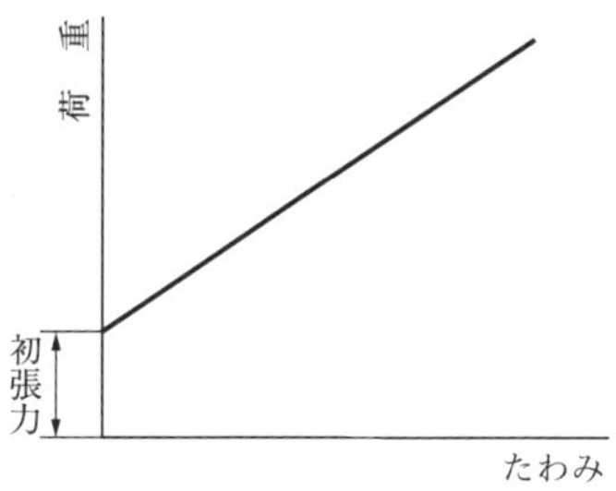

図 10・10　初張力を有する引張りコイルばね

（**2**）　**端部の形状**　圧縮コイルばねの端部形状は，図 **10・11** に示すように，巻き端を隣接コイルに接するように巻いた**クローズドエンド**（closed end）と，接触しない**オープンエンド**（open end），および**ピッグテール**（pig tail）がある．

また，引張りコイルばねのフックには，ばね端部をフックとして加工する場合と，別の金具でつくったフックをねじ込む場合とがあるが，設計に当たっては，この部分の応力の検討，とくに応力集中の検討が重要となり，さらに，フック部がたわみに及ぼす影響も考慮する必要がある．

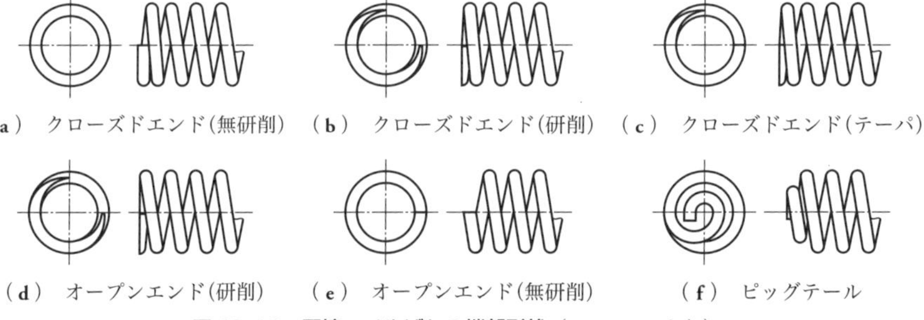

図 10・11　圧縮コイルばねの端部形状（JIS B 0103 より）

（**3**）　**有効巻き数**　ばねの設計に用いる巻き数を有効巻き数といい，N_a で表す．ふつうの場合には 3 以上にとる．圧縮コイルばねでは，**総巻き数** N_t から端部の見掛け上ばねとして機能しない**座巻き数** x_1，x_2 を差し引いたものを**自由巻き数** N_f というが，$N_a = N_f$ と規定されている．すなわち

$$N_a = N_f = N_t - (x_1 + x_2)$$

となり，クローズドエンドでは $x_1 = x_2 = 1$，オープンエンドで，3/4 巻きが研削されている場合には $x_1 = x_2 = 0.75$ である．なお，引張りばねでは，フック部を除いた総巻き数が有効巻き数と規定されている．

（4） **座屈**　縦横比（自由高さ/コイル平均径＝H/D）の大きいばねは，圧縮によるたわみが大きくなると座屈を起こす．そこで，一般には H/D を 0.8 ～ 4 の間にとる．

（5） **セッチング**　セッチング（presetting）とは，ばね材料の弾性限度を上昇させて，ばねがへたらないようにするための操作で，必要なばね長さよりも長めのばねをあらかじめ製作しておいて，弾性限度を超えて圧縮させて所要の長さまで縮小させる操作をいう．このセッチンダによってばね材料は加工硬化し，弾性限度が上昇する．しかし，疲れ限度を低下させる恐れがあるので注意を要する．

【例題 10･1】　次の圧縮コイルばねのばね定数を求めよ．

（1） 高さの異なる二重コイルばね（図 **10･12**）

（2） 2 段ピッチ（不等ピッチ）コイルばね（図 **10･13**）

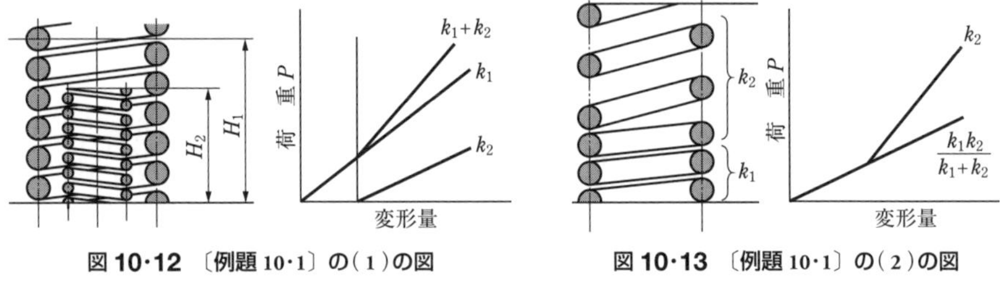

図 10･12　〔例題 10･1〕の（1）の図　　**図 10･13**　〔例題 10･1〕の（2）の図

【解】　（1）　ばね高さ H が $H \geqq H_2$ の場合には，外側のばねのみが荷重を支持するので，ばね定数 k は，$k=k_1$，すなわち，荷重が $P \leqq k_1(H_1-H_2)$ のときのばね定数は $k=k_1$ となる．

また，ばね高さ H が $H \leqq H_2$，すなわち $P \geqq k_1(H_1-H_2)$ のときは内側のばねも荷重を支持するようになり，$\Delta=H_2-H$ だけ二つのばねを同時に圧縮することになる．このために必要な力は，$\Delta(k_1+k_2)$ となるので，ばね定数は $k=k_1+k_2$ となる．

（2）　荷重 P による変形は，

ばね定数 k_1 のばね：$\Delta_1=P/k_1$

ばね定数 k_2 のばね：$\Delta_2=P/k_2$

よって，全変形量 $\Delta=\Delta_1+\Delta_2=P(1/k_1+1/k_2)=P\{(k_1+k_2)/(k_1k_2)\}$

ゆえに，ばね定数 k は，$k=k_1k_2/(k_1+k_2)$

しかし，ピッチの小さいばねの素線同士が接触した後は，ばね定数は $k=k_2$ となる．

【例題 10・2】 アームと組み合わせて使用されるトーションバーでは，荷重と変位の関係が線形にならないことを示せ．

【解】 トーションバーにおいて，トーションバーのねじりばね定数 k_t は，ねじり角を ϕ とすれば，式(**5・28**)より

$$k_t=T/\phi=\pi d^4G/(32L) \quad \cdots\cdots①$$

となり，T と ϕ は線形関係にある．

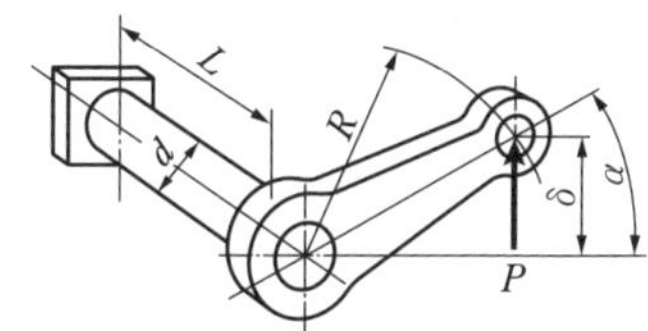

図 10・14 〔例題 10・2〕の解の図

つぎに，図 **10・14** に示すように，アームを介してねじりモーメントを作用させる場合を考える．すなわち，無負荷時にアームは水平に置かれているものとし，荷重 P を作用させたときのアームの中心線と水平線とのなす角度を α とすれば

$$T=PR\cos\alpha, \quad \phi=\alpha \quad \cdots\cdots②$$

式①から

$$P=k_t\alpha/(R\cos\alpha) \quad \cdots\cdots③$$

また

$$\text{変位量 } \delta=R\sin\alpha$$

なので，P と δ の間には線形関係は成立しない．この場合のばね定数 k は

$$k=\frac{dP}{d\delta}=\left(\frac{dP}{d\alpha}\right)\left(\frac{d\alpha}{d\delta}\right)=\frac{k_t(1+\alpha\tan\alpha)}{R^2\cos^2\alpha}$$

（6） **サージング**　外力の振動数がばねの固有振動数と一致すると共振を起こし，激しい振動を生ずる．これをサージング（surging）という．そこで，加振源の振動数は固有振動数の 1/10 以下ぐらいにとる必要がある．

有効巻き数 N_a のコイルばねの固有振動数は，次のようにして求められる．

まず，材料の単位体積当たりの重量を γ とすれば，端部から N 巻き目の ΔN 間の質量 Δm は，次のように与えられる．

$$\Delta m=\frac{\gamma}{g}\frac{\pi d^2}{4}\pi D\Delta N \quad \textbf{(10・12)}$$

したがって，振動による変位を y とすれば，Δm がもつ加速度による力 ΔF_a は

$$\Delta F_a = \Delta m \frac{\partial^2 y}{\partial t^2} = \frac{\gamma}{g}\frac{\pi d^2}{4}\pi D \Delta N \frac{\partial^2 y}{\partial t^2} \qquad (\mathbf{10 \cdot 13})$$

となる．また，ΔN巻き間の変位をΔyとすれば，式(**10・7**)から，ΔN巻き間の変位による力F_sは

$$F_s = k\Delta y = \frac{Gd^4}{8D^3}\frac{\Delta y}{\Delta N} \qquad (\mathbf{10 \cdot 14})$$

であるので，Δmを加速するために必要な力ΔF_sは，次のように求められる．

$$\Delta F_s = \frac{\partial F_s}{\partial N}\Delta N = \frac{Gd^4}{8D^3}\frac{\partial^2 y}{\partial N^2}\Delta N \qquad (\mathbf{10 \cdot 15})$$

ばね支持部の摩擦，空気抵抗，ヒステリシス損などの減衰力を無視すれば，式(**10・13**)は式(**10・15**)に等しく，次の関係が導かれる．

$$\frac{\partial^2 y}{\partial t^2} = a^2 \frac{\partial^2 y}{\partial N^2} \qquad (\mathbf{10 \cdot 16})$$

ここに

$$a = N_a\sqrt{\frac{k}{m}} \quad \left(m = \frac{\gamma}{g}\frac{\pi d^2}{4}\pi D N_a,\ k = \frac{Gd^4}{8D^3 N_a}\right)$$

$y = \phi(N)\psi(t)$ とおき，式(**10・16**)に代入し

$$\frac{1}{\psi(t)}\frac{d^2\psi(t)}{dt^2} = \frac{a^2}{\phi(N)}\frac{d^2\phi(N)}{dN^2} = -\omega^2 \qquad (\mathbf{10 \cdot 17})$$

とおけば

$$\frac{d^2\psi(t)}{dt^2} + \omega^2\psi(t) = 0 \qquad (\mathbf{10 \cdot 18})$$

$$\frac{d^2\phi(N)}{dN^2} + \frac{\omega^2}{a^2}\phi(N) = 0 \qquad (\mathbf{10 \cdot 19})$$

となり，式(**10・18**)の解は

$$\psi(t) = A_1 \sin\omega t + B_1 \cos\omega t$$

式(**10・19**)の解は

$$\phi(N) = A_2 \sin\left(\omega\frac{N}{a}\right) + B_2 \cos\left(\omega\frac{N}{a}\right)$$

したがって，式(**10・16**)の解は

$$y = (A_1 \sin\omega t + B_1 \cos\omega t)\left\{A_2 \sin\left(\omega\frac{N}{a}\right) + B_2 \cos\left(\omega\frac{N}{a}\right)\right\} \qquad (\mathbf{10 \cdot 20})$$

となる．両端固定の場合には，$N=0$ および $N=N_a$ で，$y=0$ であるので

$$B_2=0,\qquad \sin\left(\omega\frac{N_a}{a}\right)=0$$

となる．よって，固有振動数 f は，次のようになる．

$$\omega\frac{N_a}{a}=i\pi \qquad (i=1,\ 2\cdots)$$

$$f=\frac{\omega}{2\pi}=\frac{i}{2}\sqrt{\frac{k}{m}}=i\left(\frac{d}{2\pi D^2 N_a}\right)\left(\frac{gG}{2\gamma}\right)^{1/2} \tag{10·21}$$

【例題 10·3】 図 **10·15** に示す動弁装置の仕様は，カム軸の最高回転数：3000 rpm，弁リフト：8 mm，ばね取付け時のたわみ：10 mm，ばね定数：30 N/mm，ばね指数：6，ばね材の横弾性係数：78 GPa，単位体積当たりの重量：76.9×10^{-6} N/mm^3 である．ばねの固有振動数をカム軸回転数の 10 倍とした場合に，ばね素線の径，コイル平均径，コイルの有効巻き数，最大たわみ時のコイルばねに働くせん断応力を求めよ．

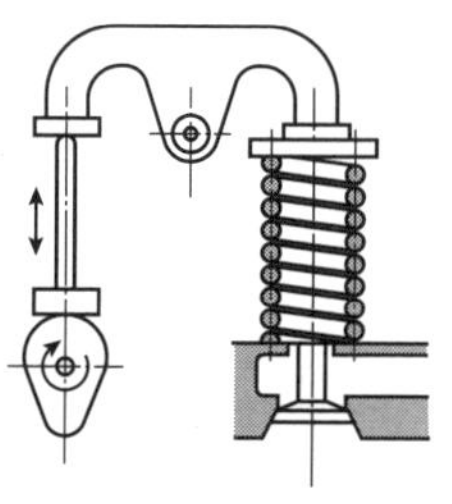

図 10·15〔例題 10·3〕の図

【解】 ばねの固有振動数 $f=(3000/60)\times10=500$ cps

したがって，式(**10·21**)，$g=9800$ mm/s^2，$G=78$ GPa $=78000$ N/mm^2 から

$$500=\{d/(2\pi D^2N_a)\}\cdot\{gG/(2\gamma)\}^{1/2}$$
$$=\{d/(2\pi D^2N_a)\}\times\{9800\times78000/(2\times76.9\times10^{-6})\}^{1/2}$$

よって

$$D^2N_a/d=710\ \text{mm} \qquad \cdots\cdots①$$

ばね定数 $k=Gd^4/(8N_aD^3)=30$ から

$$N_aD^3/d^4=78000/(8\times30)=325 \qquad \cdots\cdots②$$

式①，式②から

$$D/d^3=325/710=0.458 \qquad \cdots\cdots③$$

また，最大たわみは，$\delta=8+10=18$ mm

したがって，最大荷重は

$$P=k\delta=30\times18=540\ \text{N} \qquad \cdots\cdots④$$

また，$C=6$ なので，応力修正係数 χ は，式(**10·10**)から

$$\chi=(4C-1)/(4C-4)+0.615/C=1.25 \qquad \cdots\cdots⑤$$

よって，求めるせん断応力 τ_{max} は，式(**10・9**)，および式③，式④，式⑤から

$$\tau_{max} = \chi 8PD/(\pi d^3) = 1.25 \times 8 \times 540 \times 0.458/3.14 = 788\ \mathrm{N/mm^2}$$

また，式③から

$$D/d^3 = C/d^2 = 0.458$$

よって

$$d = (6/0.458)^{1/2} = 3.6\ \mathrm{mm}$$

$$D = Cd = 3.6 \times 6 = 21.6\ \mathrm{mm}$$

したがって，コイルの有効巻き数は，式①から

$$N_a = 710\ d/D^2 = 710 \times 3.6/21.6^2 = 5.48$$

となり

N_a=5.5 巻きまたは 6 巻き

10・2 防振ゴム

防振ゴムは，加硫ゴムなどのゴム弾性を利用したばねである．加硫ゴムや高分子物質などの**粘弾性固体**から形成される物体は，耐熱性，耐低温性，耐油性などの点で金属ばねに及ばない場合があるものの，通常，一方向のばね特性しか利用できない金属ばねに比べて 3 方向のばね特性をもたせることが可能である．また，金属に比べて**内部摩擦**が大きいために，振動吸収能力もすぐれており，それらの特徴を生かしてばねや緩衝器などに利用されている．

粘弾性的特性はすべての物質がもっているものであるが，粘弾性特性が現れるかどうかは，物質の特性と観測時間に依存する．**粘弾性体**の現象論的特性は，図 **10・16** に示すように，粘弾性固体に対しては**ケルビン**（Kelvin）**モデル**〔**フォークト**（Voigt）**モデル**ともいう〕，**粘弾性液体**に対しては**マクスウェル**（Maxwell）**モデル**で近似できる．

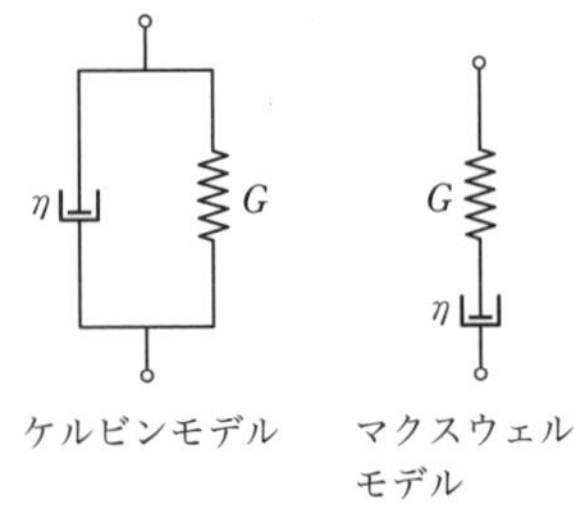

図 10・16 粘弾性モデル

以下，ケルビンモデルを用いて粘弾性固体の力学的特性を述べる．

応力 τ とひずみ ε との間の関係は，G を弾性係数，η を粘性係数，t を時間とすれば，次のように表される．

$$\tau = G\varepsilon + \eta \frac{d\varepsilon}{dt} \tag{10･22}$$

この線形微分方程式の解は，$t=0$ のときのひずみを ε_0 とすれば

$$\varepsilon = \exp\left(-\frac{Gt}{\eta}\right)\left\{\varepsilon_0 + \frac{1}{\eta}\int_0^t \tau \exp\left(\frac{Gt}{\eta}\right)dt\right\} \tag{10･23}$$

である．もし，応力 τ が時間に依存しないと仮定すれば，式(**10･23**)は簡単に積分でき，次のようになる．

$$\varepsilon = \frac{\tau}{G} + \left(\varepsilon_0 - \frac{\tau}{G}\right)\exp\left(-\frac{Gt}{\eta}\right) \tag{10･24}$$

式(**10･24**)において，$\varepsilon_0 = 0$ とすれば

$$\varepsilon = \frac{\tau}{G}\left\{1 - \exp\left(-\frac{Gt}{\eta}\right)\right\} \tag{10･25}$$

これは，ひずみのない状態で応力が作用しても，ひずみが弾性ひずみ（τ/G）に到達するのに無限時間かかること，すなわち，応力一定のもとではひずみが次第に増加して一定値に到達することを意味している．このような現象を**クリープ**（creep）という．

また，式(**10･24**)において，$\tau = 0$ とすれば

$$\varepsilon = \varepsilon_0 \exp\left(-\frac{Gt}{\eta}\right) \tag{10･26}$$

となる．すなわち，ε_0 のひずみが存在する状態で応力を取り去っても，弾性体のように瞬時にはひずみは 0 にならず，ひずみが完全になくなるためには無限の時間が必要なことがわかる．このような挙動を**遅延弾性**（retarded elasticity）という．また，（η/G）は，応力除去後にひずみが初期ひずみ ε_0 の $1/e$ になるまでの時間に対応しており，これを**遅延時間**（retardation time）と呼んでいる（図 **10･17** 参照）．

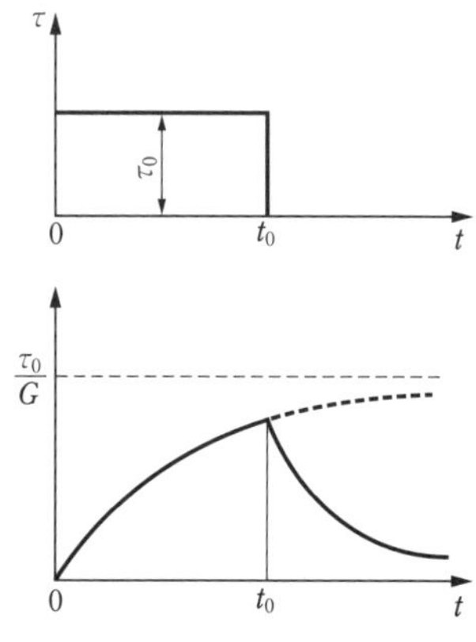

図 10･17　ケルビンモデルの挙動

次に，粘弾性固体の動的挙動について考える．ここでは，簡単化のために，外部より強制的に正弦的に変化する応力 τ を加えた場合の粘弾性固体の応答について検討する．また，粘弾性体は，その粘性項のために，動的挙動下においては，応力

とひずみとの間に位相差を生じ，エネルギー損失をもたらす．位相差をともなう事象の記述は，複素数表示を用いると便利であるので，以下の議論にも複素数を使用する．なお，複素数は“*”をつけて実数と区別する．

周期的な強制応力

$$\tau^* = \tau_0 \exp(j\omega t) \tag{10・27}$$

が与えられたとする．式(**10・22**)は線形であるので，定常状態におけるひずみも周期的に変化することになり，次のように記述できる．

$$\varepsilon^* = \varepsilon_0{}^* \exp(j\omega t) \tag{10・28}$$

式(**10・27**)および式(**10・28**)を式(**10・22**)に代入すれば

$$\tau_0 = \varepsilon_0{}^*(G + j\omega\eta) \tag{10・29}$$

となる．すなわち，$\varepsilon_0{}^*$ は複素数であり，周期的応力と周期的ひずみの間に位相差が存在することになる．

式(**10・29**)から

$$\begin{aligned}\varepsilon_0{}^* &= \frac{\tau_0}{G+j\omega\eta} = \frac{\tau_0 G}{G^2+(\omega\eta)^2} - j\frac{\tau_0\omega\eta}{G^2+(\omega\eta)^2} = \varepsilon_0{}' - j\varepsilon_0{}'' \\ &= \sqrt{\varepsilon_0{}'^2 + \varepsilon_0{}''^2}\exp(-j\delta_0) = |\varepsilon_0|\exp(-j\delta_0)\end{aligned} \tag{10・30}$$

となり，応力に対してひずみは δ_0 だけ位相が遅れることになる．ここに

$$\tan\delta_0 = \frac{\varepsilon_0{}''}{\varepsilon_0{}'} \tag{10・31}$$

と表される．

さて，応力とひずみの比を弾性率と呼ぶが，今の場合，この比は複素数となるので，これを**複素弾性率**（complex modulus）G^* と呼ぶ．すなわち，式(**10・27**)，式(**10・28**)，式(**10・30**)から

$$\begin{aligned}G^* &= \frac{\tau^*}{\varepsilon^*} = \frac{\tau_0}{\varepsilon_0{}^*} = \frac{\tau_0}{|\varepsilon_0|}\exp(j\delta_0) \\ &= G + j\omega\eta = G' + jG''\end{aligned} \tag{10・32}$$

と表される．ここに，$G' = G$ を**動的弾性係数**（dynamic modulus），$G'' = \omega\eta$ を**損失弾性係数**（loss modulus），$\eta = G''/\omega$ を**動的粘性係数**（dynamic viscosity）という．また，応力とひずみ速度との比を**複素粘性係数**（complex viscosity）と呼び，η^* で表せば

$$\eta^* = \tau^*\frac{d\varepsilon^*}{dt} = \eta' - j\eta'' = \eta - j\frac{G}{\omega} \tag{10・33}$$

となる．

なお，複素弾性率 G^* の逆数を**複素コンプライアンス**（complex compliance）といい，J^* で表示する．この J^* の実数部および虚数部を J' および J'' とすれば

$$J^* = J' - jJ'' = \frac{1}{G' + jG''} \tag{10·34}$$

ゆえに，J^* と G^* の各成分の間には次の関係が成立する．

$$\left.\begin{aligned} J' &= \frac{G'}{G'^2 + G''^2} \\ J'' &= \frac{G''}{G'^2 + G''^2} \end{aligned}\right\} \tag{10·35}$$

粘弾性物体は，変動荷重とくに繰返し荷重を受けると，その物体は弾性変形を繰り返すとともに粘性抵抗によるエネルギー吸収あるいはエネルギー損失が生じる．すなわち，加えられた力学的エネルギーの一部は熱エネルギーに変わり，物体は発熱することになる．そこで，外力によって物体が $d\varepsilon$ 変形したときの仕事を dE とすれば，dE は，式(**10·27**)，式(**10·28**)の虚数部を用い（例題 **10·4** を参照），$\omega t = \theta$ とおき，式(**10·29**)，式(**10·31**)を考慮すれば

$$\begin{aligned} dE &= \tau d\varepsilon \\ &= {\varepsilon_0}^2 G' \sin\theta \cos\theta d\theta + {\varepsilon_0}^2 G' \tan\delta_0 \sin^2\theta d\theta \\ &= dE_e + dE_v \end{aligned} \tag{10·36}$$

と表される．

上式の dE_e は，弾性変形に関係する仕事であり，エネルギー損失が生じないので，1 周期にわたって積分すると 0 になる．このとき，0 〜 1/4 周期および 1/2 〜 3/4 周期の間は外力によって物体に弾性エネルギーが蓄えられ，残りの周期ではそのエネルギーが開放される．したがって，物体と外界との間に授受される仕事（エネルギー）の絶対量 E_e は，1/4 周期について積分したものを 2 倍することによって次のように求められる．

$$E_e = {\varepsilon_0}^2 G' \tag{10·37}$$

また，dE_v を 1 周期にわたって積分すると

$$E_v = \pi {\varepsilon_0}^2 G' \tan\delta_0 = \pi {\varepsilon_0}^2 G'' = \pi {\varepsilon_0}^2 \omega\eta \tag{10·38}$$

となり，これだけのエネルギーが 1 周期期間に失われることになる．すなわち，G'' は 1 周期当たりのエネルギー損失に比例することになる．なお，E_v と E_e の比は

$$\frac{E_v}{E_e} = \pi \tan \delta_0 = \frac{\pi G''}{G'} \qquad (10\cdot39)$$

となり，これが大きいほど振動は減衰しやすいといえる．そこで，$\tan \delta_0$ を**損失係数**（loss tangent），または**タンデルタ**と呼ぶ．

一般の金属では $\tan \delta \fallingdotseq 0.0005$ と小さく，ヒステリシス損失は無視できる場合が多いが，樹脂やゴムのような高分子材料のヒステリシス損失は，一般に金属に比べて大きいので，無視できない場合が多い．

【例題 10・4】 式(**10・36**)を導出せよ．

【解】 式(**10・27**)，式(**10・28**)は，位相差が 90° の二つの振動，すなわち余弦振動と正弦振動とを同時に取り扱っており，二つの振動のうち一つに j を掛けることによってそれらの振動を区別している．したがって，外力による仕事を計算する際に，複素数のままで応力とひずみの積を計算すると，虚のひずみに作用する虚の応力による仕事も実数になる．したがって，求められた仕事は，両振動成分の仕事の和になっており，両者は区別できないことになる．また，その虚数部はまったく意味をもたない．そこで，応力およびひずみは，式(**10・27**)，式(**10・28**)の実数部または虚数部のみを対象とし，実数での計算を行わなければならない．

ここでは，正弦振動を対象としているので，式(**10・27**)，式(**10・28**)の虚数部を採用する．

$$dE = \tau_0 \sin \omega t \cdot d\{\varepsilon_0 \sin(\omega t - \delta_0)\}$$

$\omega t = \theta$ とおけば

$$dE = \tau_0 \varepsilon_0 \sin \theta (\cos \theta \cdot \cos \delta_0 + \sin \theta \cdot \sin \delta_0) d\theta$$

式(**10・32**)から

$$\tau_0 \cos \delta_0 = \varepsilon_0 G', \quad \tau_0 \sin \delta_0 = \varepsilon_0 G'' = \varepsilon_0 G' \tan \delta_0$$

したがって

$$\begin{aligned} dE &= \varepsilon_0{}^2 G' \sin \theta \cdot \cos \theta d\theta + \varepsilon_0{}^2 G' \tan \delta_0 \sin^2 \theta d\theta \\ &= dE_e + dE_v \end{aligned}$$

引用文献

1章　機械設計の方法論

1）瀬口靖幸ほか：機械設計工学 2，培風館，1987.
2）Grandjean, E.，中迫勝・石橋富和（訳）：産業人間工学，啓学出版，1992.
3）Dixon, J.R.：Design Engineering，p.8，McGraw-Hill，1966.

2章　強度設計の基礎

1）西田新一：機械機器破損の原因と対策，日刊工業新聞社，1986.
2）機械設計便覧編集委員会(編)：機械設計便覧，p.264，丸善，1992.
3）Bowden, E.P. and Tabor, D.：The Friction and Lubrication of Solids (Part II)，pp.320-349，Oxford，1964.
4）玉虫文一ほか(編)：理化学辞典，p.260，岩波書店，1986.
5）久保亮五：ゴム弾性，河出書房，1947.
6）井本稔・藤代亮一(編)：高分子化学教程，朝倉書店，1965.
7）西谷弘信・福間文昭：日本機械学会講演論文集，750-1，pp.87-90，1975.
8）村上敬宜：微小欠陥と介在物の影響，養賢堂，1993.
9）石橋正：金属の疲労と破壊の防止，pp.12-16，養賢堂，1967.
10）日本機械学会(編)：機械工学便覧 A 4，p.122，日本機械学会，1985.
11）機械設計便覧編集委員会(編)：機械設計便覧，p.283，丸善，1992.
12）成澤郁夫：プラスチックの機械的性質，シグマ社，1994.
13）朝鍋定生ほか：海水環境での機械要素の潤滑，潤滑，**26**(11)，pp.741-746，1981.
14）小西一郎ほか：構造力学，第 1 巻，pp.246-257，丸善，1968.
15）日本機械学会(編)：機械工学便覧 B 1，p.68，日本機械学会，1985.
16）村上敬宜：弾性力学，養賢堂，1985.
17）西田正孝：応力集中，p.645，森北出版，1976.
18）西谷弘信ほか：日本機械学会論文集，**49**(441)，p.608，1983.
19）石橋正：金属疲労と破壊の防止，p.53，養賢堂，1967.
20）大路清嗣：材料，**32**(359)，pp.936-941，1983.

21) Johnson, R.C.：Optimum Design of Mechanical Elements, pp.145-177, John Wiley & Sons, 1980.
22) 瀬口靖幸ほか：機械設計工学 1, p.50, 培風館, 1987.
23) 日本機械学会(編)：機械工学便覧 A 4, p.136, 日本機械学会, 1985.
24) 湯浅亀一：材料力学, 上巻, pp.144-147, コロナ社, 1962.
25) 田中啓介・星出敏彦：日本機械学会講演論文集, 814-2, pp.77-79, 1981.
26) 畑村洋太郎：実際の設計, p.90, 日刊工業新聞社, 1988.
27) Ashby, M.E.(著), 金子純一・大塚正久(訳)：機械設計のための材料選定, 内田老鶴圃, 1997.

3章 生産設計との関連事項

1) 畑村洋太郎：実際の設計, p.74, 日刊工業新聞社, 1985.

4章 締結

1) Röcher, F.：Die Maschinenelemente, p.234, Springer Verlag, 1927.
2) 光永公一：ねじ締結に関する基礎研究（学位論文), 九州大学, 1978.
3) 丸山一男：設計・製図, **26**(5), pp.185-190, 1991.
4) 大和久重雄：ツールエンジニア, **35**(6), p.125, 1994.
5) 西田新一：機械機器破損の原因と対策, pp.100-102, 日刊工業新聞社, 1986.
6) 佐藤邦彦ほか：溶接工学, 理工学社, 1991.
7) 井本稔・黄慶雲：接着とはどういうことか（岩波新書), 岩波書店, 1985.

5章 軸系

1) 尾崎通二：日経メカニカル, No.508, p.84, 1997.
2) 日本機械学会(編)：機械工学便覧 B 1, pp.91-97, 日本機械学会, 1985.
3) 井澤實：機械設計工学, p.59, 理工学社, 1994.
4) 村上敬宜：弾性力学, p.69, 養賢堂, 1985.
5) 西田正孝：応力集中, p.663, 森北出版, 1976.
6) 宋孝：機械要素の実用設計, pp.98-107, 日刊工業新聞社, 1979.

6章 軸受

1) Halling, J.：Principles of Tribology, p.12, Macmillan, 1975.
2) 角田和雄：設計・製図, **21**(12), pp.487-497, 1986.
3) Neale, M. J.：Tribology Handbook, A 2, Butterworths, 1973.
4) 日本潤滑学会(編)：潤滑ハンドブック, p.1087, p.1092, 養賢堂, 1987.
5) 日本機械学会(編)：機械工学便覧 B 1, p.381, 日本機械学会, 1985.
6) 日本潤滑学会(編)：潤滑ハンドブック, pp.119-124, 養賢堂, 1987.

7) Rayleigh, J. W. S.：*Phil. Mag.*, **35**(205), pp.1-12, 1918.

8) Peterson, M. B. and Winer, W. O.：Wear Control Handbook, p.85, ASME, 1980.

9) Cameron, A.：Basic Lubrication Theory, pp.101-111, Longman, 1971.

10) Black, P. H. and Adams, O. E.：Machine Design, pp.449-454, McGraw-Hill, 1968.

11) 日本機械学会(編)：機械工学便覧 B 1, p.37, 日本機械学会, 1985.

12) 角田和雄：潤滑, **32**(7), pp.480-483, 1987, **32**(9), pp.642-645, 1987, **32**(10), pp.718-721, 1987, **32**(12), pp.869-872, 1987.

13) 機械設計便覧編集委員会(編)：機械設計便覧, pp.613-655, 丸善, 1992.

14) 吉岡武雄：機械技術研究所報告, 160, p.2, 1993.

7章 密封装置

1) Kawahara, Y. *et al.*：Proc. 9th Int. Conf. Fluid Sealing, C 2, pp.73-86, 1981.

2) Hirano, F. and Kaneta, M.：Proc. 4th Int. Fluid Sealing, pp.11-20, 1969, Proc. 5th Int. Conf. Fluid Sealing, G 2, pp.17-32, G 3, pp.33-48, 1971.

3) Hirano, F. and Ishiwata, H.：Proc. Inst. Mech. Engrs., **180**-3 B, pp.138-147, 1965/66.

4) Nakamura, K. and Kawahara, Y.：Proc. 10th Int. Conf. Fluid Sealing, pp.87-105, 1984.

5) Ishiwata, H. and Hirabayashi, H.：Proc. 1st Int. Conf. Fluid Sealing, D 5, 1961.

8章 伝動装置

1) 日本機械学会(編)：機械工学便覧 B 1, p.189, 日本機械学会, 1985.

2) 中田孝：JIS 記号による新版転位歯車, pp.1-88, 誠文堂新光社, 1975.

3) 井澤實：機械設計工学, p.83, 理工学社, 1994.

4) 稲田重雄ほか：機械設計法, p.199, 朝倉書店, 1973.

5) 日本機械学会(編)：機械工学便覧 B 1, p.115, p.117, 日本機械学会, 1985.

6) Timoshenko, S. P. and Goodier, J. N.：Theory of Elasticity, pp.372-377, McGraw-Hill, 1983.

7) Blok, H.：General Discussion on Lubrication and Lubricants, Inst. Mech. Engrs., Group III, pp.7-13, Group IV, pp.16-39, 1937.

8) 山本雄二：潤滑, **27**(11), pp.789-793, 1982.

9) 上野拓(編著)：歯車工学, pp.61-68, 共立出版, 1977.

10) Dowson, D. and Higginson, G. R.：Elasto-Hydrodynamic Lubrication, Pergamon Press, 1977.

9章 クラッチおよびブレーキ

1) 日本機械学会(編)：機械工学便覧 B 1, p.101, 日本機械学会, 1985.

参考文献

1) 北郷薫：機械設計工学基礎，丸善，1972.
2) 稲田重男ほか：機械設計法，朝倉書店，1973.
3) Parr, R. E.（著），井澤實（訳）：機械の設計原理，産業図書，1973.
4) 中田孝：JIS 記号による新版転位歯車，誠文堂新光社，1975.
5) 宗孝：機械要素の実用設計，日刊工業新聞社，1979.
6) 瀬口靖幸ほか：機械設計工学 1，培風館，1982.
7) 川北和明：機械要素設計，朝倉書店，1984.
8) 日本機械学会（編）：機械工学便覧，応用編 B 1，日本機械学会，1985.
9) 瀬口靖幸ほか：機械設計工学 2，培風館，1987.
10) 畑村洋太郎（編）：実際の設計，日刊工業新聞社，1988.

索引

［か行］

［さ行］

［た行］

［な行］

［は行］

［ま行］

［や行］

［ら行］

［わ行］

<著者略歴>

兼田 楨宏（かねた もとひろ）

1943年 山口県に生まれる．
1966年 九州工業大学工学部機械工学科卒業
1971年 九州大学大学院工学研究科博士課程修了
現　在 九州大学名誉教授、工学博士
専　攻 機械工学、トライボロジー

山本 雄二（やまもと ゆうじ）

1944年 愛媛県に生まれる．
1966年 九州大学工学部機械工学科卒業
1971年 九州大学大学院工学研究科博士課程修了
現　在 九州大学名誉教授、工学博士
専　攻 機械工学、トライボロジー

本書籍は、理工学社から発行されていた『基礎 機械設計工学（第3版）』を改訂し、第4版としてオーム社から発行するものです。オーム社からの発行にあたっては、理工学社の版数を継承して書籍に記載しています。

基礎 機械設計工学（第4版）

1995年 3月25日　第1版第1刷発行
1999年10月31日　第2版第1刷発行
2009年 9月25日　第3版第1刷発行
2019年 7月25日　第4版第1刷発行
2019年11月15日　第4版第2刷発行

著　者　兼田楨宏・山本雄二
発行者　村上和夫
発行所　株式会社 **オーム**社
　　　　郵便番号 101-8460
　　　　東京都千代田区神田錦町3-1
　　　　電話 03(3233)0641(代表)
　　　　URL https://www.ohmsha.co.jp/

印刷・製本 平河工業社
ISBN978-4-274-22402-7 Printed in Japan

◉ 機械工学入門シリーズ

機械材料入門 （第**3**版）
佐々木雅人 著
A5判/232頁 本体2100円【税別】

本書は、ものづくりに必要な、材料の製法、特性、加工性、用途など、機械材料全般の基本的知識を広く学ぶための入門テキストです。第3版では、材料技術の進展にともない新たに開発された新素材や新しい機械材料（合金鋼、希有金属、非金属材料、機能性材料等）について増補するとともに、JIS材料関係規格についても最新規格に準拠。企業内研修および学校教育用テキストとして最適です。

生産管理入門 （第**4**版）
坂本碩也・細野泰彦 共著
A5判/232頁 本体2200円【税別】

現代の生産管理の分野では、最新の科学を導入したさまざまな手法が使われています。本書は、高品質・高能率の生産を実現するための合理的な管理のしかたを体系的にまとめ、簡潔に説明したものです。第4版では、ISO 9001/14001：2015に対応。管理業務に従事する方々の実務参考書として、企業内研修および学校教育用テキストとして最適です。

機械力学入門 （第**3**版）
堀野正俊 著
A5判/152頁 本体1800円【税別】

材料力学入門 （第**2**版）
堀野正俊 著
A5判/176頁 本体2000円【税別】

機械工学一般 （第**3**版）
大西　清 編著
A5判/184頁 本体1700円【税別】

機械設計入門 （第**4**版）
大西　清 著
A5判/256頁 本体2300円【税別】

要説 **機械製図** （第**3**版）
大西　清 著
A5判/184頁 本体1700円【税別】

機械工作入門
小林輝夫 著
A5判/240頁 本体2400円【税別】

流体のエネルギーと流体機械
高橋　徹 著
A5判/184頁 本体2100円【税別】

溶接技術入門 （第**2**版）
小林一清 著
A5判/208頁 本体2240円【税別】

◉ 電子機械入門シリーズ

メカトロニクス
鷹野英司 著
A5判/216頁 本体2300円【税別】

センサの技術
鷹野英司・川嶌俊夫 共著
A5判/192頁 本体2300円【税別】

アクチュエータの技術
鷹野英司・加藤光文 共著
A5判/176頁 本体2300円【税別】

◎本体価格の変更、品切れが生じる場合もございますので、ご了承ください。
◎書店に商品がない場合または直接ご注文の場合は下記宛にご連絡ください。
TEL.03-3233-0643 FAX.03-3233-3440　https://www.ohmsha.co.jp/